Gerd Wedler und
Hans-Joachim Freund

Arbeitsbuch der
Physikalischen Chemie

Arbeitsbuch der Physikalischen Chemie: Lösungen Gerd Wedler und Hans-Joachim Freund.
© 2012 Wiley-VCH Verlag GmbH & Co. KGaA. Published 2012 by Wiley-VCH Verlag GmbH & Co. KGaA.

Das Lehrbuch zum Lösungsbuch:

Gerd Wedler und Hans-Joachim Freund

Lehrbuch der Physikalischen Chemie

Sechste, vollständig überarbeitete und aktualisiete Auflage 2012
ISBN: 978-3-527-32909-0

Weitere Lehrbücher von Wiley-VCH

Halliday, D., Resnick, R., Walker, J.

Halliday Physik

2009
ISBN: 978-3-527-40645-6

Atkins, P.W., de Paula, J.

Kurzlehrbuch Physikalische Chemie

2008
ISBN: 978-3-527-31807-0

Zachmann, H.G., Jüngel, A.

Mathematik für Chemiker

2007
ISBN: 978-3-527-30315-1

Halliday, D., Resnick, R., Walker, J.

Halliday Physik

Bachelor-Edition

2007
ISBN: 978-3-527-40746-0

Atkins, P.W., de Paula, J.

Physikalische Chemie

2006
ISBN: 978-3-527-31546-8

Gerd Wedler und Hans-Joachim Freund

Arbeitsbuch der Physikalischen Chemie

Lösungen zu den Aufgaben der sechsten Auflage

WILEY-VCH Verlag GmbH & Co. KGaA

Autoren

Prof. Dr. Gerd Wedler
Zanderstr. 6
91054 Erlangen

Prof. Dr. Hans-Joachim Freund
Fritz-Haber-Institut der
Max-Planck-Gesellschaft
Faradayweg 4 - 6
14195 Berlin

Coveridee
Formgeber, Eppelheim

1st Reprint 2013

6. vollst. überarb. u. aktualis. Auflage 2012

■ Alle Bücher von Wiley-VCH werden sorgfältig
erarbeitet. Dennoch übernehmen Autoren,
Herausgeber und Verlag in keinem Fall,
einschließlich des vorliegenden Werkes, für
die Richtigkeit von Angaben, Hinweisen und
Ratschlägen sowie für eventuelle Druckfehler
irgendeine Haftung

**Bibliografische Information
der Deutschen Nationalbibliothek**
Die Deutsche Nationalbibliothek verzeichnet
diese Publikation in der Deutschen
Nationalbibliografie; detaillierte bibliografische
Daten sind im Internet über http://dnb.d-nb.de
abrufbar.

© 2012 Wiley-VCH Verlag & Co. KGaA,
Boschstr. 12, 69469 Weinheim, Germany

Satz Mitterweger & Partner
Kommunikationsgesellschaft mbH, Plankstadt
Druck und Bindung Markono Print Media Pte Ltd,
Singapore
Umschlaggestaltung Bluesea Design, McLeese Lake,
Canada

Printed in Singapore
Gedruckt auf säurefreiem Papier.
Print ISBN: 978-3-527-33426-1

Vorwort

Bei der Überarbeitung und Erweiterung der 5. Auflage des Wedler'schen Lehrbuches schien es mir sinnvoll, die Lösungen der Aufgaben ausführlich darzustellen, um den Studierenden die Möglichkeit zu geben, ihre eigenen Lösungssätze zu überprüfen und zu vergleichen. Dies führte zu einer relativ umfangreichen Darstellung, die in Anlehnung an andere Lehrbücher für Physikalische Chemie, in Form eines separaten Lösungsbuches angeboten werden sollte.

Bei der Erarbeitung haben 11 Studenten aus Berlin und Oldenburg mitgeholfen. Namentlich sind dies:

Heinz Bülter, Nina Buller, Wilke Dononelli, Karl-Heinz Dostert, Daniel Göbke, Esther Kieseritzky, Christian Lasar, Leonid Lichtenstein, Wiebke Ludwig, Jan Mitschker, Franziska Ringleb

Mein besonderer Dank gilt Dr. Heiko Hamann, der die Studenten bei der Erarbeitung der Lösungen betreut hat und alle Korrekturen gelesen hat. Ebenso waren die umfangreichen Unterlagen zu den Aufgaben von Herrn Dr. Andreas Bayer sowie Dr. Dieter Borgmann, die am ehemaligen Lehrstuhl Gerd Wedlers, jetzt unter der Leitung von Professor Hans-Peter Steinrück, arbeiten, ausgesprochen hilfreich. Ebenso danke ich dem Fonds der Chemischen Industrie.

Man kann sich noch so bemühen, Fehler können sich immer einschleichen. Daher bin ich für zukünftige Hinweise aus der Leserschaft sehr dankbar.

Dahlem im April 2012   Hajo Freund

Inhaltsverzeichnis

1
Einführung in die physikalisch-chemischen Betrachtungsweisen, Grundbegriffe und Arbeitstechniken

1.1
Einführung in die chemische Thermodynamik

1. Das System besteht aus vier Phasen:
a) dampfförmige Phase,
b) gesättigte Kochsalzlösung,
c) festes Kochsalz,
d) festes Kupfer.

2. a) Es gilt (bei Annahme, dass die elektrische Energie bei konstantem Druck zugeführt wird)

$$W_{el} = \Delta H = Q_p = C_p(\text{gesamt}) \cdot \Delta T$$

und

$$C_p(\text{gesamt}) = C_p(H_2O) + C_p(\text{Gefäß})$$

mit

$$C_p(H_2O) = 4184 \text{ J K}^{-1} \text{ für 1 kg } H_2O$$

Mit den Angaben in der Aufgabe wird

$$C_p(\text{gesamt}) = \frac{1.00 \cdot 10^3 \text{ J}}{0.21 \text{ K}} = 4.76 \cdot 10^3 \text{ J K}^{-1}$$

und damit

$$C_p(\text{Gefäß}) = 4.76 \cdot 10^3 \text{ J K}^{-1} - 4.184 \cdot 10^3 \text{ J K}^{-1}$$
$$= 576 \text{ J K}^{-1}$$

Arbeitsbuch der Physikalischen Chemie: Lösungen. Gerd Wedler und Hans-Joachim Freund.
© 2012 Wiley-VCH Verlag GmbH & Co. KGaA. Published 2012 by Wiley-VCH Verlag GmbH & Co. KGaA.

b) Berechnung der Wärmekapazität C_p des Eisenwürfels:

Es ist (mit der Molzahl n und der molaren Wärmekapazität bei konstantem Druck C_{pm})

$$C_p(\text{Fe} - \text{Würfel}) = n(\text{Fe}) \cdot C_{pm}(\text{Fe})$$

$$= \frac{m(\text{Würfel})}{M(\text{Fe})} \cdot C_{pm}(\text{Fe}) = \frac{V \cdot \rho}{M} \cdot C_{pm}(\text{Fe})$$

$$= \frac{(5\text{cm})^3 \cdot (7.87 \text{ g cm}^{-3})}{55.85 \text{ g mol}^{-1}} \cdot 25.08 \text{ J mol}^{-1} \text{ K}^{-1}$$

$$= 441.8 \text{ J K}^{-1}$$

Dabei wurde angenommen, dass sich für feste Stoffe die Wärmekapazitäten bei konstantem Volumen (C_V) und bei konstantem Druck (C_p) kaum unterscheiden.

c) Berechnung der Mischungstemperatur:

Es gilt in dem adiabatischen Kalorimeter (dem mit Wasser gefüllten Dewargefäß)

$$\Delta H(\text{Fe}) + \Delta H(\text{Kalorimeter}) = 0$$

oder

$$C_p(\text{Fe}) \cdot (T_E - T_A(\text{Fe})) + C_p(\text{Kal}) \cdot (T_E - T_A(\text{Kal})) = 0$$

$$(441.8 \text{ J K}^{-1})(T_E - 470.00 \text{ K}) + (4.76 \cdot 10^3 \text{ J K}^{-1})(T_E - 298.51 \text{ K}) = 0$$

Daraus ergibt sich für die Endtemperatur nach dem Mischen

$$T_E = 313.1 \text{ K}$$

3. Die gesamte Stoffmenge n in den beiden Kolben bleibt bei dem Prozess erhalten. Da nach dem Prozess der Druck p_E im System überall gleichgroß ist, muss gelten

$$n = \frac{p_A \cdot 3V}{RT_1} = \frac{p_E \cdot V}{RT_2} + \frac{p_E \cdot 2V}{RT_1}$$

Diese Gleichung ergibt für p_E

$$p_E = p_A \frac{3T_2}{T_1 + 2T_2} = (1.0 \text{ bar}) \cdot \frac{3 \cdot (373 \text{ K})}{273 \text{ K} + 2 \cdot (373 \text{ K})}$$

$$= 1.10 \text{ bar}$$

4. Das gesamte eingewogene Benzol soll in dem Kolben verdampfen, man kann deshalb die benötigte Masse mit Hilfe des Idealen Gasgesetzes berechnen. Es gilt:

$$m = \frac{pVM}{RT} = \frac{(10^4 \text{ Pa}) \cdot (10^{-3}\text{m}^3) \cdot (78.12 \cdot 10^{-3} \text{ kg mol}^{-1})}{(8.314 \text{ J mol}^{-1} \text{ K}^{-1}) \cdot (400 \text{ K})}$$

$$= 2.35 \cdot 10^{-4} \text{ kg}$$

$$= 0.235 \text{ g}$$

5. Die Substanz hat die Bruttoformel $C_{2x}H_{4x}O_{1x}$ und damit die Molmasse

$$M = (2x \cdot 12 + 4x \cdot 1 + 1x \cdot 16) \cdot 10^{-3} \text{ kg mol}^{-1}$$
$$= 44x \cdot 10^{-3} \text{ kg mol}^{-1}$$

Andererseits ergibt sich die Molmasse aus dem Idealen Gasgesetz nach

$$M = \frac{mRT}{pV}$$

$$= \frac{(0.176 \cdot 10^{-3} \text{ kg}) \cdot (8.314 \text{ J mol}^{-1} \text{ K}^{-1}) \cdot (373 \text{ K})}{(9.60 \cdot 10^4 \text{ Pa}) \cdot (64.5 \cdot 10^{-6} \text{ m}^3)}$$

$$= 88.1 \cdot 10^{-3} \text{ kg mol}^{-1}$$

Ein Vergleich ergibt für x den Wert 2.
Die Bruttoformel lautet damit $C_4H_8O_2$.

6. Das totale Differential einer Funktion $z(x, y)$ ist durch

$$dz = \frac{\partial z}{\partial x} dx + \frac{\partial z}{\partial y} dy$$

gegeben. Man muss demnach sowohl aus dem ersten Summanden – durch Integration über die Variable x – als auch aus dem zweiten Summanden – durch Integration über die Variable y – die Funktion $z(x,y)$ berechnen können. Falls es sich um ein totales Differential handelt, muss gelten:

$$z = \int \frac{\partial z}{\partial x} dx = \int \frac{\partial z}{\partial y} dy$$

a) Der Ausdruck stellt ein totales Differential dar. Es ist

$$\int \left(8xy^3 + 24x^3y^3\right) dx = 4x^2y^3 + 6x^4y^3 =$$

$$\int \left(12x^2y^2 + 18x^4y^2\right) dy = 4x^2y^3 + 6x^4y^3$$

b) Der Ausdruck stellt kein totales Differential dar. Es ist

$$\int \left(6xy^2 + 6x^2y^3\right) dx = 3x^2y^2 + 2x^3y^3 \neq$$

$$\int \left(6x^2y + 6x^3y^3\right) dy = 3x^2y^2 + 1.5x^3y^4$$

Hinweis:
In der Thermodynamik wird oft eine Beziehung zwischen den zweiten partiellen Ableitungen einer Funktion benutzt, die in Gl. (1.1-112) als Schwarz'scher Satz formuliert ist.

7. Für das Molvolumen V_m eines idealen Gases gilt gemäß Gl. (1.1-48/49):

$$V_m = \frac{V}{n} = \frac{RT}{p}$$

Das totale Differential für V_m ist dann gegeben durch

$$dV_m = \frac{\partial V_m}{\partial T} dT + \frac{\partial V_m}{\partial p} dp$$

$$= \left(\frac{\partial \left(\frac{RT}{p} \right)}{\partial T} \right) dT + \left(\frac{\partial \left(\frac{RT}{p} \right)}{\partial p} \right) dp$$

$$= \left(\frac{R}{p} \right) dT + \left(-\frac{RT}{p^2} \right) dp$$

8. In einer Gasmischung (Gesamtdruck p_{ges}, Gesamtvolumen V_{ges}) gilt unter Annahme des Idealen Gasgesetzes für jede Komponente i (= A, B, C) mit dem jeweiligen Partialdruck p_i

$$p_i V_{\text{ges}} = n_i RT = \frac{m_i}{M_i} RT$$

und

$$p_i = x_i p_{\text{ges}} \quad (x_i \text{ ist der Molenbruch der Komponente } i)$$

$$p_{\text{ges}} = \sum_i p_i$$

Für die Komponente A ist dann der Partialdruck 0.30 bar, die Komponente B hat einen Partialdruck von 0.25 bar. Damit folgt für den Partialdruck von Stickstoff (Komponente C) ein Wert von 0.45 bar. Die Masse des Stickstoffs berechnet man nach der ersten Gleichung zu

$$m_{\text{N}_2} = \frac{p_{\text{N}_2} V_{\text{ges}} M_{\text{N}_2}}{RT}$$

$$= \frac{(4.5 \cdot 10^4 \text{ Pa}) \cdot (1 \text{ m}^3) \cdot (28 \cdot 10^{-3} \text{ kg mol}^{-1})}{(8.314 \text{ J mol}^{-1} \text{ K}^{-1}) \cdot (298 \text{ K})}$$

$$= 0.509 \text{ kg}$$

9. Die Temperaturabhängigkeit der Inneren Energie wird durch Gl. (1.1-90) beschrieben. Nach Integration erhält man

$$\Delta U = \int_{T_1}^{T_2} C_V dT$$

Darin ist die Wärmekapazität C_V bei konstantem Volumen aus der Wärmekapazität bei konstantem Druck C_p für ein Mol eines Gases berechenbar nach

$$c_V = c_p - R$$

$$= c_p - 8.314 \, \text{J mol}^{-1} \, \text{K}^{-1}$$

$$= \left(18.96 + 5.22 \cdot 10^{-3} \frac{T}{\text{K}} - 0.0042 \cdot 10^{-6} \frac{T^2}{\text{K}^2} \right) \text{J mol}^{-1} \, \text{K}^{-1}$$

Nach der Integration erhält man für die Änderung der molaren Inneren Energie

$$\Delta u = \left[18.96 \cdot T + \frac{1}{2} \cdot 5.22 \cdot 10^{-3} \frac{T^2}{\text{K}} - \frac{1}{3} \cdot 0.0042 \cdot 10^{-6} \frac{T^3}{\text{K}^2} \right]_{273\text{K}}^{1273\text{K}} \text{J mol}^{-1} \, \text{K}^{-1}$$

$$= (18960 + 4035 - 3) \, \text{J mol}^{-1}$$

$$= 22.99 \, \text{kJ mol}^{-1}$$

10. Die Verbrennungsenthalpie ΔH_c (c = *combustion*) von Benzol bei hohen Temperaturen ist die Reaktionsenthalpie für die Reaktion

$$C_6H_6 + \frac{15}{2} O_2(g) \rightarrow 6CO_2(g) + 3H_2O(g)$$

Wenn doppelt so viel Luft (21 % O_2, 79 % N_2), wie für die Verbrennung von 1 mol C_6H_6 benötigt wird, ursprünglich in der Gasmischung vorhanden war, besteht die Gasmischung nach vollständiger Verbrennung aus
6 mol CO_2,
3 mol H_2O,
7.5 mol O_2 und

56.4 mol $N_2 \left(= 2 \cdot \frac{15}{2} \cdot \frac{79\,\%}{21\,\%} \right)$

Diese Mischung wird durch die freigewordene Reaktionsenthalpie aufgeheizt. Es gilt dann

$$\Delta H_c = C_p(\text{Mischung}) \cdot (T_2 - T_1)$$

Die Wärmekapazität des Gasgemisches nach der vollständigen Verbrennung ist

$$C_p(\text{Mischung}) = \sum_i n_i c_p(i)$$

$$= 6 \cdot 5R + 3 \cdot 4.2R + 7.5 \cdot 3.75R + 56.4 \cdot 3.5R$$

$$= 268.1R$$

$$= 2.23 \cdot 10^3 \, \text{J K}^{-1}$$

Für die Endtemperatur T_2 erhält man dann

$$T_2 = \frac{\Delta H}{C_p} + T_1$$

$$= \frac{3.3 \cdot 10^6 \text{ J}}{2.23 \cdot 10^3 \text{ J K}^{-1}} + 373 \text{ K}$$

$$= 1853 \text{ K}$$

Bemerkung: Da Stickstoff einen Großteil der Gasmischung darstellt, beeinflusst die Annahme über die Zusammensetzung der Luft und somit die Annahme der Gesamtmenge des Gases die errechnete Endtemperatur T_2 stark.

11. Es gilt für Reaktionen mit gasförmigen Reaktionspartnern (s. Gl. (1.1-155))

$$\Delta H = \Delta(U + pV)$$

$$= \Delta U + \Delta(pV)$$

$$= \Delta U + \Delta(nRT)$$

$$= \Delta U + RT \cdot \Delta n \qquad \text{bei } T = \text{const.}$$

und damit

$$\Delta_R H - \Delta_R U = RT \cdot \Delta_R n$$

$$= RT \cdot \sum_i \nu_i$$

wobei ν_i der stöchiometrische Umsatzkoeffizient des Stoffes i ist. Es gilt die Vereinbarung, dass diese Werte für die Produkte positiv, die Werte für die Edukte negativ gezählt werden.

Für die Wassergasreaktion ist

$$\sum \nu_i = 1 + 1 - 1 - 1 = 0$$

Für die Ammoniaksynthese ist

$$\sum \nu_i = 1 - 1/2 - 3/2 = -1$$

Somit besteht nur bei der Ammoniaksynthese ein Unterschied zwischen der Reaktionsenthalpie $\Delta_R H$ und der Reaktionsenergie $\Delta_R U$.

12. Es gilt nach dem Kirchhoff'schen Satz (Gl. (1.1-159))

$$\Delta H_{T_2} = \Delta H_{T_1} + \int_{T_1}^{T_2} \Delta C_p \mathrm{d}T$$

Im vorliegenden Fall ist

$$\Delta C_p = 2 \cdot c_p(NH_3) - c_p(N_2) - 3 \cdot c_p(H_2)$$

$$= \left[\begin{array}{l} (2 \cdot 25.87 - 27.27 - 3 \cdot 29.04) + (2 \cdot 32.55 - 5.22 + 3 \cdot 0.836) \cdot 10^{-3} \dfrac{T}{K} \\ + (-2 \cdot 3.04 + 0.0042 - 3 \cdot 2.01) \cdot 10^{-6} \dfrac{T^2}{K^2} \end{array} \right] J \ mol^{-1} \ K^{-1}$$

$$= \left[-62.65 + 62.39 \cdot 10^{-3} \frac{T}{K} - 12.10 \cdot 10^{-6} \frac{T^2}{K^2} \right] J \ mol^{-1} \ K^{-1}$$

Man erhält damit für das Integral

$$\int_{T_1}^{T_2} \Delta C_p dT = \left[-62.65 \cdot T + \frac{1}{2} \cdot 62.39 \cdot 10^{-3} \cdot \frac{T^2}{K} - \frac{1}{3} \cdot 12.10 \cdot 10^{-6} \cdot \frac{T^3}{K^2} \right]_{273K}^{473K} J \ mol^{-1} \ K^{-1}$$

$$= \left[-12.53 \cdot 10^3 + 4.65 \cdot 10^3 - 0.34 \cdot 10^3 \right] J \ mol^{-1}$$

$$= -8.22 \ kJ \ mol^{-1}$$

Daraus folgt:

$$\Delta H_{T_2} = \Delta H_{T_1} + \int_{T_1}^{T_2} \Delta C_p dT$$

$$= \left(-91.66 \ kJ \ mol^{-1} \right) + \left(-8.22 \ kJ \ mol^{-1} \right)$$

$$= -99.88 \ kJ \ mol^{-1}$$

13. Es gilt

$$\left(\frac{\partial U}{\partial T} \right)_V = C_V$$

und damit auch gemäß Gl. (1.1-157)

$$\left(\frac{\partial \Delta U}{\partial T} \right)_V = \Delta C_V$$

Daraus folgt durch Integration

$$\int_{T_1}^{T_2} \left(\frac{\partial \Delta U}{\partial T} \right)_V dT = \Delta U_{T_2} - \Delta U_{T_1}$$

$$= \int_{T_1}^{T_2} \Delta C_V dT$$

Durch Umformung erhält man

$$\Delta U_{T_2} = \Delta U_{T_1} + \int_{T_1}^{T_2} \Delta C_V \mathrm{d}T$$

14. Die Bildungsenthalpie von Ethin ist die Reaktionsenthalpie der Reaktion

$$2C_{(s)} + H_{2_{(g)}} \rightarrow C_2H_{2(g)} \qquad \Delta H_1 = +226.5 \text{ kJ mol}^{-1}$$

Für die Bildung aus Atomen müssen die Elemente zunächst in diese zerlegt werden, dies ist für Kohlenstoff die Sublimation und für Wasserstoff die Dissoziation.

$$2C_{(s)} \rightarrow 2C_{(g)} \qquad \Delta H_2 = 2 \cdot \left(717.7 \text{ kJ mol}^{-1}\right)$$

$$H_{2(g)} \rightarrow 2H_{(g)} \qquad \Delta H_3 = 435.5 \text{ kJ mol}^{-1}$$

$$2C_{(g)} + 2H_{(g)} \rightarrow C_2H_{2(g)} \qquad \Delta_{\text{B,at}}H = ?$$

Für die Gesamtenthalpie folgt dann mit Gl. (1.1-164)

$$\begin{aligned}
\Delta_{\text{B,at}}H &= \Delta H_1 - \left(\Delta H_2 + \Delta H_3\right) \\
&= (226.5 - (1435.4 + 435.5)) \text{ kJ mol}^{-1} \\
&= -1644 \text{ kJ mol}^{-1}
\end{aligned}$$

15. In einer kalorimetrischen Bombe läuft die Verbrennungsreaktion bei konstantem Volumen ab, die umgesetzte Energie ($\Delta_R U$) wird im Kalorimeter bei konstantem (äußeren) Druck gemessen. Es gilt dann bei einem adiabatisch isolierten Kalorimeter

$$\Delta H(\text{Kal}) + \Delta_R U = 0$$

Bei bekannter Wärmekapazität $C_p(\text{Kal})$ des Kalorimeters kann durch Messung der Temperaturänderung $\Delta T(\text{Kal})$

$$\Delta H(\text{Kal}) = C_p(\text{Kal}) \cdot \Delta T(\text{Kal})$$

berechnet werden. Die Größe $C_p(\text{Kal})$ wird durch Kalibrierung (Zuführung eines bekannten Betrages elektrischer Energie) bestimmt.

Im vorliegenden Versuch gilt für die Verbrennung von 700 mg Benzoesäure

$$\begin{aligned}
\frac{\Delta H(\text{Kal}, \text{Kalibrierung})}{\Delta H(\text{Kal}, \text{Benzoesäure})} &= \frac{C_p(\text{Kal}) \cdot \Delta T_{Kalibrierung}}{C_p(\text{Kal}) \cdot \Delta T_{\text{Benzoesäure}}} \\
&= \frac{1}{0.616}
\end{aligned}$$

$$\Delta H(\text{Kal}, \text{Benzoesäure}) = 0.616 \cdot 30.0 \text{ kJ}$$

$$= 18.48 \text{ kJ}$$

$$= -\Delta_R U$$

Mit

$$n = \frac{m}{M} = \frac{0.700 \text{ g}}{122.122 \text{ g mol}^{-1}} = 5.73 \cdot 10^{-3} \text{ mol}$$

wird die molare Verbrennungsenergie

$$\Delta_R U_m = \frac{\Delta_R U}{n}$$

$$= \frac{-18.48 \text{ kJ}}{5.73 \cdot 10^{-3} \text{ mol}} = -3224 \text{ kJ mol}^{-1}$$

Die Reaktionsgleichung für die Verbrennung lautet

$$C_6H_5COOH_{(s)} + \frac{15}{2} O_{2(g)} \rightarrow 7 \text{ } CO_{2(g)} + 3 \text{ } H_2O_{(l)}$$

Für die Reaktionsenergie gilt daher

$$\Delta_R U = 7 \cdot \Delta_B U\left(CO_{2(g)}\right) + 3 \cdot \Delta_B U\left(H_2O_{(l)}\right) -$$

$$-\left\{\Delta_B U\left(C_6H_5COOH_{(s)}\right) + \frac{15}{2} \cdot \Delta_B U\left(O_{2(g)}\right)\right\}$$

Umstellen der Energiebilanz unter Berücksichtigung von $\Delta_B U\left(O_{2(g)}\right) = 0$ liefert

$$\Delta_B U\left(C_6H_5COOH_{(s)}\right) = -\Delta_R U + 7 \cdot \Delta_B U\left(CO_{2(g)}\right) + 3 \cdot \Delta_B U\left(H_2O_{(l)}\right)$$

$$= (3224 - 7 \cdot 393.5 - 3 \cdot 286.0) \text{ kJ mol}^{-1}$$

$$= -389 \text{ kJ mol}^{-1}$$

16. Das Ausgangsvolumen sei V_0 und der Ausgangsdruck p_0, das Endvolumen sei V_6, wobei folgende Relationen gelten:

$$V_6 = 2 \cdot V_0$$

$$V_i = V_0 + i \cdot \frac{V_0}{6} \qquad i = 0, 1, ..., 6$$

Die Volumenarbeit für den ersten Prozess (reversible isotherme Expansion von V_0 auf V_6) berechnet sich nach Gl. (1.1-7).

$$W_{\mathrm{Exp}} = - \int_{V_0}^{V_6} p_{\mathrm{außen}} \mathrm{d}V \qquad p_{\mathrm{außen}} \text{ ist der Druck, gegen den die Expansion erfolgt}$$

$$= - \int_{V_0}^{V_6} p_{\mathrm{innen}} \mathrm{d}V \qquad \text{da die Expansion reversibel ist}$$

$$= - \int_{V_0}^{V_6} \frac{nRT}{V} \mathrm{d}V = -nRT \ln \frac{V_6}{V_0} = -nRT \ln 2$$

$$= -(1 \text{ mol}) \cdot \left(8.314 \text{ J mol}^{-1}\text{K}^{-1}\right) \cdot (273 \text{ K}) \cdot \ln 2$$

$$= -1573 \text{ J}$$

Für den zweiten Prozess, die stufenweise Kompression auf das Ausgangsvolumen, müssen zunächst die Drücke p_i der einzelnen Zwischenschritte bestimmt werden. Es gilt nach dem Idealen Gasgesetz (Gl. (1.1-49)) bei konstanter Temperatur:

$$p_i V_i = p_0 V_0$$

$$p_i = p_0 \frac{V_0}{V_i} = p_0 \frac{V_0}{V_0 + i \cdot \frac{V_0}{6}} = p_0 \frac{6}{6+i}$$

Für den ersten Schritt der Kompression (von $V_6 = (12/6)V_0$ auf $V_5 = (11/6)V_0$ ist ein äußerer Druck p_5 erforderlich. Die aufzuwendende Volumenarbeit ist nach Gl. (1.1-169)

$$W_5 = -p_{\mathrm{außen}}\Delta V$$

$$= -p_5 \left(V_5 - V_6\right)$$

$$= -p_0 \frac{6}{11} \left(\frac{11}{6} V_0 - \frac{12}{6} V_0\right)$$

$$= +p_0 V_0 \frac{1}{11}$$

Analoges erhält man für die weiteren Schritte des Komprimierens, so dass sich insgesamt für die sechs Schritte folgender Ausdruck ergibt:

$$W_{\mathrm{Kompression}} = \sum_{i=5}^{0} W_i = - \sum_{i=5}^{0} p_i \left(V_i - V_{i+1}\right)$$

$$= + \sum_{i=5}^{0} p_0 V_0 \frac{6}{6+i}$$

$$= p_0 V_0 \cdot 0.7365$$

$$= nRT \cdot 0.7365$$

$$= (1 \text{ mol}) \cdot \left(8.314 \text{ J mol}^{-1} \text{ K}^{-1}\right) \cdot (273 \text{ K}) \cdot 0.7365$$

$$= 1672 \text{ J}$$

Für den gesamten Kreisprozess wird die Summe der beiden Arbeiten dem Arbeitsspeicher entnommen bzw. zugeführt. Für den hier betrachteten Prozess müssen dem Arbeitsspeicher 99 J entnommen werden.

17. Im folgenden Diagramm ist der Kreisprozess dargestellt:

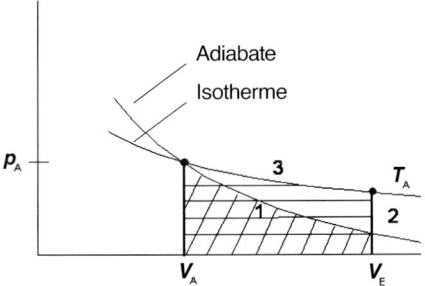

Beim ersten Schritt wird das ideale Gas reversibel adiabatisch auf das doppelte Volumen expandiert. Dabei ändert sich die Temperatur von $T_A = 273$ K auf die Endtemperatur T_E. Diese Temperatur kann nach Gl. (1.1-185) berechnet werden. Es gilt

$$T_E V_E^{\gamma-1} = T_A V_A^{\gamma-1} \qquad \text{mit } \gamma = \frac{c_p}{c_V}$$

$$T_E = T_A \left(\frac{V_A}{2V_A} \right)^{\gamma-1}$$

Für das ideale Gas berechnet man für γ

$$\gamma = \frac{c_V + R}{c_V} = \frac{12.47 \text{ J mol}^{-1} \text{ K}^{-1} + 8.314 \text{ J mol}^{-1} \text{ K}^{-1}}{12.47 \text{ J mol}^{-1} \text{ K}^{-1}}$$

$$= 1.667$$

Damit wird

$$T_E = (273 \text{ K}) \cdot \left(\frac{1}{2} \right)^{1.667-1}$$

$$= 172 \text{ K}$$

Die geleistete Arbeit errechnet sich nach Gl. (1.1-190):

$$W_1 = n c_V \left(T_E - T_A \right)$$

$$= (1 \text{ mol}) \cdot \left(12.47 \text{ J mol}^{-1} \text{ K}^{-1} \right) \cdot (172 \text{ K} - 273 \text{ K})$$

$$= -1259 \text{ J}$$

Dieser Betrag wird der Inneren Energie des Gases entnommen und dem Arbeitsspeicher zugeführt. Bei diesem Teilprozess erfolgt kein Austausch von Wärme mit der Umgebung, da es sich um einen adiabatischen Prozess handelt.

Bei der anschließenden isochoren Erwärmung tauscht das System keine Volumenarbeit aus, da das Volumen konstant bleibt. Die von der Umgebung auf das System übertragene Wärme beträgt:

$$Q = nc_V(T_A - T_E)$$

$$= +1259\ \text{J}$$

Dieser Energiebetrag wird der Inneren Energie des Gases zugeführt.

Beim dritten Teilprozess, der reversiblen isothermen Kompression von $2V_A$ nach V_A, gilt für die Volumenarbeit:

$$W_3 = -\int_{2V_A}^{V_A} \frac{nRT_A}{V}\,dV \qquad \text{siehe Lösung von Aufgabe 1.1.22.16}$$

$$= -nRT\ln\frac{V_A}{2V_A}$$

$$= +(1\ \text{mol})\cdot(8.314\ \text{J mol}^{-1}\,\text{K}^{-1})\cdot(273\ \text{K})\cdot\ln 2$$

$$= 1573\ \text{J}$$

Bei diesem Prozess werden dem Arbeitsspeicher 1573 J entnommen. Da der Prozess bei fester Temperatur abläuft, ändert sich die Innere Energie des Gases nicht, es werden 1573 J als Wärme an die Umgebung abgegeben.

Für den gesamten Kreisprozess gilt, dass 316 J dem Arbeitsspeicher entnommen und der Umgebung zugefügt werden.

18.

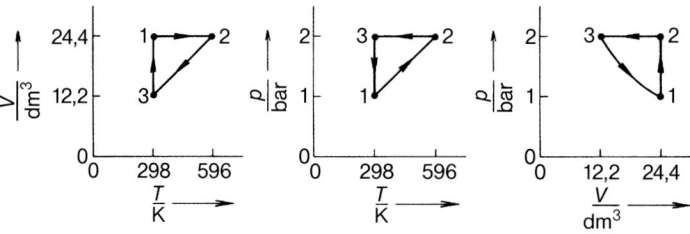

Zustand	$\dfrac{p}{\text{bar}}$	$\dfrac{V}{\text{dm}^3}$	$\dfrac{T}{\text{K}}$
1	1.015	24.4	298
2	2.03	24.4	596
3	2.03	12.2	298

Schritt	$\dfrac{Q}{J}$	$\dfrac{W}{J}$	$\dfrac{U_E - U_A}{J}$	$\dfrac{H_E - H_A}{J}$
$1 \to 2$	3716	0	3716	6192
$2 \to 3$	-6192	2476	-3716	-6192
$3 \to 1$	1716	-1716	0	0
Kreisprozess	-760	760	0	0

Erläuterungen zu den Tabellen:

Für den Zustand 1 gilt bei einem idealen Gas

$$pV = nRT$$

$$p_1 = \frac{nRT}{V}$$

$$= \frac{(1 \text{ mol}) \cdot \left(8.314 \text{ J mol}^{-1}\text{K}^{-1}\right) \cdot (298 \text{ K})}{24.4 \cdot 10^{-3}\text{m}^3} = 1.015 \cdot 10^5 \text{ Pa} = 1.015 \text{ bar}$$

Für 1→2:

Die Temperaturerhöhung erfolgt isochor, d. h. $\Delta V = 0$.

Wegen $pV = nRT$ ist p proportional T und damit $p_2 = 2p_1 = 2.03$ bar.

Da $\Delta V = 0$ gilt, wird keine Volumenarbeit verrichtet, d. h. $W = 0$.

Die Abhängigkeit der molaren Inneren Energie u von der Temperatur ist durch die Wärmekapazität c_v gegeben.

Es gilt mit Gl. (1.1-165) bzw. (1.1-117):

$$\Delta U = U_E - U_A = \left(\frac{\partial U}{\partial T}\right)_V \Delta T = c_v \Delta T = \left(12.47 \text{ J mol}^{-1} \text{ K}^{-1}\right) \cdot (596 \text{ K} - 298 \text{ K})$$

$$= 3716 \text{ J mol}^{-1}$$

Da keine Arbeit verrichtet wird, ist nach dem ersten Hauptsatz

$$Q = \Delta U$$

Im Gegensatz zur Inneren Energie U wird die Temperaturabhängigkeit der Enthalpie H über die Wärmekapazität c_p beschrieben. Für ein ideales, einatomiges Gas ist (s. Gl. (1.1-111)) $c_p = c_v + R$.

Damit ist

$$\Delta H = H_E - H_A = \left(\frac{\partial H}{\partial T}\right)_V \Delta T = c_p \Delta T = (20.78 \text{ J mol}^{-1} \text{ K}^{-1}) \cdot (596 \text{ K} - 298 \text{ K})$$

$$= 6192 \text{ J mol}^{-1}$$

Für 2→3:

Für diese isobare Zustandsänderung ist der Druck konstant.

Aus dem Gesetz für ideale Gase folgt, dass V proportional zu T ist. Daher ist $V_3 = 12.2 \text{ dm}^3$.

Da die Innere Energie und die Enthalpie nur von der Temperatur abhängig sind, stellt diese Zustandsänderung die Umkehr von 1→2 dar und es resultiert das entgegengesetzte Vorzeichen.

Für den isobaren Prozess gilt weiterhin (s. Gl. (1.1-80))

$$H_E - H_A = Q.$$

Damit ist nach dem ersten Hauptsatz: $W = \Delta U - Q = 2476 \text{ J mol}^{-1}$.

Für 3→1:

Da die Temperatur konstant bleibt (isothermer Prozess), ändern sich U und H nicht. Aus dem ersten Hauptsatz folgt dann: $W = -Q$

Für die Volumenarbeit W gilt nach Gl. (1.1-173)

$$W = -Q = -nRT \cdot \ln \frac{V_2}{V_1} = -(1 \text{ mol}) \cdot (8.314 \text{ J mol}^{-1} \text{ K}^{-1}) \cdot (298 \text{ K}) \cdot \ln \frac{24.4 \text{ dm}^3}{12.2 \text{ dm}^3}$$

$$= -1716 \text{ J}$$

Man erkennt, dass für den gesamten Kreisprozess die Änderung von U und H Null ist, da es sich um Zustandsgrößen handelt, was auf Q und W jedoch nicht zutrifft.

19. Der Wirkungsgrad η ist definiert durch Gl. (1.1-192).

Damit ist

$$\eta_1 = 1 - \frac{300 \text{ K}}{373 \text{ K}} = 0.196$$

und

$$\eta_2 = 1 - \frac{300 \text{ K}}{485 \text{ K}} = 0.381$$

Da η das Verhältnis von gewonnener Arbeit zur aufgenommenen Wärme beschreibt (Gl. 1.1-191), ist die aufgenommene Wärme

$$\left| Q_{T_1} \right| = \frac{|W|}{\eta} = 5.102 \text{ kJ} \quad \text{bzw.} \quad 2.625 \text{ kJ}.$$

20. Die Kältemaschine entzieht dem kälteren Thermostat eine Wärmemenge Q_{T_2} und nimmt von außen die Arbeit W auf. Der Wirkungsgrad ist damit

$$\eta = \frac{\left|Q_{T_2}\right|}{|W|}$$

Analog zu Gl. (1.1-191) gilt deshalb

$$\eta = \frac{T_2}{T_1 - T_2}.$$

Je größer η ist, desto effektiver arbeitet die Kältemaschine. Für die gegebenen Temperaturen ist $\eta_{th} = 13.65$. Da der tatsächliche Wirkungsgrad nur 40 % dieses theoretischen Wertes entspricht, folgt

$$\eta = 5.46.$$

Die Berechnung der beim Gefrieren freiwerdenden Wärme erfolgt über die molare Schmelzenthalpie.

Die Stoffmenge von 1 kg Eis ist wegen $n = m \cdot M^{-1}$ mit $M = 18.015$ g mol^{-1}

$$n(H_2O) = 55.5 \text{ mol}$$

Daraus folgt für die entzogene Wärmemenge:

$$\left|Q_{T_2}\right| = 55.5 \text{ mol} \cdot 6.0 \text{ kJ mol}^{-1} = 333 \text{ kJ}$$

Die notwendige Arbeit ist daher

$$|W| = \frac{\left|Q_{T_2}\right|}{\eta} = \frac{333 \text{ kJ}}{5.46} = 61 \text{ kJ}$$

Diese Energie wird zusätzlich zur entzogenen Wärme an das Zimmer abgegeben. Daher ist $Q_{T_1} = -394$ kJ.

21.

Prozess	$(U_E - U_A)_{Gas}$	warmer Thermostat	Wärme-austauscher	kalter Thermostat	Arbeitsspeicher
isotherme Expansion	$+Q_{T_1} - nRT_1\ln\frac{V_2}{V_1} = 0$	–	–	$-Q_{T_1}$	$+nRT_1\ln\frac{V_2}{V_1}$
isochore Erwärmung	$+nc_0(T_2 - T_1)$	–	$-nc_0(T_2 - T_1)$	–	–
isotherme Kompression	$-Q_{T_2} + nRT_2\ln\frac{V_2}{V_1} = 0$	$+Q_{T_2}$	–	–	$-nRT_2\ln\frac{V_2}{V_1}$
isochore Abkühlung	$-nc_0(T_2 - T_1)$	–	$+nc_0(T_2 - T_1)$	–	–
Kreisprozess	0	$+Q_{T_2}$	0	$-Q_{T_1}$	$-nR(T_2 - T_1)\ln\frac{V_2}{V_1}$

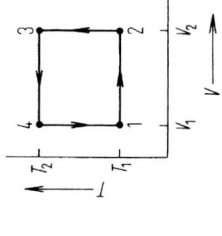

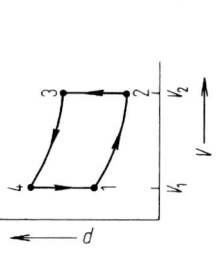

22. Die erstere Aussage bezieht sich auf eine einzelne Zustandsänderung; der Zweite Hauptsatz sagt aber etwas über eine periodisch arbeitende Maschine aus.

23.

	Arbeitsspeicher W	Gas $S_E - S_A$	Umgebung $S_E - S_A$	Gesamtsystem $S_E - S_A$
1. Schritt	$W = p(V_2 - V_1)$ $W = 900$ J	$S_E - S_A = nR\ln\frac{V_2}{V_1}$ $S_E - S_A = 9.57$ JK^{-1}	$S_E - S_A = \frac{Q}{T} = -\frac{W}{T}$ $S_E - S_A = -3.00$ JK^{-1}	$S_E - S_A = 6.57$ JK^{-1}
2. Schritt	$W = nRT\ln\frac{V_1}{V_2}$ $W = -2870$ J	$S_E - S_A = nR\ln\frac{V_1}{V_2}$ $S_E - SA = -9.57$ JK^{-1}	$S_E - S_A = -\frac{W}{T}$ $S_E - S_A = +9.57$ JK^{-1}	$S_E - S_A = 0$
Gesamtprozess	$W = -1970$ J	$S_E - S_A = 0$	$S_E - S_A = 6.57$ JK^{-1}	$S_E - S_A = 6.57$ JK^{-1}

24. Nach Gl. (1.1-237) ist die Änderung der molaren Entropie eines idealen Gases gegeben durch

$$ds = c_v \cdot d\ln T + R \cdot d\ln V$$

Bei adiabatischen Prozessen ist $dQ_{rev} = 0$ und mit Gl. (1.1-204) auch $ds = 0$. Also folgt

$$R \cdot d\ln V = -c_v \cdot d\ln T$$

$$\frac{R}{c_v} \cdot \int\limits_{V}^{V_0} d\ln V = -\int\limits_{T}^{T_0} d\ln T$$

$$\ln\left(\frac{V_0}{V}\right)^{\frac{R}{c_v}} = \ln\frac{T}{T_0}$$

Mit $T = \dfrac{pV}{R}$ formt man um und erhält::

$$\ln\left(\frac{V_0}{V}\right)^{\frac{R}{c_v}} = \ln\frac{pV}{p_0 V_0}$$

Mit $R = c_p - c_v$ und Auflösen der Logarithmen ergibt sich

$$\left(\frac{V_0}{V}\right)^{\frac{c_p}{c_v}-1} = \frac{pV}{p_0 V_0}$$

$$\left(\frac{V_0}{V}\right)^{\frac{c_p}{c_v}}\left(\frac{V_0}{V}\right)^{-1} = \frac{pV}{p_0 V_0}$$

Nach Einführung des Adiabatenkoeffizienten $\gamma = \dfrac{c_p}{c_v}$ wird daraus

$$\left(\frac{V_0}{V}\right)^{\gamma}\frac{V}{V_0} = \frac{pV}{p_0 V_0}$$

Umstellen liefert die gesuchte Gleichung

$$p_0 \cdot V_0^{\gamma} = p \cdot V^{\gamma}$$

25. Da das Erstarren einer unterkühlten Flüssigkeit ein irreversibler Prozess ist, kann man Gl. (1.1-204) nicht direkt benutzen. Zur Berechnung der Entropieänderung muss ein reversibler Weg gesucht werden. Die einzelnen Schritte sind:

1) Erwärmen von flüssigem Benzol von 267 K auf 278 K:
Für die Entropieänderung von einem Mol Benzol bei konstantem Druck gilt nach Gl. (1.1-242):

$$ds = \frac{c_p}{T}dT$$

Integration liefert für $c_p \neq f(T)$:

$$\Delta s = c_p \ln \frac{T_1}{T_0}$$

$$\Delta s_1 = \left(127 \text{ J mol}^{-1} \text{ K}^{-1}\right) \ln \frac{278 \text{ K}}{267 \text{ K}} = 5.13 \text{ J mol}^{-1} \text{ K}^{-1}$$

2) Reversibles Erstarren bei konstanter Temperatur (am normalen Schmelzpunkt)

$$\Delta s_2 = \frac{\Delta_m H}{T_m} = \frac{-9900 \text{ J mol}^{-1}}{278 \text{ K}} = -35.61 \text{ J mol}^{-1} \text{ K}^{-1}$$

3) Abkühlen des festen Benzols von 278 K auf 267 K

$$\Delta s_3 = \left(123 \text{ J mol}^{-1}\text{K}^{-1}\right) \ln \frac{267 \text{ K}}{278 \text{ K}} = -4.97 \text{ J mol}^{-1} \text{ K}^{-1}$$

Die Gesamtentropieänderung im Benzol ist damit

$$\Delta S_{\text{Benzol}} = -35.45 \text{ J mol}^{-1} \text{ K}^{-1}$$

Dieser Wert ist negativ, weil der feste Zustand eine höhere Ordnung als die Flüssigkeit aufweist.

Für die Umgebung sei die Temperatur konstant, so dass folgt

$$\Delta S_{\text{Umgebung}} = \frac{\sum Q}{T}$$

Dabei bezeichnet ΣQ die effektiv aufgenommene Wärme (die Wärmemenge $\Delta H(267 \text{ K})$, die beim Kristallisieren bei 267 K frei wird). Der Wert beträgt

$$\sum Q = \Delta H(267 \text{ K})$$

$$= \Delta H(278 \text{ K}) + \int_{278\text{K}}^{267\text{K}} \Delta c_p \, dT$$

$$= \Delta H(278 \text{ K}) + \int_{278\text{K}}^{267\text{K}} (c_p(s) - c_p(l)) \, dT$$

$$= 9900 \text{ J mol}^{-1} - \left(127 \text{ J mol}^{-1} \text{ K}^{-1}\right) \cdot (11 \text{ K}) + \left(123 \text{ J mol}^{-1} \text{ K}^{-1}\right) \cdot (11 \text{ K})$$

$$= 9856 \text{ J mol}^{-1}$$

Daraus ergibt sich für die Änderung der Entropie der Umgebung

$$\Delta S_{\text{Umgebung}} = \frac{9856 \text{ J mol}^{-1}}{267 \text{ K}} = 36.91 \text{ J mol}^{-1} \text{ K}^{-1}$$

Dieser Wert ist positiv, so dass in der Umgebung die Entropie zunimmt.

Insgesamt ergibt sich eine Entropieänderung von $+1.45 \text{ J mol}^{-1} \text{ K}^{-1}$. Eine Zunahme ist für einen irreversiblen Prozess zu erwarten.

Beachte: Bei einem irreversiblen Prozess kann durchaus in einem Teil des betrachteten Systems die Entropie abnehmen, muss aber insgesamt im Gesamtsystem immer zunehmen.

26. Die Entropieänderung setzt sich aus drei Anteilen zusammen: einem Teil für den Schmelzvorgang, einem zweiten Teil, der mit der Temperaturerhöhung des geschmolzenen Wassers zusammenhängt, und einem dritten Teil, der von der Temperaturerniedrigung des wärmeren Wassers herrührt. Es ist daher zunächst notwendig, die Endtemperatur nach dem Mischen zu bestimmen.

Da bei dem Prozess keine Energie verloren geht (das System ist abgeschlossen), kann man eine Energiebilanz aufstellen. Die zum Schmelzen (Schmelzenthalpie $\Delta_m H$) und Erwärmen notwendige Energie ($\Delta_{Erw} H$) ist vom Betrage her gleich der beim Abkühlen freiwerdenden Energie ($\Delta_{Abk} H$). Mit T_E als Endtemperatur, T_1 und T_2 den Anfangstemperaturen von Eis bzw. warmen Wassers sowie den Stoffmengen n_1 und n_2 heißt dies:

$$\Delta_m H + \Delta_{Erw} H + \Delta_{Abk} H = 0$$

$$n_1 \cdot \Delta_m H_m + n_1 c_p \left(T_E - T_1 \right) + n_2 c_p \left(T_E - T_2 \right) = 0$$

Auflösen nach T_E ergibt

$$T_E = \frac{c_p \left(n_1 \cdot T_1 + n_2 \cdot T_2 \right) - n_1 \cdot \Delta_m H_m}{c_p \left(n_1 + n_2 \right)}$$

Die Stoffmengen n ergeben sich zu:

$$n_1 = \frac{5g}{18.015 \text{ g mol}^{-1}} = 0.278 \text{ mol} \quad \text{und} \quad n_2 = 2.78 \text{ mol}$$

Damit ergibt sich

$$T_E = \frac{\left(75.24 \text{ J mol}^{-1} \text{ K}^{-1} \right) \cdot \left((0.278 \text{ mol}) \cdot (273 \text{ K}) + (2.78 \text{ mol}) \cdot (300 \text{ K}) \right) - (0.278 \text{ mol}) \cdot \left(6000 \text{ J mol}^{-1} \right)}{\left(75.24 \text{ J mol}^{-1} \text{ K}^{-1} \right) \cdot (0.278 \text{ mol} + 2.78 \text{ mol})}$$

$$= 290.3 \text{ K}$$

Für die einzelnen Entropieänderungen gilt nun:

Für das Schmelzen

$$\Delta_m S = \frac{n_1 \cdot \Delta_m H_m}{T_m} = \frac{(0.28 \text{ mol}) \cdot \left(6.00 \text{ kJ mol}^{-1} \right)}{273 \text{ K}} = 6.15 \text{ J K}^{-1}$$

Für das Erwärmen bzw. Abkühlen (vgl. Aufgabe 1.1.22.25).

$$\Delta S = n \cdot c_p \ln \frac{T_1}{T_0}$$

$$\Delta_{Erw} S = (0.28 \text{ mol}) \cdot \left(75.24 \text{ J mol}^{-1} \text{ K}^{-1} \right) \ln \frac{290.3 \text{ K}}{273 \text{ K}}$$

$$= 1.29 \text{ J K}^{-1}$$

$$\Delta_{Abk} S = (2.8 \text{ mol}) \cdot \left(75.24 \text{ J mol}^{-1} \text{ K}^{-1} \right) \ln \frac{290.3 \text{ K}}{300 \text{ K}}$$

$$= -6.92 \text{ J K}^{-1}$$

Insgesamt ergibt sich eine Entropieänderung von +0.52 J K^{-1}, ein positiver Wert, den man auch für einen freiwillig ablaufenden Prozess erwartet hätte.

27. Das Anfangsvolumen ist durch das Gasgesetz für ideale Gase gegeben

$$V_A = \frac{nRT_A}{p_A} = \frac{(1 \text{ mol}) \cdot (8.314 \cdot 10^{-2} \text{ bar dm}^3 \text{ mol}^{-1} \text{ K}^{-1}) \cdot (273.15 \text{ K})}{1.013 \text{ bar}} = 22.4 \text{ dm}^3$$

a)   Das Endvolumen V_E ist laut Aufgabe $V_E = 2 \cdot V_A = 44.8 \text{ dm}^3$.

Der Enddruck ist für einen adiabatischen Prozess über die Poisson'sche Gleichung (Gl. (1.1-186)) zu berechnen.

$$p_E = p_A \left(\frac{V_A}{V_E}\right)^{\gamma}$$

Dabei ist $\gamma = \dfrac{c_v + R}{c_v} = \dfrac{5}{3}$ für ein einatomiges Gas mit $c_v = \dfrac{3}{2} R$.

Für den Enddruck folgt somit

$$p_E = 1.013 \text{ bar} \cdot \left(\frac{1}{2}\right)^{\frac{5}{3}} = 0.32 \text{ bar}$$

Zur Berechung der Endtemperatur kann das Ideale Gasgesetz oder Gl. (1.1-185) herangezogen werden.

$$T_E = T_A \left(\frac{V_A}{V_E}\right)^{\gamma - 1} = 273.15 \text{ K} \cdot \left(\frac{1}{2}\right)^{\frac{2}{3}}$$

$$= 172.1 \text{ K}$$

b)   Für die Innere Energie gilt die Temperaturabhängigkeit:

$$\Delta U = n \cdot c_v \cdot (T_E - T_A) = (1 \text{ mol}) \cdot (12.47 \text{ J mol}^{-1} \text{ K}^{-1}) \cdot (172.07 \text{ K} - 273.15 \text{ K})$$

$$= -1261 \text{ J}$$

c)   Da der Prozess reversibel ist und keine Wärme ausgetauscht wird, ändert sich die Entropie nicht.

1.2
Einführung in die kinetische Gastheorie

1. Gesucht: $\bar{v}(H_2) : \bar{v}(N_2) : \bar{v}(O_2)$

Nach Gl. (1.2-10) gilt für die mittlere Geschwindigkeit $\bar{v}$ der Moleküle bei fester Temperatur mit der Masse m (bzw. der Molmasse M):

$$\bar{v} \sim \frac{1}{\sqrt{m}} \sim \frac{1}{\sqrt{M}}$$

Für die drei Gase H_2, N_2 und O_2 erhält man damit das Verhältnis:

$$\bar{v}(H_2) : \bar{v}(N_2) : \bar{v}(O_2) = \sqrt{\frac{\mathrm{g\ mol}^{-1}}{M(H_2)}} : \sqrt{\frac{\mathrm{g\ mol}^{-1}}{M(N_2)}} : \sqrt{\frac{\mathrm{g\ mol}^{-1}}{M(O_2)}}$$

$$= \sqrt{\frac{1}{2.02}} : \sqrt{\frac{1}{28.01}} : \sqrt{\frac{1}{32.00}}$$

$$= 0.71 : 0.19 : 0.18$$

$$= 1 : 0.27 : 0.25$$

(siehe zu diesem Komplex auch Abschnitt 4.3)

2. Für ein ideales Gas hängt nach Gl. (1.2-7) die molare Translationsenergie $N_A \varepsilon_{\mathrm{trans}}$ nur von der Temperatur ab:

$$N_A \varepsilon_{\mathrm{trans}} = \frac{3}{2} RT$$

$$\varepsilon_{\mathrm{trans}} = \frac{3}{2} kT$$

Da

$$\varepsilon_{\mathrm{trans}}(\mathrm{Ar}) = \frac{3}{2} kT_{\mathrm{Ar}} = \frac{1}{2} m(\mathrm{Ar})\overline{v^2}(\mathrm{Ar})$$

und

$$\varepsilon_{\mathrm{trans}}(\mathrm{He}) = \frac{3}{2} kT_{\mathrm{He}} = \frac{1}{2} m(\mathrm{He})\overline{v^2}(\mathrm{He})$$

folgt wegen der Bedingung: $\overline{v^2}(\mathrm{Ar}) = \overline{v^2}(\mathrm{He})$

$$\frac{3kT_{\mathrm{Ar}}}{m_{\mathrm{Ar}}} = \frac{3kT_{\mathrm{He}}}{m_{\mathrm{He}}}$$

$$\frac{T_{\mathrm{Ar}}}{m_{\mathrm{Ar}}} = \frac{T_{\mathrm{He}}}{m_{\mathrm{He}}}$$

$$T_{\mathrm{Ar}} = T_{\mathrm{He}} \frac{m_{\mathrm{Ar}}}{m_{\mathrm{He}}} = T_{\mathrm{He}} \frac{M_{\mathrm{Ar}}}{M_{\mathrm{He}}} = (300\ \mathrm{K}) \cdot \frac{39.95\ \mathrm{g\ mol}^{-1}}{4.00\ \mathrm{g\ mol}^{-1}} \approx 3000\ \mathrm{K}$$

3. Gesucht: $\gamma = \dfrac{c_p}{c_v}$ für verschiedene Moleküle

Die molare Wärmekapazität bei konstantem Volumen c_v wird über den Gleichverteilungssatz durch Bestimmung der quadratischen Freiheitsgrade ermittelt. Dabei entfällt auf einen Freiheitsgrad f eine molare Wärmekapazität von $0.5\,R$. Es gilt dann:

$$c_v = f\,\frac{1}{2}\,R$$

Jedes n-atomige Molekül besitzt $3n$ Freiheitsgrade. Darin enthalten sind drei Freiheitsgrade der Translation. Die Diskussion der Freiheitsgrade der Rotation erfordert die Unterscheidung zwischen linearer und gewinkelter Struktur eines mehratomigen Moleküls. Bei linearer Struktur werden zwei Freiheitsgrade durch Rotation beansprucht, bei gewinkelter Struktur sind es drei. Die verbleibenden Freiheitsgrade $(3n - 5)$ bei linearer und $(3n - 6)$ bei gewinkelter Struktur entfallen auf die Schwingungsbewegung. Jeder Freiheitsgrad der Schwingung entspricht zwei quadratischen Freiheitsgraden (aufgrund der Überlagerung von kinetischer und potentieller Energie).

Die molare Wärmekapazität c_p eines idealen Gases kann nach Gleichung (1.1.-111) berechnet werden:

$$c_p - c_v = R$$

Die Ergebnisse sind für die verschiedenen Moleküle in der Tabelle zusammengefasst.

Molekül: Anzahl der Atome und Struktur		1	2	3 linear	3 gewinkelt
	Translation	3	3	3	3
Freiheitsgrade	Rotation	–	2	2	3
	Schwingung	–	1 (x2)	4 (x2)	3 (x2)
Gesamtzahl der *quadratischen* Freiheitsgrade		3+0+0 (x2) = 3	3+2+1 (x2) = 7	3+2+4 (x2) = 13	3+3+3 (x2) = 12
c_v		1.5 R	3.5 R	6.5 R	6.0 R
c_p		2.5 R	4.5 R	7.5 R	7.0 R
γ		1.67	1.29	1.15	1.17

4. Für die Änderung der Inneren Energie eines Gases bei konstantem Volumen gilt

$$\Delta U = c_V \cdot \Delta T$$

Beim betrachteten Prozess (adiabatisch) muss gelten

$$\Delta U(\text{He}) = -\Delta U(\text{Cl}_2)$$

$$n_{\text{He}} \cdot c_V(\text{He}) \cdot \Delta T(\text{He}) = -n_{\text{Cl}_2} \cdot c_V(\text{Cl}_2) \cdot \Delta T(\text{Cl}_2)$$

Es ist $c_V(\text{He}) = \dfrac{3}{2} R$ (nur drei Translationsfreiheitsgrade)

und $c_V(\text{Cl}_2) = \dfrac{7}{2} R$ (drei Translations- und zwei Rotationsfreiheitsgrade sowie ein (doppelt zu zählender) Schwingungsfreiheitsgrad).

Damit erhält man

$$(2 \text{ mol}) \cdot \frac{3}{2} R \cdot \left(T_E - 600 \text{ K}\right) = -(1 \text{ mol}) \cdot \frac{7}{2} R \cdot \left(T_E - 1100 \text{ K}\right)$$

und daraus

$$T_E = 869 \text{ K}$$

5. Bei reversibler adiabatischer Expansion gilt mit Gl. (1.1-182)

$$\frac{T_2}{T_1} = \left(\frac{V_1}{V_2}\right)^{\frac{R}{c_V}}$$

Im Falle von Helium ist $c_V = \dfrac{3}{2} R$, für Wasserstoff beträgt der Wert $\dfrac{5}{2} R$ (drei Translations- und zwei Rotationsfreiheitsgrade). Gemessen wurde für

$$\frac{T_2}{T_1} = \frac{279 \text{ K}}{300 \text{ K}} = 0.93$$

Im Falle von Helium würde man erwarten

$$\left(\frac{V_1}{V_2}\right)^{\frac{R}{c_V}} = \left(\frac{150 \text{ cm}^3}{180 \text{ cm}^3}\right)^{\frac{R}{\frac{3}{2}R}} = \left(\frac{150}{180}\right)^{\frac{2}{3}} = 0.89$$

Für Wasserstoff würde sich ergeben

$$\left(\frac{V_1}{V_2}\right)^{\frac{R}{c_V}} = \left(\frac{150 \text{ cm}^3}{180 \text{ cm}^3}\right)^{\frac{R}{\frac{5}{2}R}} = \left(\frac{150}{180}\right)^{\frac{2}{5}} = 0.93$$

Es befindet sich also Wasserstoff im Gefäß.

6. Aus der mittleren Geschwindigkeit der Argon-Atome lässt sich die Ausgangs-temperatur berechnen. Es gilt mit:

$$\varepsilon_{trans} = \frac{1}{2} m \overline{v^2} = \frac{1}{2} m v^2$$

$$N_A \frac{1}{2} m v^2 = \frac{1}{2} M v^2$$

$$= \frac{3}{2} R T$$

$$T_1 = \frac{M v^2}{3R}$$

$$= \frac{(39.95 \cdot 10^{-3} \text{ kg mol}^{-1}) \cdot (300 \text{ m s}^{-1})^2}{3 \cdot (8.314 \text{ J mol}^{-1} \text{K}^{-1})}$$

$$= 144 \text{ K}$$

Bei der Erwärmung von 144 K auf 400 K bei konstantem Volumen wird eine Wär-memenge von

$$Q = n c_v \Delta T$$

benötigt. c_v ist nach Tab. (1.2-1) für Argon $\frac{3}{2} R$. Daraus folgt:

$$Q = (2 \text{mol}) \cdot \frac{3}{2} \cdot (8.314 \text{ J mol}^{-1} \text{ K}^{-1}) \cdot (400 \text{ K} - 144 \text{ K})$$

$$= 6385 \text{ J}$$

7. Es gilt für eine Temperaturänderung eines Gases bei konstantem Volumen

$$\Delta U = Q = c_V \cdot \Delta T$$

Für gasförmiges H_2O gilt (f ist die Anzahl der Freiheitsgrade)

$$c_V = f_{trans} \cdot \frac{1}{2} R + f_{rot} \cdot \frac{1}{2} R + 2 f_{vib} \cdot \frac{1}{2} R$$

$$= \frac{3}{2} R + \frac{3}{2} R + 2 \cdot \frac{3}{2} R \qquad (f_{vib} = 3n - 6 = 3)$$

$$= 6R$$

Damit wird

$$Q = 6R \cdot (T_{Ende} - T_{Anfang})$$

$$= 6 \cdot (8.314 \text{ J mol}^{-1} \text{ K}^{-1}) \cdot (-15 \text{ K})$$

$$= -748 \text{ J mol}^{-1}$$

(Das Minuszeichen gibt an, dass das System diese Wärmemenge abgegeben hat.)

1.3
Einführung in die statistische Thermodynamik

1. Es gibt die folgenden neun Möglichkeiten, zwei unterscheidbare Bälle A und B auf drei Behälter (I, II und III) zu verteilen:

Möglichkeit	Behälter		
	I	II	III
1	A, B		
2	A	B	
3	A		B
4	B	A	
5		A, B	
6		A	B
7	B		A
8		B	A
9			A, B

Man hat für den ersten Ball drei Möglichkeiten, ihn auf die Behälter zu verteilen. Dies gilt auch für den zweiten Ball, also hat man insgesamt $3 \cdot 3 = 9$ Möglichkeiten für beide Bälle.

2. a) Wenn sich alle 20 Moleküle im Zustand ε_1 befinden, ergibt sich für das statistische Gewicht nach Gl. (1.3-2):

$$\Omega = \frac{N!}{N_0! N_1! N_2! \cdot \cdots \cdot N_{20}!}$$

$$= \frac{20!}{0! \cdot 20! \cdot 0! \cdot 0! \cdot \cdots \cdot 0!}$$

$$= 1 \qquad \text{mit } 0! = 1$$

b) Wenn ein Teilchen vom Zustand ε_1 nach ε_0 geht, so muss auch ein Teilchen vom Zustand ε_1 nach ε_2 gehen, damit die Gesamtenergie nicht verändert wird. Das resultierende statistische Gewicht dieses Zustandes ergibt sich zu:

$$\Omega = \frac{20!}{1! \cdot 18! \cdot 1! \cdot 0! \cdot 0! \cdot \cdots \cdot 0!}$$

$$= \frac{20!}{18!}$$

$$= 380$$

c) In diesem Fall hat man folgende Besetzungszahlen:

$N_0 = 7, N_1 = 9, N_2 = 2, N_3 = 1, N_4 = 1$

Alle anderen Niveaus sind leer.

Mit diesen Werten wird das statistische Gewicht Ω

$$\Omega = \frac{20!}{7! \cdot 9! \cdot 2! \cdot 1! \cdot 1! \cdot 0! \cdot 0! \cdot \cdots \cdot 0!}$$

$$= \frac{20!}{7! \cdot 9! \cdot 2!}$$

$$= 6.65 \cdot 10^8$$

3. Für das beschriebene System gibt es zwei unterschiedliche Makrozustände, die durch die folgenden Mikrozustände realisiert werden:

Makrozustand 1:   Teilchen A mit der Energie $\varepsilon = \varepsilon_0 = 0$
                    Teilchen B mit der Energie $\varepsilon = 3\varepsilon_1$
            oder
                    Teilchen B mit der Energie $\varepsilon = \varepsilon_0 = 0$
                    Teilchen A mit der Energie $\varepsilon = 3\varepsilon_1$

Makrozustand 2:   Teilchen A mit der Energie $\varepsilon = \varepsilon_1$
                    Teilchen B mit der Energie $\varepsilon = 2\varepsilon_1$
            oder
                    Teilchen B mit der Energie $\varepsilon = \varepsilon_1$
                    Teilchen A mit der Energie $\varepsilon = 2\varepsilon_1$

4. Zur Lösung dieser Aufgabe wird auf den Abschnitt G im Mathematischen Anhang verwiesen. Es werden im Folgenden die Bezeichnungen aus diesem Abschnitt verwendet.

Die Funktionen sind

$$z = \exp\left(-\left(x^2 + y^2\right)\right)$$

$$\varphi = x + y - 1 = 0$$

Die benötigten Ableitungen ergeben sich daraus zu

$$f_x = \left(\frac{\partial z}{\partial x}\right)_y = (-2x) \exp\left(-\left(x^2 + y^2\right)\right)$$

$$f_y = \left(\frac{\partial z}{\partial y}\right)_x = (-2y) \exp\left(-\left(x^2 + y^2\right)\right)$$

$$\varphi_x = \left(\frac{\partial \varphi}{\partial x}\right)_y = 1$$

$$\varphi_y = \left(\frac{\partial \varphi}{\partial y}\right)_x = 1$$

a) Lösung mit Hilfe der Substitutionsmethode

Es muss nach Gl. (H-10) gelten

$$f_x - f_y \frac{\varphi_x}{\varphi_y} = 0$$

Dies führt zu $x = y$. Aus der weiteren Bedingung (Gl. (H-6)) folgen sofort die Koordinaten des Maximums

$$x = y = \frac{1}{2}$$

$$z = \exp\left(-\left(x^2 + y^2\right)\right) = \exp\left(-\frac{1}{2}\right) = 0.607$$

b) Verfahren mit Hilfe der Lagrange'schen Multiplikatoren

Man bildet die Funktion F nach der Vorschrift

$$F = z + \lambda \varphi$$

$$= \exp\left(-\left(x^2 + y^2\right)\right) + \lambda \cdot (x + y - 1)$$

Die ersten Ableitungen nach x und nach y werden berechnet und gleich Null gesetzt, um das Maximum zu bestimmen:

$$F_x = (-2x) \cdot \exp\left(-\left(x^2 + y^2\right)\right) + \lambda = 0$$

$$F_y = (-2y) \cdot \exp\left(-\left(x^2 + y^2\right)\right) + \lambda = 0$$

$$F_\lambda = x + y - 1 = 0$$

Aus F_x ergibt sich λ. Diese Funktion für λ wird in F_y eingesetzt. Daraus folgt hier

$$0 = F_y = (-2y) \cdot \exp\left(-\left(x^2 + y^2\right)\right) + \left\{+2x \cdot \exp\left(-\left(x^2 + y^2\right)\right)\right\}$$

oder

$$y = x$$

Die dritte Bedingung F_λ liefert nun den Wert für die Koordinaten des Maximums wie unter Punkt a).

$$x = y = \frac{1}{2}$$

$$z = 0.607$$

5. Das Verhältnis der Zahl der Oszillatoren im Zustand i zur Zahl der Oszillatoren im Grundzustand ($i = 0$) ist gegeben durch Gl. (1.3-30):

$$\frac{N_{\varepsilon_i}}{N_{\varepsilon_0}} = \exp\left(-\frac{\varepsilon_i - \varepsilon_0}{kT}\right) \qquad \text{wobei } \varepsilon_i = i \cdot h\nu_0 \text{ mit } i = 0, 1, 2, \ldots \ldots \text{ ist}$$

Für $i = 1$ und eine Temperatur von 273 K ergibt sich daraus

$$\frac{N_{\varepsilon_1}}{N_{\varepsilon_0}} = \exp\left(-\frac{\varepsilon_1 - \varepsilon_0}{kT}\right)$$

$$= \exp\left(-\frac{h\nu_0 - 0}{kT}\right)$$

$$= \exp\left(-\frac{(6.626 \cdot 10^{-34}\text{ J s}) \cdot (1.00 \cdot 10^{13}\text{ s}^{-1})}{(1.381 \cdot 10^{-23}\text{ J K}^{-1}) \cdot (273\text{ K})}\right)$$

$$= 0.172$$

Für die anderen drei Fälle berechnet man auf dem gleichen Wege

i	$=1$	$T = 773$ K	0.538
	2	273 K	0.030
	2	773 K	0.289

6. Es gilt nach Gl. (1.3-31) für den Bruchteil der Teilchen, die eine Energie ε größer als $(i \cdot \varepsilon_1)$ besitzen, im Falle des harmonischen Oszillators

$$\frac{N_{\varepsilon \geq i \cdot \varepsilon_1}}{N_{\text{gesamt}}} = \exp\left(-\frac{i \cdot \varepsilon_1}{kT}\right)$$

Mit $\varepsilon_1 = h\nu$ erhält man für

$$\frac{N_{\varepsilon \geq \varepsilon_1}}{N_{\text{gesamt}}} = \exp\left(-\frac{h\nu}{kT}\right)$$

$$i = 1 \quad T = 273\text{ K} \qquad = \exp\left(-\frac{(6.626 \cdot 10^{-34}\text{ J s}) \cdot (1.00 \cdot 10^{13}\text{ s}^{-1})}{(1.381 \cdot 10^{-23}\text{ J K}^{-1}) \cdot (273\text{ K})}\right)$$

$$= 0.172$$

Für die anderen drei Fälle berechnet man auf dem gleichen Wege

i	$=1$	$T = 773$ K	0.538
	2	273 K	0.030
	2	773 K	0.289

7. Es gilt nach Gl. (1.3-30)

$$\frac{N_2}{N_1} = \exp\left(-\frac{\varepsilon_2 - \varepsilon_1}{kT}\right) = \frac{1}{4}$$

Daraus folgt für ε_2

$$\varepsilon_2 = \varepsilon_1 - kT \ln\frac{1}{4}$$

$$= 1.00 \cdot 10^{-21}\text{ J} - (1.381 \cdot 10^{-23}\text{ J K}^{-1}) \cdot (300\text{ K}) \cdot \ln\frac{1}{4}$$

$$= 1.00 \cdot 10^{-21}\text{ J} + 5.743 \cdot 10^{-21}\text{ J}$$

$$= 6.743 \cdot 10^{-21}\text{ J}$$

8. Es gilt laut Gl. (1.3-30)

$$\frac{N_{\varepsilon_{n+1}}}{N_\varepsilon} = \exp\left(-\frac{\varepsilon_{n+1} - \varepsilon_n}{kT}\right)$$

$$= \exp\left(-\frac{\varepsilon}{kT}\right)$$

$$= \frac{1}{1000}$$

Daraus folgt

$$\varepsilon = -kT \ln\frac{1}{1000}$$

$$= -\left(1.381 \cdot 10^{-23} \text{ J K}^{-1}\right) \cdot (500 \text{ K}) \cdot \ln\frac{1}{1000}$$

$$= 4.77 \cdot 10^{-20} \text{ J}$$

9. Nach Gl. (1.3-50) gilt für die Entropie eines idealen Gases

$$S = nR \ln V + n c_V \ln T + \text{const.}$$

Mit der Entropie S_1 bei 273 K

$$S_1 = nR \ln V_1 + n c_V \ln T_1 + \text{const}$$

und dem entsprechenden Wert S_2 bei 373 K

$$S_2 = nR \ln V_2 + n c_V \ln T_2 + \text{const}$$

muss dann gelten

$$S_2 - S_1 = 0$$

$$= nR \ln\frac{V_2}{V_1} + n c_V \ln\frac{T_2}{T_1}$$

Die molare Wärmekapazität c_V eines einatomigen idealen Gases beträgt

$$c_V = \frac{3}{2} R$$

Damit wird

$$nR \ln\frac{V_2}{V_1} = -n \cdot \frac{3}{2} R \ln\frac{T_2}{T_1}$$

$$\ln\frac{V_2}{V_1} = -\frac{3}{2} \cdot \ln\frac{373 \text{ K}}{273 \text{ K}} = -0.468$$

und

$$\frac{V_2}{V_1} = 0.626$$

$$V_2 = 0.626 \cdot V_1$$

1.4
Einführung in die Quantentheorie

1. Nach der Bragg-Gleichung (Gl. (1.4-14)) gilt

$$n \cdot \lambda = 2d \cdot \sin \theta_n$$

Es ist n = 1, die Wellenlänge λ und der Glanzwinkel θ sind gegeben. Damit erhält man für den Netzebenenabstand d

$$d = \frac{n \cdot \lambda}{2 \cdot \sin \theta_n}$$

$$= \frac{0.2291 \cdot 10^{-9} \text{ m}}{2 \cdot \sin(40.56°)}$$

$$= 0.1762 \cdot 10^{-9} \text{ m}$$

Nickel kristallisiert kubisch flächenzentriert, es gibt pro Elementarzelle zwei parallele Netzebenen. Die Gitterkonstante a ist also doppelt so groß wie der Netzebenenabstand:

$$a = 2 \cdot d$$

$$= 0.3624 \cdot 10^{-9} \text{ m}$$

2. Man berechnet zunächst nach Gl. (1.4-18) die Wellenlänge eines Elektrons, das mit 80 kV beschleunigt wird:

$$\lambda = \frac{12.3}{\sqrt{\dfrac{U}{V}}} \cdot 10^{-10} \text{ m} = \frac{12.3}{\sqrt{\dfrac{80 \cdot 10^3 \text{ V}}{V}}} 10^{-10} \text{ m}$$

$$= 4.35 \cdot 10^{-12} \text{ m} = 4.35 \text{ pm}$$

Mit Hilfe der Bragg'schen Gleichung (Gl. (1.4-14)) kann die Gitterkonstante bestimmt werden.

$$n\lambda = 2d \sin \theta_n$$

Darin ist n die Ordnung der Beugung. Mit den Millerschen Indizes für die (200)-Fläche erhält man

$$n = \sqrt{h^2 + k^2 + l^2} = 2$$

Die Berechnung des Glanzwinkels θ_n geht aus der folgenden Skizze hervor:

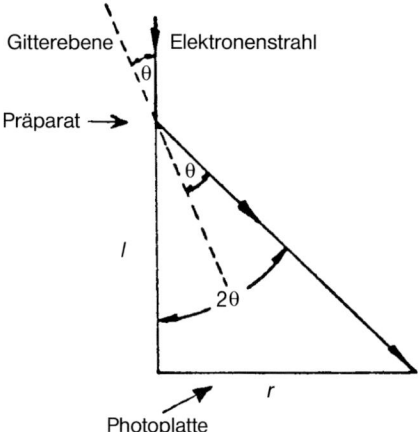

Es ist

$$\tan 2\theta = \frac{r}{l} = \frac{\frac{1}{2} \cdot (29.0 \text{ mm})}{610 \text{ mm}} = 2.377 \cdot 10^{-2}$$

$$\theta = 0.68°$$

Mit Hilfe dieser beiden Werte lässt sich nun die Gitterkonstante d berechnen:

$$d = \frac{n\lambda}{2\sin\theta} = \frac{2 \cdot \left(4.35 \cdot 10^{-12} \text{ m}\right)}{2 \cdot \sin 0.68°}$$

$$= 3.66 \cdot 10^{-10} \text{ m} = 0.366 \text{ nm}$$

Siehe zu dieser Aufgabe auch die Aufgabe 1.4.17.1.

3. Die Planck'sche Strahlungsformel lautet (s. Gl. (1.4-27))

$$E(\lambda)\mathrm{d}\lambda = \frac{hc^2}{\lambda^5 \left(\exp\left(\dfrac{hc}{\lambda kT}\right) - 1\right)} \mathrm{d}\lambda$$

Wenn die Planck'sche Konstante h gegen Null gehen soll, bieten sich zwei Möglichkeiten an, den unbestimmt werdenden Ausdruck zu behandeln:

a. Entwicklung des Exponentialausdruckes in eine Reihe und Abbruch nach dem ersten Glied.

b. Lösung unter Verwendung der Regel von l'Hospital mit der getrennten Bildung der Ableitungen von Zähler und Nenner.

Hier soll nach dem ersten Vorschlag verfahren werden.

Es gilt dann

$$\exp\left(\frac{hc}{\lambda kT}\right) - 1 \approx \left\{1 + \frac{hc}{\lambda kT} + \dots\dots\right\} - 1$$

$$= \frac{hc}{\lambda kT}$$

Diesen Ausdruck setzt man in die Strahlungsformel ein und erhält

$$E(\lambda)\mathrm{d}\lambda = \frac{hc^2}{\lambda^5 \dfrac{hc}{\lambda kT}}\mathrm{d}\lambda = \frac{c}{\lambda^4}kT\mathrm{d}\lambda$$

Das ist das Strahlungsgesetz von Rayleigh und Jeans (Gl. (1.4-24)).

4. Nach dem Einstein'schen Frequenzgesetz (Gl. (1.4-33)) gilt die Energiebilanz

$$h\nu = \frac{1}{2}mv^2 + e\Phi$$

Darin ist $h\nu$ die Energie des einfallenden Photons, Φ das Austrittspotential und $\frac{1}{2}mv^2$ die kinetische Energie des Elektrons.

Es ist für Licht der Wellenlänge $\lambda = 400$ nm

$$h\nu = h\frac{c}{\lambda}$$

$$= \left(6.626 \cdot 10^{-34}\ \mathrm{J\ s}\right) \cdot \frac{2.998 \cdot 10^8\ \mathrm{m\ s^{-1}}}{400 \cdot 10^{-9}\ \mathrm{m}}$$

$$= 4.98 \cdot 10^{-19}\ \mathrm{J}$$

Für die Austrittsarbeit findet man

$$e\Phi = \left(1.602 \cdot 10^{-19}\mathrm{A\ s}\right) \cdot (2.25\ \mathrm{V})$$

$$= 3.60 \cdot 10^{-19}\ \mathrm{J}$$

Die kinetische Energie des Elektrons beträgt

$$\frac{1}{2}mv^2 = 4.98 \cdot 10^{-19}\ \mathrm{J} - 3.60 \cdot 10^{-19}\ \mathrm{J}$$

$$= 1.38 \cdot 10^{-19}\ \mathrm{J}$$

Die angelegte Gegenspannung U_0 muss gerade so groß sein, dass die gesamte kinetische Energie des Elektrons in potentielle Energie umgewandelt wird. Es muss also

$$eU_0 = \frac{1}{2}mv^2$$

sein. Daraus folgt für die gesuchte Gegenspannung

$$U_0 = \frac{1.38 \cdot 10^{-19}\ \mathrm{VA\ s}}{1.602 \cdot 10^{-19}\ \mathrm{A\ s}}$$

$$= 0.861\ \mathrm{V}$$

5. An der langwelligen Grenze der Photoemission ist die kinetische Energie der ausgelösten Elektronen gerade Null. Hier gilt, wenn Φ das Austrittspotential bezeichnet

$$h\nu = e\Phi$$

Also

$$\Phi = \frac{h\nu}{e} = \frac{hc}{e\lambda}$$

$$= \frac{(6.626 \cdot 10^{-34}\ \text{J s}) \cdot (2.998 \cdot 10^{8}\ \text{m s}^{-1})}{(1.602 \cdot 10^{-19}\ \text{A s}) \cdot (273 \cdot 10^{-9}\ \text{m})}$$

$$= 4.54\ \text{V}$$

Dieses Potential soll durch Kalium um 0.5 V erniedrigt werden, es beträgt dann 4.04 V. Da die Wellenlänge und das Austrittspotential umgekehrt proportional sind, ergibt sich

$$\lambda_{\text{mit Kalium}} = \lambda_{\text{rein}}\frac{\Phi_{\text{rein}}}{\Phi_{\text{mit Kalium}}}$$

$$= (273\ \text{nm}) \cdot \frac{4.54\ \text{V}}{4.04\ \text{V}}$$

$$= 307\ \text{nm}$$

6. Die Wellenlänge von Materiewellen lässt sich nach der de-Broglie-Beziehung (Gl. (1.4-15)) berechnen.

$$\lambda = \frac{h}{p}$$

Für den Impuls p bestimmt man im vorliegenden Fall

$$p = m \cdot v$$

$$= (75\ \text{kg}) \cdot (5 \cdot 10^{3}\ \text{m h}^{-1})$$

$$= (75\ \text{kg}) \cdot \left(\frac{5 \cdot 10^{3}\ \text{m h}^{-1}}{3600\ \text{s h}^{-1}}\right)$$

$$= 104\ \text{kg m s}^{-1}$$

Dieser Wert führt zu einer Wellenlänge λ von

$$\lambda = \frac{6.626 \cdot 10^{-34}\ \text{J s}}{104\ \text{kg m s}^{-1}}$$

$$= 6.4 \cdot 10^{-36}\ \text{m}$$

Die Wellenlänge von typischen Röntgenstrahlen ist demnach um etwa einen Faktor 10^{25} größer.

7. Nach Gl. (1.4-89) gilt für die Energieniveaus des Elektrons im H-Atom

$$E_n = -\frac{m_e e^4}{8\varepsilon_0^2 h^2} \cdot \frac{1}{n^2} = -E_A \cdot \frac{1}{n^2} \qquad n = 1, 2, 3, \ldots$$

und damit für den Übergang zwischen den Niveaus mit $n = 6$ und $n = 1$

$$\Delta E = E_6 - E_1$$

$$= -E_A \left(\frac{1}{6^2} - \frac{1}{1^2} \right)$$

$$= +\frac{35}{36} \cdot E_A = \frac{35}{36} \cdot \frac{(9.109 \cdot 10^{-31} \text{ kg}) \cdot (1.602 \cdot 10^{-19} \text{ A s})^4}{8 \cdot (8.854 \cdot 10^{-12} \text{ A s V}^{-1} \text{m}^{-1})^2 \cdot (6.626 \cdot 10^{-34} \text{ J s})^2}$$

$$= 2.12 \cdot 10^{-18} \text{ J}$$

Da gilt

$$\Delta E = h\nu = h\frac{c}{\lambda}$$

erhält man für die Wellenlänge λ

$$\lambda = \frac{hc}{\Delta E}$$

$$= \frac{(6.626 \cdot 10^{-34} \text{ J s}) \cdot (2.998 \cdot 10^8 \text{ m s}^{-1})}{2.12 \cdot 10^{-18} \text{ J}}$$

$$= 9.37 \cdot 10^{-8} \text{ m}$$

$$= 93.7 \text{ nm}$$

8. Nach der Balmer-Formel (Gl. (1.4-68)) gilt für die beiden Spektrallinien

$$\tilde{\nu}_i = R \cdot \left(\frac{1}{m^2} - \frac{1}{n^2} \right)$$

bzw.

$$\tilde{\nu}_{i+1} = R \cdot \left(\frac{1}{m^2} - \frac{1}{(n+1)^2} \right)$$

Aus diesen beiden Gleichungen lässt sich m eliminieren. Man erhält

$$\tilde{\nu}_{i+1} - \tilde{\nu}_i = R \cdot \frac{2n+1}{n^2(n+1)^2}$$

oder

$$\frac{2n+1}{n^2(n+1)^2} = \frac{\tilde{\nu}_{i+1} - \tilde{\nu}_i}{R}$$

$$= \frac{2.304 \cdot 10^6 \text{ m}^{-1} - 2.057 \cdot 10^6 \text{ m}^{-1}}{1.0968 \cdot 10^7 \text{ m}^{-1}}$$

$$= 0.225$$

Diese Gleichung muss für einen ganzzahligen Wert von n gelten. Durch Probieren findet man $n = 4$.

Aus den obigen Formeln für $\tilde{v}_i$ oder $\tilde{v}_{i+1}$ kann nun m berechnet werden. Es ist

$$\frac{1}{m^2} = \frac{\tilde{v}_i}{R} + \frac{1}{n^2}$$

$$= \frac{2.057 \cdot 10^6 \text{ m}^{-1}}{1.0968 \cdot 10^7 \text{ m}^{-1}} + \frac{1}{16}$$

$$= 0.250$$

$$= \frac{1}{4}$$

Also ist $m = 2$.

Das heißt, die Linien gehören zur Balmer-Serie ($m = 2$) und entsprechen dem Übergang von $n = 4$ bzw. von $n = 5$.

9. Für die Spektrallinien des H-Atoms gilt nach der Balmer-Formel (Gl. (1.4-68))

$$\tilde{v} = R \cdot \left(\frac{1}{m^2} - \frac{1}{n^2} \right) \qquad m = 1, 2, 3, \dots; n > m$$

Die langwelligste Linie im Spektrum entspricht dem Übergang mit dem geringsten Energieunterschied. Das ist der Fall, wenn $n = m + 1$ ist. Dafür gilt

$$\tilde{v} = \frac{1}{\lambda} = R \cdot \left(\frac{1}{m^2} - \frac{1}{(m+1)^2} \right) = R \cdot \frac{2m+1}{m^2(m+1)^2}$$

Der Wert für m kann aus folgendem Ausdruck berechnet werden

$$\frac{2m+1}{m^2(m+1)^2} = \frac{1}{\lambda \cdot R} = \frac{1}{(1875.1 \cdot 10^{-9} \text{ m}) \cdot (1.0968 \cdot 10^7 \text{ m}^{-1})}$$

$$= 0.0486$$

Diese Gleichung muss für einen ganzzahligen Wert von m erfüllt sein. Durch Probieren erhält man $m = 3$.

Es handelt sich also um die Paschen-Serie.

10. Die Energie, die notwendig ist, um aus einer Ce-Oberfläche ein Elektron auszulösen, ist:

$$E = e \cdot \Phi$$

$$= \left(1.602 \cdot 10^{-19} \text{A s} \right) \cdot (2.88 \text{ V})$$

$$= 4.61 \cdot 10^{-19} \text{ J}$$

Ein Photon mit dieser Energie besitzt die Wellenlänge

$$\lambda = \frac{hc}{E}$$

$$= \frac{(6.626 \cdot 10^{-34} \text{ J s}) \cdot (2.998 \cdot 10^8 \text{ m s}^{-1})}{4.61 \cdot 10^{-19} \text{ J}}$$

$$= 4.31 \cdot 10^{-7} \text{m}$$

$$= 431 \text{ nm}$$

Die Wellenlängen der Spektrallinien der Balmer-Serie können nach Gl. (1.4-68) berechnet werden:

$$\tilde{\nu} = \frac{1}{\lambda} = R \cdot \left(\frac{1}{4} - \frac{1}{n^2} \right) \qquad n = 3, 4, 5, \ldots$$

Man erhält für $n = 3$

$$\lambda = \frac{1}{R \cdot \left(\dfrac{1}{4} - \dfrac{1}{9} \right)}$$

$$= \frac{36}{5 \cdot (1.0968 \cdot 10^7 \text{m}^{-1})}$$

$$= 656 \text{ nm}$$

Ebenso ergibt sich für die Quantenzahlen (vgl. Abb. 1.4-18)

$n = 4$ 488 nm
$n = 5$ 434 nm
$n = 6$ 410 nm

Photonen der Balmer-Serie mit $n \geq 6$ (d.h., ab der vierten Linie der Balmer-Serie) haben also genügend Energie, um die Elektronen aus dem Ce auszulösen.

Die kürzere Lösung:
Aus dem allgemeinen Ansatz

$$e \cdot U_0 \leq h\nu = hc\tilde{\nu} = hc \cdot R \cdot \left(\frac{1}{2^2} - \frac{1}{n^2} \right)$$

erhält man

$$\frac{e \cdot U_0}{hc \cdot R} - \frac{1}{4} \leq \frac{1}{n^2}$$

und daraus sofort die Bedingung für n

$$n \geq 5.1$$

11. Im Bohr'schen Modell des H-Atoms ist die Energie des Elektrons proportional zum Kehrwert des Quadrats der Quantenzahl n (s. Gl. (1.4-89)).

$$E \propto \frac{1}{n^2}$$

Außerdem kann man zeigen (s. Gl. (1.4-79)), dass gilt:

$$E_{\text{gesamt}} = -E_{\text{kin}} = \frac{1}{2}\, m v^2$$

Insgesamt ergibt sich

$$v \propto \frac{1}{n}$$

Wenn die Hauptquantenzahl n verdoppelt wird, ändert sich die Geschwindigkeit um den Faktor $1/2$.

12. Für wasserstoffähnliche Ionen mit der Kernladung $Z \cdot e$ erhält man nach der Bohr'schen Theorie (in Gl. (1.4-73) wird die Ladung des Kerns $(+e)$ ersetzt durch $(+Z \cdot e)$) für die möglichen Energiewerte des Elektrons analog zu Gl. (1.4-89)

$$E_n = -\frac{(Ze)^2 e^2 \mu}{8\varepsilon_0^2 h^2} \cdot \frac{1}{n^2} \qquad n = 1, 2, 3, \dots$$

Darin ist μ die reduzierte Masse des Systems Kern-Elektron, wegen des großen Massenunterschiedes zwischen Kern- und Elektronenmasse stets nur unwesentlich von der Elektronenmasse abweichend.

Es ist also für gleiches n

$$E_n \propto Z^2$$

Für Li^{2+} (mit $Z = 3$) gilt demnach für den Grundzustand

$$\begin{aligned} E_1\left(Li^{2+}\right) &= 9 \cdot E_1(H) \\ &= 9 \cdot (-13.59 \text{ eV}) \\ &= -122.3 \text{ eV} \\ &= -1.96 \cdot 10^{-17} \text{ J} \end{aligned}$$

Für die Ionisierung eines Li^{2+}-Ions aus dem Grundzustand muss eine Energie von 122.3 eV zugeführt werden.

13. Das Problem eines Teilchens im dreidimensionalen Kasten wird ausführlich im Abschnitt 1.4.13 des Lehrbuchs behandelt. Die Ergebnisse für den zweidimensionalen Fall erhält man sofort, wenn man alles, was mit der dritten Koordinate (z. B. z) zu tun hat, weglässt. Es ergibt sich für einen Kasten mit den Seitenlängen a in x-Richtung und b in y-Richtung für die Wellenfunktion (analog Gl. (1.4-182))

$$\psi_{n_x n_y}(x, y) = A \cdot \sin \frac{n_x \pi}{a} x \cdot \sin \frac{n_y \pi}{b} y \qquad n_x, n_y = 1, 2, 3, \dots$$

und für die möglichen Energiewerte (analog Gl. (1.4-183))

$$E_{n_x n_y} = \frac{h^2}{8m}\left(\frac{n_x^2}{a^2} + \frac{n_y^2}{b^2}\right)$$

Eine Änderung tritt gegenüber dem dreidimensionalen Fall auf, wenn man die Entartung der Energieniveaus diskutiert. So liegt das niedrigste Niveau für einen quadratischen Kasten mit der Kantenlänge a in einer Abbildung gemäß Abb. 1.4-22 bei $E = 2$, das nächste Niveau bei $E = 5$ ist zweifach entartet. Das dritte Niveau bei $E = 8$ ist einfach, $E = 10$ ist wieder zweifach entartet.

14. Nach Gl. (1.4-164) gilt für die Energieeigenwerte eines Teilchens mit der Masse m in einem eindimensionalen Kasten der Länge a

$$E_n = \frac{h^2}{8ma^2}\cdot n^2 \qquad n = 1, 2, 3, \ldots$$

Die Energiedifferenzen zwischen den Niveaus mit $n = 1$ und $n = 2$ unterscheiden sich also nur aufgrund der Länge des Kastens. Diese betragen für

1,3-Butadien   Kette mit 3 Bindungen
$a_{But} = 3 \cdot (1.4 \cdot 10^{-10}$ m$) = 4.2 \cdot 10^{-10}$ m
β-Carotin   Kette mit 21 Bindungen $a_{Car} = 21 \cdot (1.4 \cdot 10^{-10}m) = 29.4 \cdot 10^{-10}$ m

Damit ergibt sich

$$\frac{\Delta E_{But}}{\Delta E_{Car}} = \frac{a_{Car}^2}{a_{But}^2} = \frac{29.4^2}{4.2^2} = \frac{21^2}{3^2} = 49$$

15. Das Benzolmolekül wird durch einen quadratischen Kasten mit der Seitenlänge $2.8 \cdot 10^{-10}$ m (zwei C-C-Bindungen) angenähert. Im Molekül sind sechs π-Elektronen vorhanden, die im Grundzustand auf die drei tiefsten Niveaus verteilt werden (siehe dazu die Abbildung in der Lösung zu Aufgabe 1.4.17.13). Der höchste besetzte Zustand hat die Quantenzahlen ($n_x = 1$, $n_y = 2$) bzw. ($n_x = 2$, $n_y = 1$). Der erste angeregte Zustand wird durch die Quantenzahlen ($n_x = 2$, $n_y = 2$) charakterisiert.

Die zugehörigen Energiewerte sind

$$E_{12} = E_{21} = \frac{h^2}{8ma^2} \left(1^2 + 2^2\right)$$

$$= \frac{\left(6.626 \cdot 10^{-34} \text{ J s}\right)^2}{8 \cdot \left(9.109 \cdot 10^{-31} \text{ kg}\right) \cdot \left(2.8 \cdot 10^{-10} \text{ m}\right)^2} \cdot 5$$

$$= 3.842 \cdot 10^{-18} \text{ J}$$

und

$$E_{22} = \frac{h^2}{8ma^2} \left(2^2 + 2^2\right)$$

$$= 6.148 \cdot 10^{-18} \text{ J}$$

Beim Übergang vom Grundzustand in den ersten angeregten Zustand wird eine Energie von

$$\Delta E = E_{22} - E_{12}$$

$$= 2.306 \cdot 10^{-18} \text{ J}$$

benötigt. Diese kann durch Licht der Wellenlänge

$$\lambda = \frac{hc}{\Delta E} = \frac{\left(6.626 \cdot 10^{-34} \text{ J s}\right) \cdot \left(2.998 \cdot 10^8 \text{ m s}^{-1}\right)}{2.306 \cdot 10^{-18} \text{ J}}$$

$$= 8.61 \cdot 10^{-8} \text{ m} = 86.1 \text{ nm}$$

zur Verfügung gestellt werden.

16. Eine Kugel mit dem Radius $r_1 = 5.3 \cdot 10^{-9}$ m hat ein Volumen von $V_1 = 6.236 \cdot 10^{-31}$ m^3. Das gleiche Volumen füllt ein Würfel mit den Kantenlängen $a = 8.544 \cdot 10^{-11}$ m aus.

Für ein Teilchen der Masse m (hier ein Elektron) im dreidimensionalen Kasten mit der Kantenlänge a kann man nach Gl. (1.4-185) die möglichen Energiewerte berechnen.

$$E_{n_x n_y n_z} = \frac{h^2}{8ma^2} \left(n_x^2 + n_y^2 + n_z^2\right) \qquad n_x, n_y, n_z = 1, 2, 3, \dots$$

Im Grundzustand gilt für die Quantenzahlen $n_x = n_y = n_z = 1$. Daraus ergibt sich der Energieeigenwert:

$$E_{111} = \frac{\left(6.626 \cdot 10^{-34} \text{ J s}\right)^2}{8 \cdot \left(9.109 \cdot 10^{-31} \text{ kg}\right) \cdot \left(8.544 \cdot 10^{-11} \text{ m}\right)^2} \cdot 3$$

$$= 2.48 \cdot 10^{-17} \text{ J}$$

Aus der Bohr'schen Theorie kann nach Gl. (1.4-89) für den Grundzustand folgender Wert bestimmt werden:

$$E_{1,\text{Bohr}} = -\frac{m_e e^4}{8\varepsilon_0^2 h^2} \cdot \frac{1}{n^2} \qquad n = 1, 2, 3, \dots$$

$$= -\frac{\left(9.109 \cdot 10^{-31} \text{ kg}\right) \cdot \left(1.602 \cdot 10^{-19} \text{ A s}\right)^4}{8 \cdot \left(8.854 \cdot 10^{-12} \text{ A s V}^{-1} \text{ m}^{-1}\right)^2 \cdot \left(6.626 \cdot 10^{-34} \text{ J s}\right)^2} \cdot \frac{1}{1^2}$$

$$= -2.18 \cdot 10^{-18} \text{ J}$$

17. Die Wellenfunktion eines Teilchens im linearen, potentialfreien Kasten der Länge a lautet in Abhängigkeit von der Quantenzahl n (Gl. (1.4-163)):

$$\psi_n = \sqrt{\frac{2}{a}} \sin\left(\frac{n\pi}{a} x\right)$$

Die Wahrscheinlichkeitsdichte ist damit:

$$|\psi_n|^2 = \frac{2}{a} \sin^2\left(\frac{n\pi}{a} x\right)$$

Gesucht ist die Wahrscheinlichkeit im Intervall $1/3\ a$ bis $2/3\ a$.

$$W = \int\limits_{\frac{a}{3}}^{\frac{2a}{3}} |\psi_n|^2 \mathrm{d}x = \int\limits_{\frac{a}{3}}^{\frac{2a}{3}} \frac{2}{a} \sin^2\left(\frac{n\pi}{a} x\right) \mathrm{d}x$$

Es ist $\sin^2\alpha = \frac{1}{2}[1 - \cos(2\alpha)]$ (vgl. Mathematischer Anhang, I-2).

Damit folgt für das Integral:

$$\int \frac{2}{a} \sin^2\left(\frac{n\pi}{a} x\right) \mathrm{d}x = \frac{1}{a} \int \left[1 - \cos\left(\frac{2n\pi}{a} x\right)\right] \mathrm{d}x$$

$$= \frac{x}{a} - \frac{1}{2n\pi} \sin\left(\frac{2n\pi}{a} x\right)$$

Einsetzen der Integrationsgrenzen liefert für den n-ten Zustand:

$$W = \int\limits_{\frac{a}{3}}^{\frac{2a}{3}} |\psi_n|^2 \mathrm{d}x = \frac{1}{a} \cdot \frac{2}{3} a - \frac{1}{2n\pi} \sin\left(\frac{2n\pi}{a} \cdot \frac{2}{3} a\right) - \left\{\frac{1}{a} \cdot \frac{1}{3} a - \frac{1}{2n\pi} \sin\left(\frac{2n\pi}{a} \cdot \frac{1}{3} a\right)\right\}$$

$$= \frac{1}{3} - \frac{1}{2n\pi} \left\{\sin\left(\frac{4n\pi}{3}\right) - \sin\left(\frac{2n\pi}{3}\right)\right\}$$

a) Für den Grundzustand ist $n = 1$ und die Wahrscheinlichkeit:

$$W = \int\limits_{\frac{a}{3}}^{\frac{2a}{3}} |\psi_1|^2 dx = \frac{1}{3} - \frac{1}{2\pi}\left\{\sin\left(\frac{4\pi}{3}\right) - \sin\left(\frac{2\pi}{3}\right)\right\}$$

$$= 0.61$$

b) Für den ersten angeregten Zustand ist $n = 2$ und die Wahrscheinlichkeit

$$W = \int\limits_{\frac{a}{3}}^{\frac{2a}{3}} |\psi_2|^2 dx = 0.20$$

Dass die Wahrscheinlichkeit für den angeregten Zustand geringer ist, wird aus dem Verlauf der Wellenfunktion im betrachteten Intervall (Abb. 1.4-21) deutlich.

18. Die Energie des Menschen ist durch dessen kinetische Energie gegeben

$$E = E_{kin} = \frac{mv^2}{2} = \frac{1}{2} \cdot (70 \text{ kg}) \cdot \left(\frac{6}{3600} \frac{\text{km h}^{-1}}{\text{s h}^{-1}}\right)^2$$

$$= 97.2 \text{ J}$$

Die Energiebarriere entspricht der potentiellen Energie, die notwendig ist, 70 kg um 4 m anzuheben, sodass ein Überqueren der Mauer möglich ist.

$$V_0 = E_{\text{pot}} = mgh = (70 \text{ kg}) \cdot \left(9.81 \text{ m s}^{-2}\right) \cdot (4 \text{ m}) = 2747 \text{ J}$$

Für die Tunnelwahrscheinlichkeit T gilt in sehr guter Näherung (Gl. (1.4-253))

$$T = \frac{16E(V_0 - E)}{V_0^2} \exp\left\{-2\left(\frac{2ma^2(V_0 - E)}{\hbar^2}\right)^{\frac{1}{2}}\right\}$$

Einsetzen liefert für den Transmissionskoeffizienten T

$$T = \frac{16 \cdot (97.2 \text{ J}) \cdot (2747 \text{ J} - 97.2 \text{ J})}{(2747 \text{ J})^2} \exp\left\{-2 \cdot \left[\frac{2 \cdot (70 \text{ kg}) \cdot (0.2 \text{ m})^2(2747 \text{ J} - 97.2 \text{ J})}{(1.05 \cdot 10^{-34} \text{ J s})^2}\right]^{\frac{1}{2}}\right\}$$

$$= 0.55 \cdot \exp\left\{-2.32 \cdot 10^{36}\right\}$$

$$\approx 10^{-10^{36}}$$

19. Die Höhe des Potentialwalls ist

$$V_0 = 2 \, e\text{V} = 3.204 \cdot 10^{-19} \text{ J}$$

Die thermische Energie des Elektrons ist

$$E = kT = \left(1.38 \cdot 10^{-23} \text{ J K}^{-1}\right) \cdot (300 \text{ K})$$

$$= 4.14 \cdot 10^{-21} \text{ J}$$

Damit wird

$$\frac{2ma^2\left(V_0 - E\right)}{\hbar^2} = \frac{2 \cdot \left(9.1 \cdot 10^{-31} \text{ kg}\right) \cdot \left(1 \cdot 10^{-9} \text{ m}\right)^2 \cdot (3.20 - 0.04) \cdot 10^{-19} \text{ J}}{\left(1.05 \cdot 10^{-34} \text{ J s}\right)^2}$$

$$\cong 52.2$$

$$>> 1$$

Damit ist die Bedingung für die Näherung in Gl. (1.4-253) erfüllt. Für den Transmissionskoeffizienten T gilt also in diesem Fall

$$T \cong \frac{16E\left(V_0 - E\right)}{V_0^2} \exp\left\{-2\left(\frac{2ma^2\left(V_0 - E\right)}{\hbar^2}\right)^{\frac{1}{2}}\right\}$$

$$\cong \frac{16 \cdot \left(4.1 \cdot 10^{-21} \text{ J}\right) \cdot \left(3.16 \cdot 10^{-19} \text{ J}\right)}{\left(3.2 \cdot 10^{-19} \text{ J}\right)^2} \exp\left(-2\sqrt{52.2}\right)$$

$$\cong 0.2 \cdot 5.3 \cdot 10^{-7}$$

$$\cong 10^{-7}$$

20. Das Auto hat eine Geschwindigkeit von

$$v_{\text{Auto}} = \frac{120 \text{ km h}^{-1}}{3600 \text{ s h}^{-1}} = 33.3 \text{ m s}^{-1}$$

mit einer Ungenauigkeit von

$$\Delta v_{\text{Auto}} = 0.04 \cdot v_{\text{Auto}} = 0.04 \cdot \left(33.3 \text{ m s}^{-1}\right)$$

$$= 1.33 \text{ m s}^{-1}$$

Das Elektron erhält durch die Beschleunigungsspannung U eine kinetische Energie von

$$T = \frac{1}{2}mv^2 = eU$$

und damit eine Geschwindigkeit von

$$v_{\text{Elektron}} = \sqrt{\frac{2eU}{m}} = \sqrt{\frac{2 \cdot \left(1.602 \cdot 10^{-19} \text{A s}\right) \cdot (1000 \text{ V})}{9.109 \cdot 10^{-31} \text{ kg}}}$$

$$= 1.87 \cdot 10^7 \text{ m s}^{-1}$$

Die Unschärfe der Geschwindigkeit des Elektrons beträgt

$$\Delta v_{\text{Elektron}} = 0.04 \cdot v_{\text{Elektron}} = 0.04 \cdot \left(1.87 \cdot 10^7 \text{m s}^{-1}\right)$$

$$= 7.5 \cdot 10^5 \text{ m s}^{-1}$$

Die jeweilige Unschärfe des Ortes lässt sich durch die Heisenberg'sche Unschärferelation berechnen (s. Gln. (1.4-66/67)):

$$\Delta x \cdot \Delta v = \frac{h}{2\pi m}$$

Man erhält

$$\Delta x_{\text{Auto}} = \frac{6.626 \cdot 10^{-34} \text{ J s}}{2\pi \cdot (1200 \text{ kg}) \cdot (1.33 \text{ m s}^{-1})} = 6.6 \cdot 10^{-38} \text{ m}$$

$$\Delta x_{\text{Elektron}} = \frac{6.626 \cdot 10^{-34} \text{ J s}}{2\pi \cdot \left(9.1 \cdot 10^{-31} \text{ kg}\right) \cdot \left(7.5 \cdot 10^5 \text{ m s}^{-1}\right)} = 1.5 \cdot 10^{-10} \text{ m}$$

Die Unschärfe des Ortes des Elektrons ist um ca. 28 Größenordnungen größer als die des Autos. Beim Elektron liegt sie in atomarer Größenordnung, beim Auto ist sie unmessbar klein.

1.5
Einführung in die chemische Kinetik

1. a) Ein einfacher Weg, die Ordnung einer Reaktion zu ermitteln, ist die graphische Darstellung der Messwerte (siehe dazu die Diskussion in Abschnitt 1.5.6). In dieser Aufgabe versucht man zunächst einen Ansatz für eine Reaktion erster Ordnung und trägt ln c (genauer ln$\left(\alpha_t - \alpha_\infty\right)$) als Funktion der Zeit t auf. Für alle Versuchsreihen (siehe folgende Darstellungen) wird so eine Gerade erhalten. Dies bestätigt die Annahme einer Reaktion erster Ordnung.

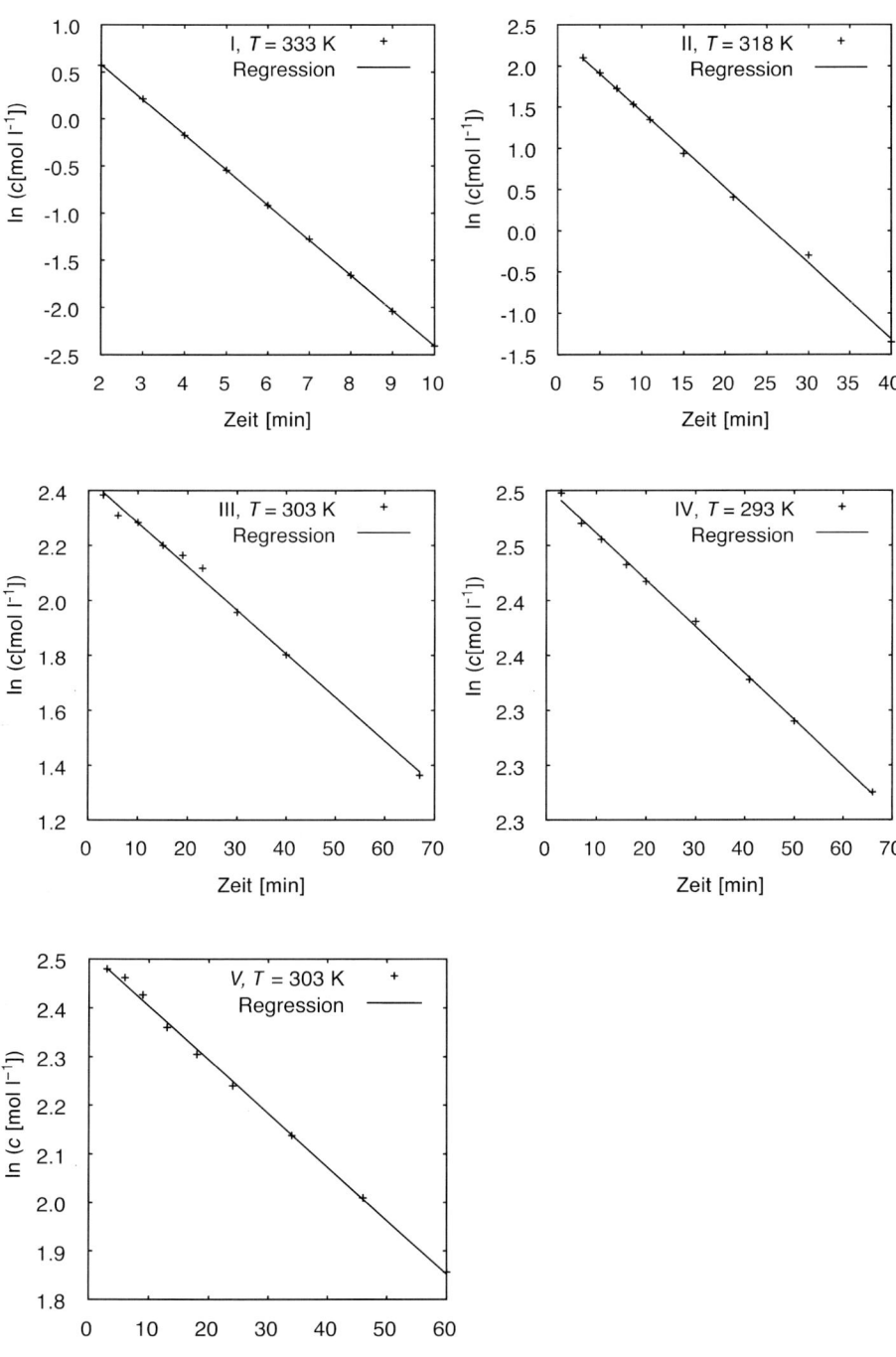

b) Für diese Gerade gilt folgende Gleichung (s. Gl. (1.5-15))

$$\ln c = \ln c_0 - kt$$

Aus der Steigung der Geraden erhält man die Geschwindigkeitskonstante k.

Eine Regressionsanalyse liefert folgende Werte für k:

	k_I	k_{II}	k_{III}	k_{IV}	k_V
k/min^{-1}	$3.73 \cdot 10^{-1}$	$9.19 \cdot 10^{-2}$	$1.59 \cdot 10^{-2}$	$4.25 \cdot 10^{-3}$	$1.10 \cdot 10^{-2}$
k/s^{-1}	$6.22 \cdot 10^{-3}$	$1.53 \cdot 10^{-3}$	$2.65 \cdot 10^{-4}$	$7.08 \cdot 10^{-5}$	$1.84 \cdot 10^{-4}$

c) Aus der Temperaturabhängigkeit der Geschwindigkeitskonstanten gewinnt man mit Hilfe der Arrhenius-Gleichung (Gln. (1.5-79) und (1.5-80)) die Aktivierungsenergie der Reaktion. Nach Gl. (1.5-80)

$$\ln k = \ln k_0 - \frac{E_a}{R} \cdot \frac{1}{T}$$

sollte die Auftragung von $\ln k$ gegen die reziproke Temperatur eine Gerade ergeben. In der folgenden Darstellung ist dies für die vier zusammengehörenden Messreihen I bis IV geschehen:

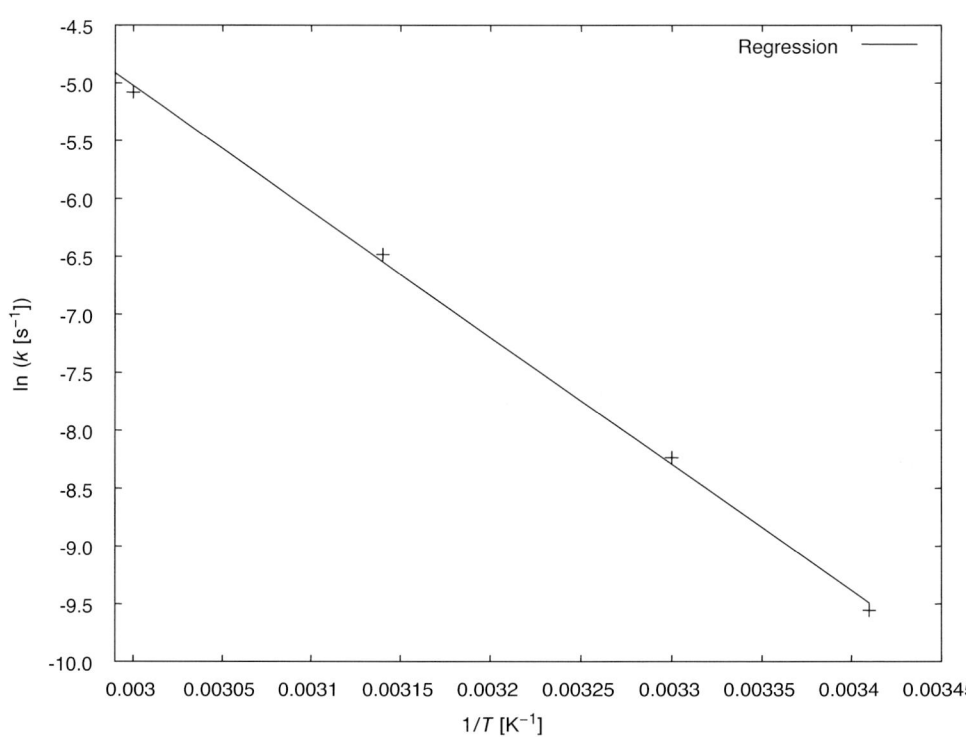

Aus der Steigung m lässt sich die Aktivierungsenergie berechnen:

$$m = -\frac{E_a}{R}$$

$$E_a = -m \cdot R$$

$$= (10902 \text{ K}) \cdot \left(8.314 \text{ J mol K}^{-1}\right)$$

$$= 91 \text{ kJ mol}^{-1}$$

Die so ermittelte Aktivierungsenergie beträgt etwa 91 kJ mol^{-1}.

d) Das Verhältnis der Geschwindigkeitskonstanten k(III) : k(V) = 1.4 entspricht etwa dem Verhältnis der H$^+$-Ionen-Konzentrationen. Die Geschwindigkeitskonstante ist also in erster Näherung der Konzentration der katalytisch wirksamen H$^+$-Ionen proportional.

2. Für den radioaktiven Zerfall (Reaktion erster Ordnung) gilt nach Gl. (1.5-21)

$$N = N_0 e^{-k \cdot t}$$

mit

$$k = \frac{\ln 2}{t_{1/2}} = \frac{\ln 2}{1.4 \cdot 10^{10}\text{a}} = 4.95 \cdot 10^{-11}\text{a}^{-1}$$

Damit wird

$$\ln\left(\frac{N}{N_0}\right) = -k \cdot t$$

und

$$t = -\frac{\ln\left(\frac{N}{N_0}\right)}{k}$$

$$= -\frac{\ln\left(\frac{0.9 N_0}{N_0}\right)}{4.95 \cdot 10^{-11}\text{a}^{-1}}$$

$$= 2.128 \cdot 10^9 \text{a}$$

Es dauert etwa $2.1 \cdot 10^9$ Jahre, bis 10 % eines Thoriumpräparats zerfallen sind.

3. Die Reaktionsgeschwindigkeit entspricht der Messgröße „Strömungsgeschwindigkeit Q". Diese ist zeitlich konstant. Es handelt sich also um eine Reaktion nullter Ordnung (siehe Gl. (1.5-45)).

Die Aktivierungsenergie der Reaktion wird über die Temperaturabhängigkeit der Geschwindigkeitskonstanten k berechnet. Es gilt die Arrhenius-Gleichung (Gl. (1.5-80)):

$$k_n = k_0 \cdot e^{-\frac{E_a}{RT}}$$

bzw.

$$\ln k_n = \ln k_0 - \frac{E_a}{R} \cdot \frac{1}{T}$$

Eine Auftragung von $\ln(Q)$ als Funktion von $1/T$ sollte eine Gerade mit der Steigung $(-E_A/R)$ ergeben. Die Messwerte sind im folgenden Diagramm aufgetragen.

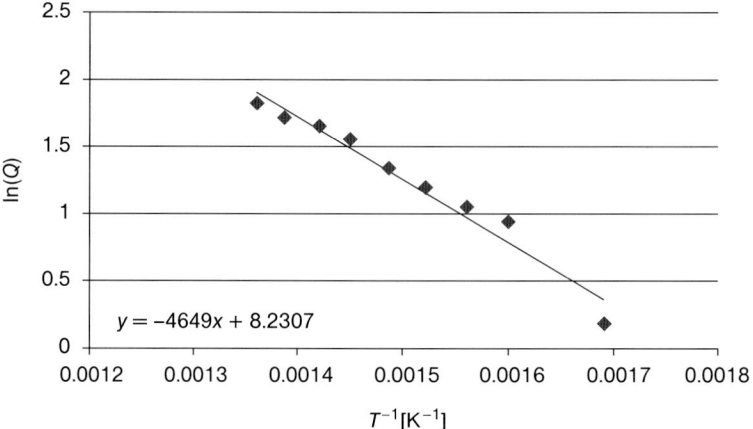

Aus einer Regressionsanalyse erhält man für die Steigung $m = -4649$ K. Damit wird

$$E_a = -m \cdot R$$
$$= -(-4649 \text{ K}) \cdot (8.314 \text{ J mol}^{-1} \text{ K}^{-1})$$
$$= 38 \text{ kJ mol}^{-1}$$

4. Für eine Reaktion erster Ordnung gilt für den zeitlichen Verlauf der Konzentration eines Stoffes A nach Gl. (1.5-15)

$$[A] = [A]_0 e^{-k \cdot t}$$

Daraus ergibt sich:

$$\ln\left(\frac{[A]}{[A]_0}\right) = -k \cdot t$$

und mit den beobachteten Werten

$$k = -\frac{\ln\left(\dfrac{[A]}{[A]_0}\right)}{t}$$
$$= -\frac{\ln(0.36)}{6 \text{ h}}$$
$$= 0.170 \text{ h}^{-1}$$

Für die Halbwertszeit gilt:

$$t_{1/2} = \frac{\ln 2}{k}$$
$$= \frac{\ln 2}{0.170 \text{ h}^{-1}} = 4.08 \text{ h}$$

Die Halbwertszeit der Reaktion beträgt vier Stunden.

5. Für eine Reaktion des Typs

$A + B \rightarrow C + D$,

die nach zweiter Ordnung verläuft und in der gleiche Anfangskonzentrationen eingesetzt werden, gilt nach Gl. (1.5-30) folgendes Zeitgesetz

$$\frac{1}{[A]} - \frac{1}{[A]_0} = k_2 \cdot t$$

Die Anfangskonzentrationen in der Mischung betragen für beide Substanzen $0.05 \ mol \ dm^{-3}$. Mit den experimentell ermittelten Daten ergibt sich für die Zeit, nach der 40 % des Esters verseift sind

$$
\begin{aligned}
t &= \frac{\left(\dfrac{1}{[A]} - \dfrac{1}{[A]_0} \right)}{k_2} \\
&= \frac{\left(\dfrac{1}{0.03 \ mol \ dm^{-3}} - \dfrac{1}{0.05 \ mol \ dm^{-3}} \right)}{2.38 \ dm^3 \ mol^{-1} \ min^{-1}} \\
&= 5.60 \ min
\end{aligned}
$$

6. a) Nach den ersten zwei Stunden Reaktionszeit nahm die Konzentration eines Ausgangsstoffes auf die Hälfte der Ausgangskonzentration ab. Gleiches gilt, wenn man zu einem späteren Zeitpunkt die Konzentrationen dieses Stoffes im zeitlichen Abstand von zwei Stunden vergleicht.

Dies bedeutet, dass die Halbwertszeit der Reaktion – unabhängig vom Zeitpunkt der Messung – konstant ist. Dies ist nur bei Reaktionen erster Ordnung der Fall (siehe auch Abb. 1.5-5).

Die Anfangskonzentration ist in diesem Fall nach drei Halbwertszeiten, also sechs Stunden, auf ein Achtel der Anfangskonzentration gesunken.

b) Im zweiten Experiment beträgt die Halbwertszeit zu Beginn des Versuches wie in a) auch zwei Stunden, wird aber dann größer. Dies trifft für Reaktionen mit Reaktionsordnungen größer als 1 zu (siehe Abb. 1.5-5). Man versucht nun zunächst einen Ansatz gemäß einer Reaktion zweiter Ordnung. Für diese gilt ein Zeitgesetz der Form (Gl. (1.5-30))

$$\frac{1}{[A]} - \frac{1}{[A_0]} = k_2 t$$

Aus den Angaben für die ersten beiden Stunden Reaktionszeit lässt sich k_2 berechnen:

$$\frac{1}{0.5 \cdot [A]_0} - \frac{1}{[A]_0} = k_2 \cdot (2h)$$

$$k_2 = \frac{1}{(2h) \cdot [A]_0}$$

Mit diesem Wert für k_2 berechnet man zunächst die Konzentration des Stoffes A nach einer Stunde Reaktionszeit. Es ergibt sich

$$\frac{1}{[A]_{1h}} - \frac{1}{[A]_0} = k_2 \cdot (1 \text{ h})$$

$$[A]_{1h} = \frac{2}{3}[A]_0$$

Diese Konzentration ist die neue Anfangskonzentration, mit der man nun wieder nach der obigen ersten Gleichung die Konzentration nach insgesamt vier Stunden Reaktionszeit berechnet

$$\frac{1}{[A]_{4h}} - \frac{1}{[A]_{1h}} = k_2(3 \text{ h})$$

$$[A]_{4h} = \frac{1}{3}[A]_0$$

Dies ist aber genau die Hälfte der Konzentration, die nach einstündiger Reaktionszeit gemessen wurde. Die Rechnung spiegelt also das experimentelle Geschehen exakt wider.

Die Reaktion verläuft demnach nach zweiter Ordnung.

Um die Zeit zu bestimmen, nach der die Anfangskonzentration auf ein Achtel ihres Wertes gesunken ist, benutzt man wieder die obige erste Gleichung mit dem ermittelten Wert für k_2.

Es ergibt sich

$$t = 14 \text{ h}$$

7. Zur Bestimmung der Reaktionsordnung einer Reaktion nutzt man die Gleichungen (1.5-(53-56)). Da bei der untersuchten Reaktion die Halbwertszeiten nicht konstant sind, kann es sich nicht um eine Reaktion erster Ordnung handeln.

Versucht man als nächstes einen Ansatz für eine Reaktion nullter Ordnung, sollte nach Gl. (1.5-53)

$$\frac{p_0}{t_{1/2}} \propto \frac{[A]_0}{t_{1/2}} = 2k_0$$

gelten, $t_{1/2}$ also linear von p_0 abhängig sein. Im Diagramm sind die Messwerte aufgetragen. Ersichtlich ergibt sich eine Gerade durch den Nullpunkt. Es handelt sich demnach um eine Reaktion nullter Ordnung. Aus einer Regressionsanalyse erhält man für die Steigung m einen Wert von $m = 33.3$ s mbar^{-1}.

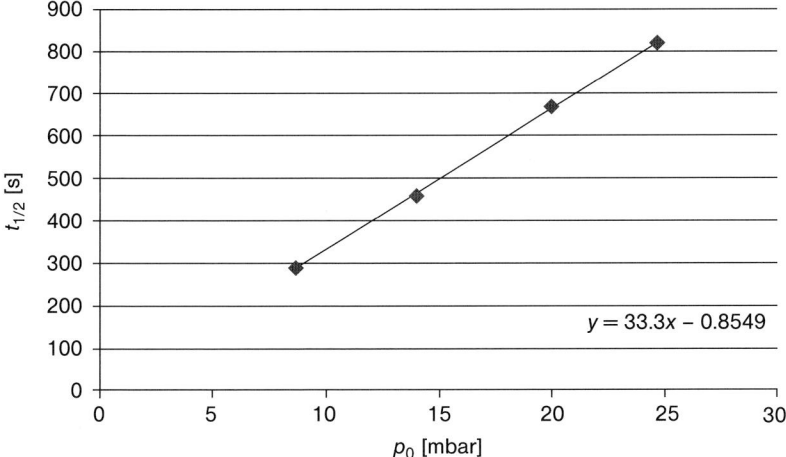

Mit Hilfe dieses Wertes lässt sich die Geschwindigkeitskonstante k_2 berechnen:

$$k_2 = \frac{1}{2\,m}$$

$$= \frac{1}{2 \cdot 33.3 \text{ s mbar}^{-1}}$$

$$= 0.015 \text{ mbar s}^{-1}$$

8. a) Bei dieser Gasphasenreaktion nimmt der Gesamtdruck ab, da 1 mol Gas verschwindet. Da gleichzeitig genauso viel Mol N_2 entstehen, ist

$$-\frac{dp}{dt} = \frac{dp(N_2)}{dt}$$

Ersichtlich ist dann auch

$$-\frac{dp}{dt} = \frac{1}{2}\frac{dp(H_2O)}{dt}$$

Für die Edukte gilt dann wegen der Stöchiometrie entsprechend

$$-\frac{dp}{dt} = -\frac{1}{2}\frac{dp(NO)}{dt} = -\frac{1}{2}\frac{dp(H_2)}{dt}$$

b) Der Ansatz für die Geschwindigkeitsgleichung für die Anfangsgeschwindigkeit ist

$$\left(-\frac{dp}{dt}\right)_0 = k \cdot p(NO)^a \cdot p(H_2)^b$$

c) Das Verhältnis der Anfangsgeschwindigkeiten von Versuchsreihe A und C ist

$$\frac{0.0048}{0.0012} = \frac{p_A(NO)^a}{p_C(NO)^a} = \left(\frac{0.5}{0.25}\right)^a$$

$$a = \log_2 4 = 2$$

Damit ist die Reaktionsordnung bezüglich Stickstoffmonoxid gleich 2.

Für Wasserstoff erhält man durch eine analoge Betrachtung der Ergebnisse aus den Reihen B und C eine Reaktionsordnung von 1.

d) Die Geschwindigkeitskonstante kann mit Hilfe der Gleichung aus Aufgabenteil b) mit den Exponenten aus Aufgabenteil c) bestimmt werden, wenn die Ergebnisse einer der Versuchsreihen eingesetzt werden. Nutzen wir die Ergebnisse aus Versuchsreihe A, gilt

$$0.0048 \text{ bar min}^{-1} = k \cdot (0.5 \text{ bar})^2 \cdot (0.2 \text{ bar})^1$$

$$k = 0.096 \text{ bar}^{-2} \text{ min}^{-1}$$

9. a) Da die Bildungsgeschwindigkeit von der Konzentration an B unabhängig ist, muss B in einem so großen Überschuss vorliegen, dass sich die Konzentration im Verlauf der Reaktion praktisch nicht verändert.

b) Die Halbierung der Ausgangskonzentration nach einer Stunde würde für eine Reaktion erster Ordnung eine Halbwertszeit von 1 h bedeuten, d. h. mit jeder weiteren Stunde halbiert sich die Konzentration erneut.

Zeit /h	0	1	2	3
Konzentration	$A_0/4$	$A_0/8$	$A_0/16$	$A_0/32$

Die Tabelle zeigt die Entwicklung unter der Annahme einer Reaktion erster Ordnung mit $t_{1/2} = 1\,\text{h}$ innerhalb von drei Stunden. Der Verlauf entspricht der Beobachtung. Damit liegt eine Reaktion erster Ordnung bezüglich A vor.

c) Für eine Reaktion erster Ordnung gilt das Zeitgesetz

$$c = c_{t=0}\mathrm{e}^{-kt}$$

mit

$$k = \frac{\ln 2}{t_{1/2}}$$

wenn mit $t_{1/2}$ die Zeit bezeichnet wird, nach der die Hälfte der Substanz umgesetzt ist. Hier ist die Halbwertszeit 1 h, bekannt ist die Konzentration für den Zeitpunkt nach 7 h Reaktion. Dann ergibt sich die Anfangskonzentration aus

$$c_{t=0} = c \cdot \mathrm{e}^{+kt}$$

$$= \left(7.8 \cdot 10^{-3} \text{ mol dm}^{-3}\right) \cdot \exp\left(\frac{(7\,\text{h}) \cdot \ln 2}{1\,\text{h}}\right)$$

$$= \left(7.8 \cdot 10^{-3} \text{ mol dm}^{-3}\right) \cdot 128$$

$$= 1 \text{ mol dm}^{-3}$$

10. Die Reaktionsgeschwindigkeit für die Hinreaktion lässt sich schreiben als

$$v_{\rightarrow} = k_2[\text{H}^+][\text{OH}^-]$$

Für die Rückreaktion gilt entsprechend

$$v_{\leftarrow} = k_{-1}[\text{H}_2\text{O}]$$

Im Gleichgewicht sind die Geschwindigkeiten der Hin- und der Rückreaktion gleich groß. Es ergibt sich aus dieser Bedingung

$$k_2[\text{H}^+][\text{OH}^-] = k_{-1}[\text{H}_2\text{O}]$$

$$k_2 = \frac{k_{-1}[\text{H}_2\text{O}]}{[\text{H}^+][\text{OH}^-]}$$

$$= \frac{(2.7 \cdot 10^{-5}\ \text{s}^{-1}) \cdot (55.56\ \text{mol dm}^{-3})}{10^{-14}\ \text{mol}^2\ \text{dm}^{-6}} = 1.5 \cdot 10^{11}\ \text{dm}^3\ \text{mol}^{-1}\ \text{s}^{-1}$$

1.6
Einführung in die Elektrochemie

1. In einem Silbercoulometer läuft bei der Abscheidung die Reaktion

$$\text{Ag}^+(\text{aq}) + \text{e}^- \rightarrow \text{Ag}(\text{s})$$

ab. Aus der abgeschiedenen Menge m_{Ag} an Silber lässt sich die Molzahl n_{Ag} berechnen:

$$n_{\text{Ag}} = \frac{m_{\text{Ag}}}{M_{\text{Ag}}}$$

$$= \frac{0.856\ \text{g}}{107.88\ \text{g mol}^{-1}}$$

$$= 7.94 \cdot 10^{-3}\ \text{mol}$$

Nach Gl. (1.6-7) entspricht diese Molzahl einer geflossenen Ladung von

$$Q = n_{\text{Ag}} \cdot z \cdot F$$

$$= (7.94 \cdot 10^{-3}\ \text{mol}) \cdot 1 \cdot (96485\ \text{As mol}^{-1})$$

$$= 7.66 \cdot 10^2\ \text{As}$$

Im Knallgascoulometer laufen an den Elektroden die folgenden Reaktionen ab:

$$4\ \text{H}^+(\text{aq}) + 4\text{e}^- \rightarrow 2\ \text{H}_2(\text{g})$$

$$2\ \text{H}_2\text{O} \rightarrow \text{O}_2(\text{g}) + 4\ \text{H}^+(\text{aq}) + 4\ \text{e}^-$$

Eine Ladungsmenge von 4 F (4 mol Elektronen) erzeugt also 3 mol Knallgas. Es gilt dann

$$n_{\text{Knallgas}} = n_{\text{Ag}} \cdot \frac{3}{4} = (7.94 \cdot 10^{-3}\text{mol}) \cdot \frac{3}{4}$$

$$= 5.96 \cdot 10^{-3}\ \text{mol}$$

Das zugehörige Volumen des Knallgases berechnet man mit Hilfe des Idealen Gasgesetzes

$$V = \frac{nRT}{p}$$

$$= \frac{\left(5.96 \cdot 10^{-3} \text{ mol}\right) \cdot \left(8.314 \text{ J mol}^{-1} \text{ K}^{-1}\right) \cdot \left(298 \text{ K}\right)}{0.960 \cdot 10^5 \text{ Pa}}$$

$$= 1.54 \cdot 10^{-4} \text{ m}^3$$

$$= 154 \text{ cm}^3$$

2. Für den Widerstand eines elektrischen Leiters gilt (siehe Gln. (1.6-27, 28))

$$R = \rho \cdot \frac{l}{A} = \frac{1}{\kappa} \cdot C$$

Darin ist

$$\kappa = \frac{1}{\rho} \qquad \text{die spezifische elektrische Leitfähigkeit und}$$

$$C = \frac{l}{A} \qquad \text{die Zellkonstante der Elektrolysezelle}$$

Der Widerstand der KNO_3-Lösung setzt sich aus zwei Anteilen zusammen, demjenigen des reinen Wassers und dem Anteil, der auf das Kaliumnitrat zurückzuführen ist. Es ist dann

$$\frac{1}{R_{\text{gesamt}}} = \frac{1}{R_{KNO_3}} + \frac{1}{R_{H_2O}}$$

Aus den gemessenen Werten lässt sich der KNO_3-Anteil ermitteln:

$$\frac{1}{R_{KNO_3}} = \frac{1}{3866.3 \ \Omega} - \frac{1}{96 \cdot 10^4 \ \Omega}$$

$$= 2.5760 \cdot 10^{-4} \ \Omega^{-1}$$

Die spezifische Leitfähigkeit des KNO_3-Anteils lässt sich aus der molaren Leitfähigkeit Λ berechnen:

$$\kappa_{KNO_3} = \Lambda_{KNO_3} \cdot c$$

$$= \left(123.65 \ \Omega^{-1} \text{ cm}^2 \text{ mol}^{-1}\right) \cdot \left(0.001 \text{ mol l}^{-1}\right)$$

$$= 1.2365 \cdot 10^{-4} \ \Omega^{-1} \text{ cm}^{-1}$$

Damit erhält man für die Zellkonstante C:

$$C = \kappa \cdot R$$

$$= \left(1.2365 \cdot 10^{-4} \ \Omega^{-1} \text{ cm}^{-1}\right) \cdot \frac{1}{2.5760 \cdot 10^{-4} \ \Omega^{-1}}$$

$$= 0.48000 \text{ cm}^{-1}$$

Im Falle des Rubidiumchlorids muss nun ebenso verfahren werden. Aus den gemessenen Werten berechnet man zunächst den RbCl-Anteil an der Leitfähigkeit

$$\frac{1}{R_{RbCl}} = \frac{1}{3698.0 \ \Omega} - \frac{1}{96 \cdot 10^4 \ \Omega}$$

$$= 2.6937 \cdot 10^{-4} \ \Omega^{-1}$$

und daraus mit dem bekannten Wert für die Zellkonstante C die spezifische Leitfähigkeit κ_{RbCl}

$$\kappa_{RbCl} = \frac{C}{R_{RbCl}}$$

$$= \left(0.48000 \ cm^{-1}\right) \cdot \left(2.6937 \cdot 10^{-4} \ \Omega^{-1}\right)$$

$$= 1.2930 \cdot 10^{-4} \ \Omega^{-1} \ cm^{-1}$$

Die gesuchte molare Leitfähigkeit Λ_{RbCl} folgt nun sofort nach

$$\Lambda_{RbCl} = \frac{\kappa_{RbCl}}{c_{RbCl}}$$

$$= \frac{1.2930 \cdot 10^{-4} \ \Omega^{-1} \ cm^{-1}}{0.001 \ mol \ l^{-1}}$$

$$= 129.30 \ \Omega^{-1} \ cm^2 \ mol^{-1}$$

3. Aus den gemessenen Werten für die Leitfähigkeiten der Lösung und des zum Lösen des AgBr verwendeten Wassers lässt sich die spezifische Leitfähigkeit des AgBr-Anteils in der Lösung bestimmen (siehe dazu auch Aufgabe 1.6.12.2):

$$\kappa_{AgBr} = \kappa_{Lösung} - \kappa_{H_2O}$$

$$= 15.37 \cdot 10^{-8} \ \Omega^{-1} \ cm^{-1} - 4.05 \cdot 10^{-8} \ \Omega^{-1} \ cm^{-1}$$

$$= 11.32 \cdot 10^{-8} \ \Omega^{-1} \ cm^{-1}$$

Weiterhin kann analog Gl. (1.6-43) die molare Grenzleitfähigkeit von AgBr berechnet werden:

$$\Lambda_0(AgBr) = \Lambda_0(AgNO_3) + \Lambda_0(HBr) - \Lambda_0(HNO_3)$$

$$= \left(133.3 + 429.4 - 420.0\right) \ \Omega^{-1} \ cm^2 \ mol^{-1}$$

$$= 142.7 \ \Omega^{-1} \ cm^2 \ mol^{-1}$$

Nach Gl. (1.6-29) ergibt sich die Konzentration des AgBr in der Lösung zu

$$c(AgBr) = \frac{\kappa_{AgBr}}{\Lambda_0(AgBr)}$$

$$= \frac{11.32 \cdot 10^{-8} \ \Omega^{-1} \ cm^{-1}}{142.7 \ \Omega^{-1} \ cm^2 \ mol^{-1}}$$

$$= 7.93 \cdot 10^{-7} \ mol \ l^{-1}$$

Damit wird die Löslichkeit γ

$$\gamma = M_{AgBr} \cdot c(AgBr)$$

$$= \left(187.78 \text{ g mol}^{-1}\right) \cdot \left(7.93 \cdot 10^{-7} \text{ mol l}^{-1}\right)$$

$$= 1.49 \cdot 10^{-4} \text{ g l}^{-1}$$

4. Da nach Gl. (1.6-46) die Summe der Überführungszahlen gleich Eins ist, gilt

$$t_{Na^+} = 1 - t_{Cl^-}$$

$$= 1 - 0.617$$

$$= 0.383$$

Nach Gln. (1.6-44) und (1.6-45) lassen sich aus den Gesamtleitfähigkeiten die Anteile der einzelnen Ionen berechnen. Mit $v_+ = v_- = 1$ wird für den 1-1-wertigen Elektrolyten NaCl

$$\Lambda(Na^+) = t_{Na^+} \cdot \Lambda(NaCl) = 0.383 \cdot \left(92.02 \text{ }\Omega^{-1}\text{cm}^2 \text{ mol}^{-1}\right)$$

$$= 35.24 \text{ }\Omega^{-1} \text{ cm}^2 \text{ mol}^{-1}$$

$$\Lambda(Cl^-) = t_{Cl^-} \cdot \Lambda(NaCl) = 0.617 \cdot \left(92.02 \text{ }\Omega^{-1} \text{ cm}^2 \text{ mol}^{-1}\right)$$

$$= 56.78 \text{ }\Omega^{-1} \text{ cm}^2 \text{ mol}^{-1}$$

Die Beweglichkeiten der Ionen erhält man nach Gln. (1.6-31, 32) zu

$$u(Na^+) = \frac{\Lambda(Na^+)}{z_+ F} = \frac{35.24 \text{ }\Omega^{-1} \text{ cm}^2 \text{ mol}^{-1}}{1 \cdot \left(96485 \text{ A s mol}^{-1}\right)}$$

$$= 3.65 \cdot 10^{-4} \text{ cm}^2 \text{ V}^{-1} \text{ s}^{-1}$$

$$u(Cl^-) = \frac{\Lambda(Cl^-)}{z_- F} = \frac{56.78 \text{ }\Omega^{-1} \text{ cm}^2 \text{ mol}^{-1}}{1 \cdot \left(96485 \text{ A s mol}^{-1}\right)}$$

$$= 5.88 \cdot 10^{-4} \text{ cm}^2 \text{ V}^{-1} \text{ s}^{-1}$$

Die Geschwindigkeiten v der Ionen sind proportional der elektrischen Feldstärke E

$$v(Na^+) = u(Na^+) \cdot E = u(Na^+) \cdot \frac{U}{l}$$

$$= \left(3.65 \cdot 10^{-4} \text{ cm}^2 \text{ V}^{-1} \text{ s}^{-1}\right) \cdot \frac{5.2 \text{ V}}{9 \cdot 10^{-2} \text{ m}}$$

$$= 2.1 \cdot 10^{-6} \text{ m s}^{-1}$$

$$v(Cl^-) = u(Cl^-) \cdot E = u(Cl^-) \cdot \frac{U}{l}$$

$$= \left(5.88 \cdot 10^{-4} \text{ cm}^2 \text{ V}^{-1} \text{ s}^{-1}\right) \cdot \frac{5.2 \text{ V}}{9 \cdot 10^{-2} \text{ m}}$$

$$= 3.4 \cdot 10^{-6} \text{ m s}^{-1}$$

5. Die Grenzleitfähigkeiten von Ionen in verschiedenen Lösungsmitteln verhalten sich bei gleicher Temperatur wie die Viskositäten dieser Lösungsmittel (Walden'sche Regel, Gl. (1.6-51)). Dabei ist vorausgesetzt, dass der Radius des Ions in den verschiedenen Lösungsmitteln gleich bleibt, also keine unterschiedlichen Solvatationseffekte auftreten.

Es gilt dann

$$\Lambda_0(\text{TBA} - \text{Pikrat in Pyridin}) = \Lambda_0(\text{TBA} - \text{Pikrat in Nitrobenzol}) \cdot \frac{\eta(\text{Nitrobenzol})}{\eta(\text{Pyridin})}$$

$$= (27.9\ \Omega^{-1}\ \text{cm}^2\ \text{mol}^{-1}) \cdot \frac{1.811 \cdot 10^{-3}\ \text{kg m}^{-1}\ \text{s}^{-1}}{0.8824 \cdot 10^{-3}\ \text{kg m}^{-1}\text{s}^{-1}}$$

$$= 57.3\ \Omega^{-1}\ \text{cm}^2\ \text{mol}^{-1}$$

Weiter gilt

$$\Lambda_0(\text{TBA} - \text{Pikrat}) = \Lambda_0(\text{TBA} - \text{Ion}) + \Lambda_0(\text{Pikrat} - \text{Ion})$$

und damit

$$\Lambda_0(\text{TBA} - \text{Ion}) = 57.3\ \Omega^{-1}\ \text{cm}^2\ \text{mol}^{-1} - 33.7\ \Omega^{-1}\ \text{cm}^2\ \text{mol}^{-1}$$

$$= 23.6\ \Omega^{-1}\ \text{cm}^2\ \text{mol}^{-1}$$

6. Es handelt sich bei Kaliumnitrat um einen starken Elektrolyten, eine Auftragung gemäß des Gesetzes von Kohlrausch (Gl. (1.6-40))

$$\Lambda_c = \Lambda_0 - k \cdot \sqrt{c}$$

sollte eine Gerade mit der Steigung (–k) ergeben. In der folgenden Abbildung sind die Werte in dieser Weise aufgetragen.

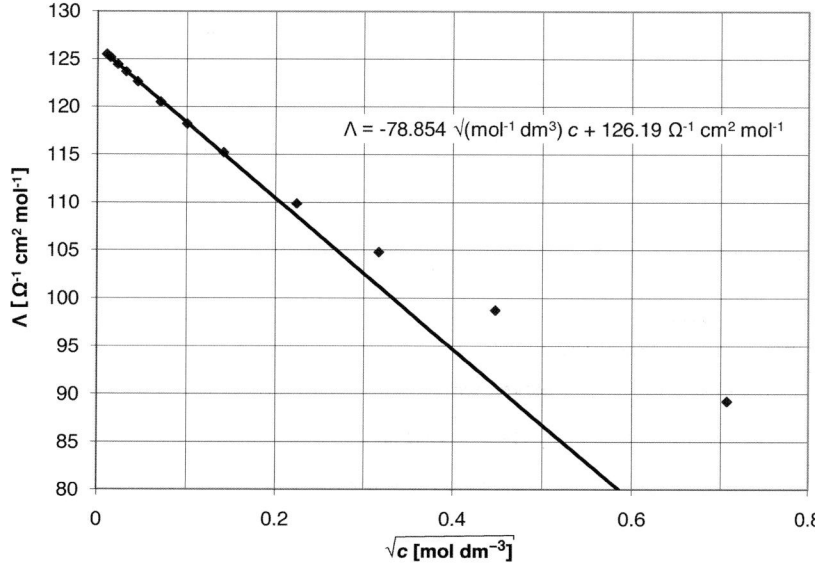

$\Lambda = -78.854\ \sqrt{(\text{mol}^{-1}\ \text{dm}^3)}\ c + 126.19\ \Omega^{-1}\ \text{cm}^2\ \text{mol}^{-1}$

Ersichtlich verläuft die Kurve über einen weiten Konzentrationsbereich linear. Für die Punkte bis zu einer Konzentration von 0.01 mol l^{-1} (bis etwa zu dieser Konzentration gilt die Debye-Hückel-Theorie der starken Elektrolyte) ergibt eine Regressionsanalyse für den Schnittpunkt mit der Ordinate den Wert

$$\Lambda_0 = 126.2 \ \Omega^{-1} \ cm^2 \ mol^{-1}$$

Für die Steigung der Geraden ermittelt man

$$-k = -78.9 \ \Omega^{-1} \ cm^{7/2} \ mol^{-3/2}$$

Nach der Theorie von Debye-Hückel-Onsager lässt sich die Leitfähigkeit Λ_c folgendermaßen berechnen (Gl. (1.6-98))

$$\Lambda_c = \Lambda_0 - \left[\begin{array}{l} \left(8.8606 \cdot 10^4 \ K^{3/2} \ m^{3/2} \ mol^{-1/2}\right) \cdot \dfrac{1}{\left(\varepsilon_r T\right)^{3/2}} \cdot \dfrac{|z^+ z^-| q}{1 + \sqrt{q}} \cdot \Lambda_0 + \\ + \left(1.304 \cdot 10^{-5} A^2 \ s^2 \ m^{1/2} \ K^{1/2} \ mol^{-3/2}\right) \cdot \dfrac{1}{\eta \cdot \left(\varepsilon_r T\right)^{1/2}} \cdot \left(|z^+| + |z^-|\right) \end{array} \right] \cdot \sqrt{I}$$

Den Wert für q ermittelt man für KNO_3 nach Gl. (1.6-97) zu $1/2$ und die Ionenstärke I nach Gl. (1.6-72). Damit ergibt sich mit den Daten für T, η und ε_r in der Aufgabe

$$\Lambda_c = \Lambda_0 - \left[0.2276 \cdot \Lambda_0 + 50.740 \ \Omega^{-1} \ cm^2 \ mol^{-1}\right] \cdot \sqrt{\dfrac{c}{mol \ dm^{-3}}}$$

Setzt man für Λ_0 den oben extrapolierten Wert ein, erhält man für die Steigung k

$$k = 0.2276 \cdot \left(126.2 \ \Omega^{-1} \ cm^2 \ mol^{-1}\right) + 50.740 \ \Omega^{-1} \ cm^2 \ mol^{-1}$$

$$= 79.5 \ \Omega^{-1} cm^{7/2} \ mol^{-3/2}$$

in guter Übereinstimmung mit dem gemessenen Wert.

7. Das Gesetz von Kohlrausch für den Zusammenhang der Äquivalentleitfähigkeit und der Konzentration für starke Elektrolyte sagt nach Gl. (1.6-40) folgende Abhängigkeit voraus:

$$\Lambda_c = \Lambda_0 - k\sqrt{c}$$

Eine Darstellung der Werte für Λ_c als Funktion von $\sqrt{c}$ sollte also eine Gerade ergeben. In der folgenden Abbildung sind die Messwerte entsprechend aufgetragen.

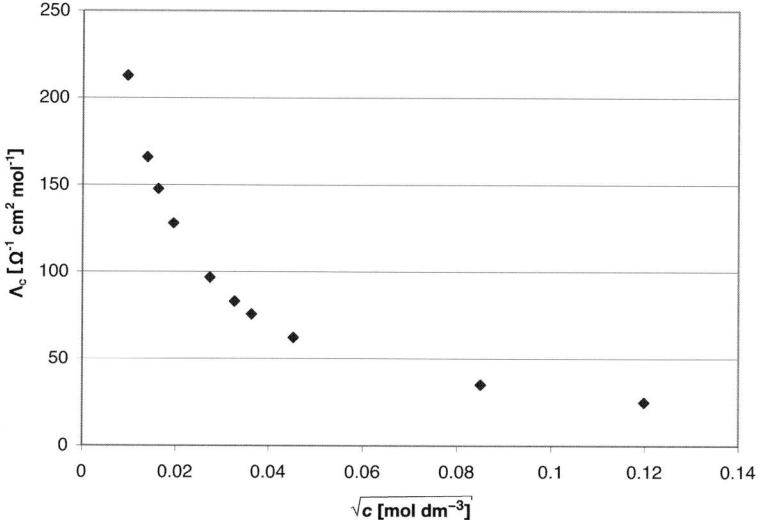

Die Auftragung nach Gl. (1.6-40) liefert keine Gerade. Demzufolge ist die Benzoesäure kein starker Elektrolyt.

Mit dem Ostwald'schen Verdünnungsgesetz hat man eine quantitative Beziehung zur Beschreibung der schwachen Elektrolyte gefunden. Es führt zu einer linearen Abhängigkeit der Äquivalentleitfähigkeit von der Konzentration, wenn man annimmt, dass der Dissoziationsgrad α gegen 1 strebt. Dann ergibt sich (Gl. (1.6-63)):

$$\Lambda_c = \Lambda_0 - \frac{\Lambda_0}{K_c} \cdot c$$

Die nächste Abbildung zeigt die entsprechende Auftragung.

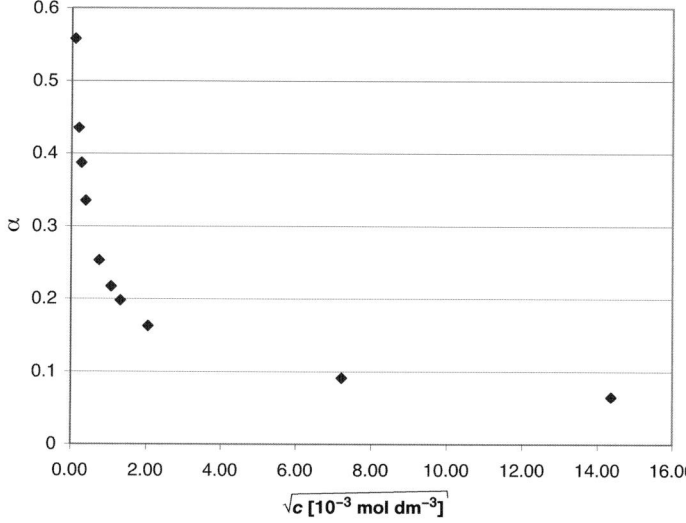

Auch diese Auftragung liefert keine Gerade. Das ist darauf zurückzuführen, dass die zur Ableitung der Gl. (1.6-63) gemachte Annahme, dass α nahezu gleich 1 ist, selbst bei der niedrigsten Konzentration bei weitem noch nicht erfüllt ist.

Die molare Grenzleitfähigkeit Λ_0 von Benzoesäure berechnet man analog zu Gl. (1.6-43):

$$\Lambda_0\left(C_6H_5COOH\right) = \Lambda_0\left(C_6H_5COONa\right) + \Lambda_0(HCl) - \Lambda_0(NaCl)$$

$$= (82.3 + 426.0 - 126.5)\ \Omega^{-1}\ cm^2\ mol^{-1}$$

$$= 381.8\ \Omega^{-1}\ cm^2\ mol^{-1}$$

Den Dissoziationsgrad α und die Dissoziationskonstante K_c berechnet man nach den Gln. (1.6-59, 58):

$$\alpha = \frac{\Lambda_c}{\Lambda_0}$$

$$K_c = \frac{\alpha^2 \cdot c}{1 - \alpha}$$

Dabei ist in der letzten Gleichung für c der Zahlenwert der Konzentration, gemessen in (mol·dm^{-3}), einzusetzen. In der folgenden Tabelle sind die ermittelten Werte zusammengestellt.

c (mol dm^{-3})	α	K_c	c (mol dm^{-3})	α	K_c
$9{,}02 \cdot 10^{-5}$	0,558	$6{,}35 \cdot 10^{-5}$	$1{,}07 \cdot 10^{-3}$	0,217	$6{,}44 \cdot 10^{-5}$
$1{,}91 \cdot 10^{-4}$	0,435	$6{,}40 \cdot 10^{-5}$	$1{,}32 \cdot 10^{-3}$	0,198	$6{,}45 \cdot 10^{-5}$
$2{,}63 \cdot 10^{-4}$	0,387	$6{,}43 \cdot 10^{-5}$	$2{,}05 \cdot 10^{-3}$	0,1628	$6{,}49 \cdot 10^{-5}$
$3{,}81 \cdot 10^{-4}$	0,335	$6{,}43 \cdot 10^{-5}$	$7{,}22 \cdot 10^{-3}$	0,0916	$6{,}67 \cdot 10^{-5}$
$7{,}51 \cdot 10^{-4}$	0,253	$6{,}44 \cdot 10^{-5}$	$1{,}436 \cdot 10^{-2}$	0,0651	$6{,}51 \cdot 10^{-5}$

Der Dissoziationsgrad nimmt von α ($c = 9{,}02 \cdot 10^{-5}$ M) = 0,558 auf α ($c = 1{,}436 \cdot 10^{-2}$ M) = 0,065 ab.

K_c ist dagegen nahezu unabhängig von der Konzentration.

2
Chemische Thermodynamik

2.1
Das reale Verhalten der Materie

1. Die Virialgleichung bis zum zweiten Virialkoeffizienten lautet (für 1 mol):

$pv = RT + Bp$

Die Auftragung von pv gegen p sollte eine Gerade mit der Steigung B ergeben.

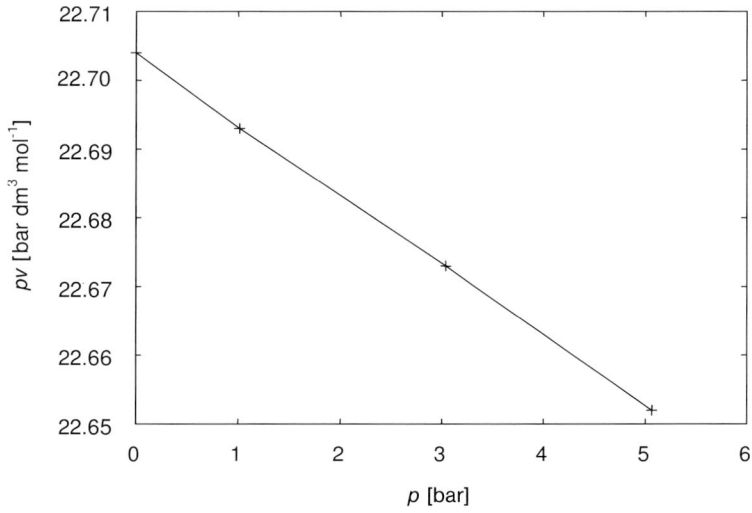

Mit Hilfe einer Regressionsanalyse wird ein Wert von $B = -0.010$ dm^3 mol^{-1} erhalten.

Die Berechnung aus den van-der-Waals'schen Konstanten aus Tab. 2.1-1 ist über Gl. (2.1-24) möglich.

$B = b - \dfrac{a}{RT}$

$= 0.03913 \text{ dm}^3 \text{ mol}^{-1} - \dfrac{1.408 \text{ dm}^6 \text{ bar mol}^{-2}}{\left(8.314 \cdot 10^{-2} \text{ bar dm}^3 \text{ mol}^{-1} \text{ K}^{-1}\right) \cdot (273 \text{ K})}$

$= -0.0229 \text{ dm}^3 \text{ mol}^{-1}$

Arbeitsbuch der Physikalischen Chemie: Lösungen. Gerd Wedler und Hans-Joachim Freund.
© 2012 Wiley-VCH Verlag GmbH & Co. KGaA. Published 2012 by Wiley-VCH Verlag GmbH & Co. KGaA.

2. Ausgehend von der van-der-Waals-Gleichung (Gl. (2.1-17)) kann man diese Gleichung unter Benutzung einiger Näherungen umformen (s. Gln. (2.1-20-23)). Man erhält dann

$$pV_m = RT + \left(b - \frac{a}{RT}\right) \cdot p$$

Hierin kann man den Ausdruck in der Klammer mit dem zweiten Virialkoeffizienten B in Gl. (2.1-2) identifizieren.

Die Boyle-Temperatur ist diejenige Temperatur, bei der sich das reale Gas in erster Näherung ideal verhält, der zweite Virialkoeffizient also Null wird. Das ist der Fall für

$$T_B = \frac{a}{bR}$$

$$= \frac{\left(3.640 \cdot 10^{-6} \text{ m}^3 \text{ bar mol}^{-2}\right)}{\left(0.04267 \cdot 10^{-3} \text{ m}^3 \text{ mol}^{-1}\right) \cdot \left(8.314 \text{ J mol}^{-1} \text{ K}^{-1}\right)}$$

$$= 1026 \text{ K}$$

(Beachte: $1 \text{ J} = 1 \text{ Pa} \cdot \text{m}^3 = 10^{-5} \text{ bar} \cdot \text{m}^3$)

3. Die van-der-Waals-Konstante b ist nach Gl. (2.1-16) das vierfache Eigenvolumen der Atome/Moleküle mit dem Radius r. Für 1 mol Teilchen gilt:

$$b = 4 \cdot N_A \cdot \frac{4\pi}{3} r^3$$

Aus der Tabelle 2.1-1 entnimmt man für Krypton den Wert

$$b = 0.03981 \text{ dm}^3 \text{ mol}^{-1}$$

Daraus berechnet sich ein Durchmesser d des Krypton-Atoms von

$$d = 2r = 2 \cdot \sqrt[3]{\frac{3 \cdot \left(0.03981 \cdot 10^{-3} \text{ m}^3 \text{ mol}^{-1}\right)}{16\pi \cdot \left(6.022 \cdot 10^{23} \text{ mol}^{-1}\right)}}$$

$$= 2 \cdot \left(1.58 \cdot 10^{-10} \text{ m}\right)$$

$$= 3.16 \cdot 10^{-10} \text{ m}$$

Bei der Berechnung des Durchmessers aus dem molaren Volumen des festen Kryptons muss man eine Annahme über die Anordnung der Atome machen. Im einfachsten Fall nähert man das Teilchen durch einen Würfel der Kantenlänge a (gleich dem Durchmesser des Atoms/Moleküls) an. Dann muss für diese einfach-kubische (*simple cubic*, sc) Anordnung gelten:

$$V_m = 22.35 \cdot 10^{-6} \text{ m}^3 \text{ mol}^{-1}$$

$$= N_A \cdot a^3$$

Das ergibt einen Wert für a von

$$a = \sqrt[3]{\frac{V_m}{N_A}} = \sqrt[3]{\frac{22.35 \cdot 10^{-6} \text{ m}^3 \text{ mol}^{-1}}{6.022 \cdot 10^{23} \text{ mol}^{-1}}}$$

$$= 3.34 \cdot 10^{-10} \text{ m}$$

$$= d_{sc}$$

Nimmt man für die Teilchen eine kubisch dichteste Packung an (*face-centered-cubic*, fcc), erhält man einen etwas größeren Durchmesser von

$$d_{fcc} = 3.77 \cdot 10^{-10} \text{ m}.$$

4. Für die Berechnung der van-der-Waals-Parameter a und b aus den Daten für den kritischen Punkt (s. Gln. (2.1-37) und (2.1-35)) wird das kritische Volumen benötigt. Dies ergibt sich aus dem kritischen Druck und der kritischen Temperatur gemäß Gl. (2.1-39).

$$p_k = \frac{3RT_k}{8v_k}$$

$$v_k = \frac{3RT_k}{8p_k}$$

Damit gilt für die Konstanten der van-der-Waals-Gleichung

$$a = \frac{9}{8} RT_k v_k = \frac{27 \left(RT_k\right)^2}{64 p_k}$$

$$= \frac{27 \left((8.314 \cdot 10^{-2} \text{ bar dm}^3 \text{ mol}^{-1} \text{ K}^{-1}) \cdot (562 \text{ K})\right)^2}{64 \cdot (48.9 \text{ bar})}$$

$$= 18.84 \text{ bar dm}^6 \text{ mol}^{-2}$$

und

$$b = \frac{1}{3} v_k = \frac{RT_k}{8p_k}$$

$$= \frac{\left(8.314 \cdot 10^{-2} \text{ bar dm}^3 \text{ mol}^{-1} \text{ K}^{-1}\right) \cdot (562 \text{ K})}{8 \cdot (48.9 \text{ bar})}$$

$$= 0.119 \text{ dm}^3 \text{ mol}^{-1}$$

Einsetzen aller Werte in die van-der-Waals-Gleichung (Gl. (2.1-18)) für $p = 50$ bar, $V = 5$ dm^3 und $T = 600$ K führt zur Gleichung

$$\left(50.00 \text{ bar} + n^2 \frac{18.84 \text{ bar dm}^6 \text{ mol}^{-2}}{(5 \text{ dm}^3)^2}\right) \cdot \left(\frac{5 \text{ dm}^3}{n} - 0.119 \text{ dm}^3 \text{ mol}^{-1}\right)$$

$$= \left(8.314 \cdot 10^{-2} \text{ bar dm}^3 \text{ mol}^{-1} \text{ K}^{-1}\right) \cdot (600 \text{ K})$$

Um die Gleichung graphisch zu lösen, trägt man den linken Teil der Gleichung gegen n auf und bestimmt den Schnittpunkt mit der Darstellung der rechten Seite der Gleichung.

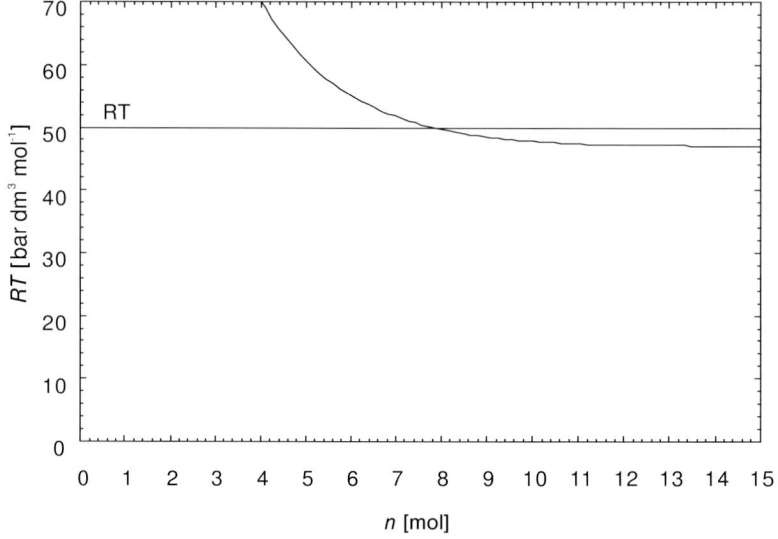

Als Schnittpunkt ergibt sich eine Stoffmenge von etwa 7.86 mol.

Die gesuchte Masse des Benzols beträgt

$$m = n \cdot M$$
$$= (7.86 \text{ mol}) \cdot (78.11 \text{ g mol}^{-1})$$
$$= 614 \text{ g}$$

5. Die Unterschiede sind:
1. Der Joule-Thomson-Koeffizient ist nach der neuen Gleichung nicht nur temperatur-, sondern auch druckabhängig.
2. Zur Bestimmung der Inversionstemperatur ergibt sich eine quadratische Gleichung, so dass in Übereinstimmung mit dem experimentellen Befund zwei Inversionstemperaturen folgen.

Für die molare Wärmekapazität c_v gilt für N_2 (drei Translations- und zwei Rotationsfreiheitsgrade, Vibration nicht angeregt):

$$c_v = \underbrace{\frac{3}{2}R}_{Trans.} + \underbrace{\frac{2}{2}R}_{Rot.} = \frac{5}{2}R$$

Die Wärmekapazität c_p ist daher:

$$c_p = c_v + R = \frac{7}{2} R$$

$$= \frac{7}{2} \left(8.314 \text{ J mol}^{-1} \text{ K}^{-1} \right) = 29.10 \text{ J mol}^{-1} \text{ K}^{-1}$$

Der Joule-Thomson-Koeffizient ergibt sich mit dem Virialansatz (Gl. (2.1-58)) zu

$$\mu_{\text{virial}} = \frac{1}{c_p} \left(\frac{2a}{RT} - b \right)$$

$$= \frac{1}{29.10 \text{ J mol}^{-1} \text{ K}^{-1}} \left(\frac{2 \cdot 1.408 \text{ dm}^6 \text{ bar mol}^{-2}}{\left(8.314 \cdot 10^{-2} \text{ bar dm}^3 \text{ mol}^{-1} \text{ K}^{-1} \right) \cdot (323 \text{ K})} - 0.03913 \text{ dm}^3 \text{ mol}^{-1} \right)$$

$$= \frac{1}{29.10 \text{ J mol}^{-1} \text{ K}^{-1}} \left(0.1049 \text{ dm}^3 \text{ mol}^{-1} - 0.03913 \text{ dm}^3 \text{ mol}^{-1} \right)$$

$$= 0.226 \text{ K bar}^{-1}$$

Bei Verwendung der van-der-Waals-Gleichung erhält man hingegen aus der Gleichung in der Aufgabe:

$$\mu_{v.\text{d.W.}} = \frac{1}{c_p} \left(\frac{2a}{RT} - b - \frac{3abp}{(RT)^2} \right)$$

$$= \frac{1}{c_p} \left(0.1049 \text{ dm}^3 \text{ mol}^{-1} - 0.03913 \text{ dm}^3 \text{ mol}^{-1} - \frac{3 \cdot \left(1.408 \text{ dm}^6 \text{ bar mol}^{-2} \right) \cdot \left(0.03913 \text{ dm}^3 \text{ mol}^{-1} \right) \cdot (50.65 \text{ bar})}{\left[\left(8.314 \cdot 10^{-2} \text{ bar dm}^3 \text{ mol}^{-1} \text{ K}^{-1} \right) \cdot (323 \text{ K}) \right]^2} \right)$$

$$= 0.186 \text{ K bar}^{-1}$$

2.2
Mischphasen

1. a) KF

Zur Bestimmung der verschiedenen Lösungsenthalpien trägt man zunächst gemäß Gl. (2.2-44) die gemessenen integralen Lösungsenthalpien ΔH_2 als Funktion des Verhältnisses der Stoffmengen auf:

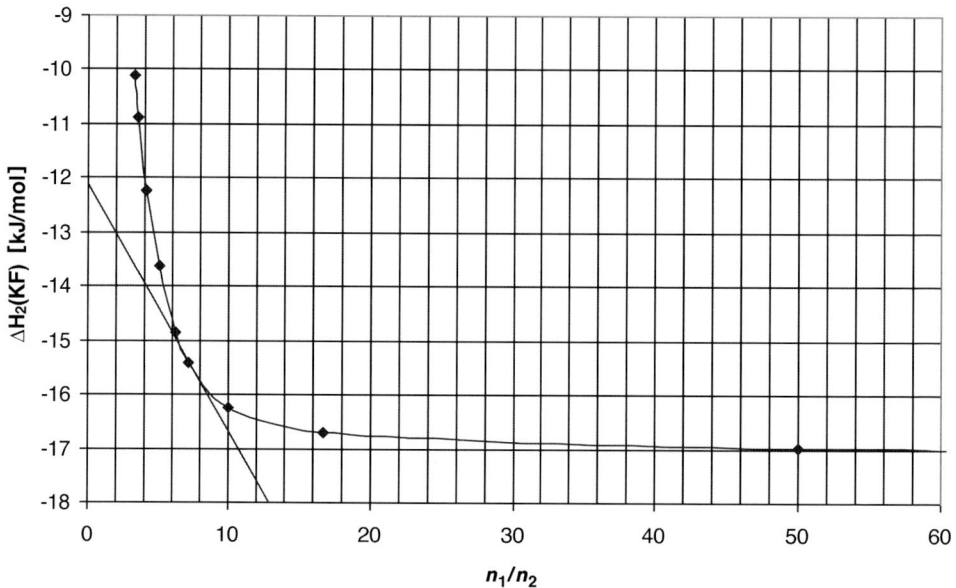

Für die bessere Anschaulichkeit werden nur Werte von n_1/n_2 zwischen 0 und 60 angezeigt.

Die erste Lösungsenthalpie entspricht dem Grenzwert der integralen Lösungsenthalpie einer extrem verdünnten Lösung. In dem Fall von KF ist die

erste Lösungsenthalpie: -17.76 kJ mol^{-1}.

Die letzte Lösungsenthalpie entspricht der integralen Lösungsenthalpie bei Sättigung und hat in diesem Fall den Wert

letzte Lösungsenthalpie: -10.10 kJ mol^{-1}.

Die differentielle Lösungsenthalpie wird über den Ordinatenabschnitt einer Tangente in einem beliebigen Punkt bestimmt. Für die Lösung mit der Molalität 7.78 mol KF in 1 kg H$_2$0 ist die Tangente in der Graphik eingezeichnet. Man erhält für die

differentielle Lösungsenthalpie: -12.1 kJ mol^{-1}.

Die differentielle Verdünnungsenthalpie entspricht der Steigung der Tangente. In diesem Fall ist die

differentielle Verdünnungsenthalpie: -0.46 kJ mol^{-1}.

b) $KF \cdot 2H_2O$

Die Werte für $KF \cdot 2H_2O$ sind in der folgenden Darstellung in derselben Art wie unter a) aufgetragen:

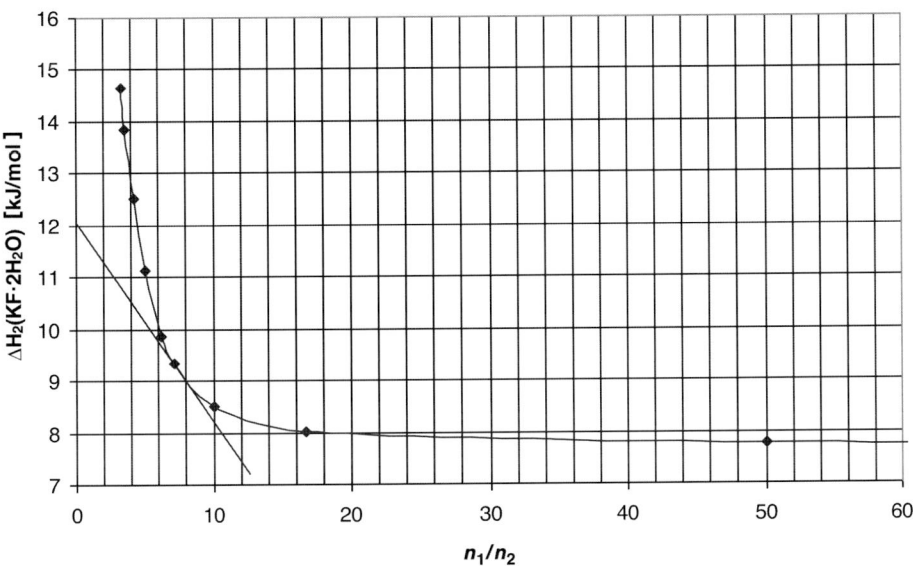

Es ergeben sich folgende Enthalpien:

erste Lösungsenthalpie: $6.979 \text{ kJ mol}^{-1}$,

letzte Lösungsenthalpie: $14.63 \text{ kJ mol}^{-1}$,

differentielle Lösungsenthalpie: $12.05 \text{ kJ mol}^{-1}$,

differentielle Verdünnungsenthalpie: $-0.38 \text{ kJ mol}^{-1}$.

Der Unterschied der Lösungsenthalpien beider Salze kann durch die Anwesenheit des Hydratwassers in einem Salz erklärt werden. In $KF \cdot 2H_2O$ wird durch das Hydratwasser der Absolutbetrag der Hydrationsenthalpie erniedrigt.

2. Die mittlere molare Mischungsentropie für ein ideales System für eine Mischung bei konstantem Druck und konstanter Temperatur ist durch Gl. (2.2-53) gegeben:

$$\overline{\Delta S_{id}} = -R \sum_i x_i \ln x_i$$

Die Molenbrüche sind definiert durch:

$$x_i = \frac{n_i}{\sum_i n_i}$$

Damit wird

$$x_{H_2} = \frac{2}{5}$$

und

$$x_{N_2} = \frac{3}{5}$$

Es folgt für die mittlere molare Mischungsentropie:

$$\overline{\Delta S_{id}} = -(8.314 \text{ J mol}^{-1} \text{ K}^{-1}) \cdot \left(\frac{2}{5}\ln\frac{2}{5} + \frac{3}{5}\ln\frac{3}{5}\right)$$

$$= 5.60 \text{ J mol}^{-1} \text{ K}^{-1}$$

3. Die mittlere molare Mischungsentropie für ein ideales System ist durch Gl. (2.2-53) gegeben:

$$\overline{\Delta S_{id}} = -R \sum_i x_i \ln x_i$$

Für ein binäres System ist $x_2 = 1 - x_1$ und damit:

$$\overline{\Delta S_{id}} = -R\big(x_1 \ln x_1 + (1 - x_1)\ln(1 - x_1)\big)$$

Diese Funktion ist symmetrisch und wird für $x_1 = 0$ und $x_1 = 1$ jeweils Null.

Die erste Ableitung der Funktion nach x_1 ist unter Berücksichtigung der Produkt- und Kettenregel:

$$\frac{1}{R}\frac{d\overline{\Delta S_{id}}}{dx_1} = \left[1 \cdot \ln x_1 + x_1\frac{1}{x_1}\right] + \left[(-1) \cdot \ln(1 - x_1) + (1 - x_1)\frac{-1}{1 - x_1}\right]$$

$$= \ln x_1 + 1 - \ln(1 - x_1) - 1$$

$$= \ln\left(\frac{x_1}{1 - x_1}\right)$$

Die zweite Ableitung ist:

$$\frac{d^2\overline{\Delta S_{id}}}{dx_1^2} = R\left(\frac{1}{x_1} + \frac{1}{1 - x_1}\right)$$

Für die Wendepunkte muss gelten:

$$\frac{d^2\overline{\Delta S_{id}}}{dx_1^2} = R\left(\frac{1}{x_1} + \frac{1}{1 - x_1}\right) = 0$$

Es ist offensichtlich, dass diese Bedingung nicht zu erfüllen ist und damit keine Wendepunkte vorliegen.

Notwendig für einen Extremwert ist, dass die erste Ableitung Null wird. Diese Bedingung ist auch hinreichend, da die zweite Ableitung nie Null wird.

$$R \ln\left(\frac{x_1}{1 - x_1}\right) = 0$$

$$x_1 = 1 - x_1$$

$$x_1 = \frac{1}{2}$$

Der Funktionswert an dieser Stelle ist:

$$\overline{\Delta S_{\text{id}}} = -2R\left(\frac{1}{2} \ln \frac{1}{2}\right)$$

$$= 5.76 \text{ J mol}^{-1} \text{ K}^{-1}$$

Aus der ersten Ableitung folgt auch das Verhalten der Steigung für $x_1 \to 0$ und $x_1 \to 1$.

Es ist daher:

$$\lim_{x_1 \to 0}\left(\frac{d\overline{\Delta S_{\text{id}}}}{dx_1}\right) = +\infty \quad \text{und} \quad \lim_{x_1 \to 1}\left(\frac{d\overline{\Delta S_{\text{id}}}}{dx_1}\right) = -\infty$$

Der Verlauf ist in Abb. 2.3-2 gezeigt.

2.3
Die Grundgleichungen der Thermodynamik

1. Es gilt nach Gl. (2.3-25):

$$dU = TdS - pdV$$

Bei konstantem U ist $dU = 0$, also

$$TdS = pdV \qquad \text{bei } U = \text{const}$$

und damit $\left(\dfrac{\partial S}{\partial V}\right)_U = \dfrac{p}{T}$

Für die zweite Beziehung geht man von Gl. (2.3-26) aus:

$$dH = TdS + Vdp$$

Bei konstantem H ist $dH = 0$, also

$$TdS = -Vdp \quad \text{bei } H = \text{const}$$

und damit $\left(\dfrac{\partial S}{\partial p}\right)_H = -\dfrac{V}{T}$

2. Es gilt für die Änderung einer thermodynamischen Größe bei einer Reaktion z. B. für die Freie Enthalpie

$$\Delta G = G_{\text{Ende}} - G_{\text{Anfang}} = G_{\text{rechts}} - G_{\text{links}}$$

$$= \mu_g - \mu_{fl} \quad \text{für die Verdampfung von 1 mol Substanz}$$

Für die chemischen Potentiale gilt

$$\mu_g(T, p) = \mu_g^0(T) + RT \ln \frac{p}{p^0} \qquad \text{s .Gl.(2.3 − 91)}$$

$$\mu_{fl}(T, p) = \mu^*(T, p)$$

Am *normalen* Siedepunkt eines Stoffes (hier bei $T = 337.8$ K und $p = 1.013$ bar) sind die flüssige Phase und die gasförmige Phase im Gleichgewicht. Es ist:

$$\Delta G = \mu_g - \mu_{fl} = 0 \qquad \text{mit}$$

$$\mu_g^0(T) = \mu^*(T, p = 1.013 \text{bar}) \qquad (1)$$

Bei anderen Drücken benötigt man die Abhängigkeit des chemischen Potentials vom Druck. Für die gasförmige Phase ist sie durch Gl. (2.3-91) gegeben. Die Druckabhängigkeit der Freien Enthalpie der flüssigen Phase erhält man aus

$$\left(\frac{\partial G}{\partial p} \right)_{T,n} = V \qquad \text{s .Gl .(2.3 − 67)}$$

$$\left(\frac{\partial \mu}{\partial p} \right)_T = v \qquad \text{bei } n = 1 \text{ mol}$$

$$= \left(\frac{\partial \mu^*}{\partial p} \right)_T$$

Im vorliegenden Fall ergibt sich für eine Druckänderung von 0.1 bar

$$d\mu = v dp \qquad \text{mit } v_{\text{Meth}} = \frac{M}{\rho} = \frac{32 \text{ g mol}^{-1}}{0.787 \text{ g cm}^{-3}}$$

$$\Delta \mu \approx v \Delta p \qquad \qquad \qquad = 40.7 \text{ cm}^3 \text{ mol}^{-1}$$

$$= \left(40.7 \text{ cm}^3 \text{ mol}^{-1} \right) (0.1 \text{ bar})$$

$$= \left(40.7 \cdot 10^{-6} \text{ m}^3 \text{ mol}^{-1} \right) \left(10^4 \text{ Pa} \right)$$

$$= 0.4 \text{ J mol}^{-1}$$

Dieser Wert ist so klein, dass er im Allgemeinen vernachlässigt wird. Man sieht also:

$$\mu^*(T, p) \approx \mu^*(T, p = 1.013 \text{ bar})$$

Ingesamt ergibt sich für einen Druck von $p = 0.900$ bar:

$$\Delta G = \mu_g(T, 0.900 \text{ bar}) - \mu_{fl}(T, 0.900 \text{ bar})$$

$$= \mu_g^0(T) + RT \ln \frac{0.900 \text{ bar}}{1.013 \text{ bar}} - \mu^*(T, 1.013 \text{ bar})$$

$$= RT \ln \frac{0.900 \text{ bar}}{1.013 \text{ bar}} \qquad \qquad \text{wegen (1), s.o.}$$

$$= \left(8.314 \text{ J mol}^{-1} \text{ K}^{-1}\right)(337.8 \text{ K}) \ln \frac{0.900 \text{ bar}}{1.013 \text{ bar}}$$

$$= -332 \text{ J mol}^{-1}$$

Da $\Delta G < 0$ ist, verläuft die Reaktion (die Verdampfung) bei 0.9 bar spontan in Richtung zum gasförmigen Methanol.

Ebenso erhält man für den höheren Druck von 1.100 bar:

$$\Delta G = RT \ln \frac{1.100 \text{ bar}}{1.013 \text{ bar}} = +231 \text{ J mol}^{-1}$$

Da $\Delta G > 0$ ist, wird die Reaktion spontan für diesen Druck in die andere Richtung laufen, Methanol-Dampf also kondensieren.

3. Gesucht sind die Änderungen der Freien Energie und der Freien Enthalpie bei Druckänderung eines idealen Gases bei festen Werten für die Stoffmenge und die Temperatur. Es werden die Gleichungen (2.3-69) und (2.3-70) verwendet.

$$dA = -S dT - p dV + \sum \mu_i dn_i$$

$$= -p dV \qquad\qquad \text{, wenn } dT = dn_i = 0 \text{ ist}$$

Für eine reversible Änderung des Druckes (und damit des Volumens) gilt:

$$\Delta A = \int_{V_1}^{V_2} -p dV = -\frac{mRT}{M} \int_{V_1}^{V_2} \frac{dV}{V}$$

$$= -\frac{mRT}{M} \ln \left(\frac{V_2}{V_1}\right) = +\frac{mRT}{M} \ln \left(\frac{p_2}{p_1}\right)$$

$$= \frac{(14.00 \text{ g}) \cdot \left(8.314 \text{ J mol}^{-1} \text{ K}^{-1}\right) \cdot (300 \text{ K})}{28.01 \text{ g mol}^{-1}} \ln \left(\frac{3.0 \text{ bar}}{1.0 \text{ bar}}\right) = 1.37 \text{ kJ}$$

Analog gilt für dG:

$$dG = -S dT + V dp + \sum \mu_i dn_i$$

$$= V dp \qquad\qquad \text{, wenn } dT = dn_i = 0 \text{ ist}$$

$$\Delta G = \int_{p_1}^{p_2} V dp = \frac{mRT}{M} \int_{p_1}^{p_2} \frac{dp}{p}$$

$$= \frac{mRT}{M} \ln \left(\frac{p_2}{p_1}\right) = \Delta A$$

$$= \frac{(14.00 \text{ g}) \cdot \left(8.314 \text{ J mol}^{-1} \text{ K}^{-1}\right) \cdot (300 \text{ K})}{28.01 \text{ g mol}^{-1}} \ln \left(\frac{3.0 \text{ bar}}{1.0 \text{ bar}}\right) = 1.37 \text{ kJ}$$

Der gleiche Wert für ΔA und ΔG war zu erwarten. Bei einem idealen Gas ist

$$\Delta H = \Delta(U + pV)$$
$$= \Delta U + \Delta(pV)$$
$$= \Delta U + \Delta(nRT)$$
$$= \Delta U \qquad\qquad \text{bei } n, T = \text{const}$$

Also ist auch

$$\Delta A = \Delta U - T\Delta S$$
$$= \Delta H - T\Delta S$$
$$= \Delta G$$

4. Für die Reaktion

$$S(s, \text{rhombisch}) \rightarrow S(s, \text{monoklin})$$

ist bei Standardbedingungen $\Delta G_r = 75.3 \text{ J mol}^{-1} > 0$. Die Reaktion verläuft also spontan in entgegengesetzter Richtung. Wegen des kleineren Molvolumens des monoklinen Schwefels gegenüber dem des rhombischen Schwefels kann man durch Erhöhung des Druckes die Reaktion in der angegebenen Richtung erzwingen. Dabei ist mindestens der Druck erforderlich, bei dem beide Phasen im Gleichgewicht sind, ΔG also gleich Null ist.

Aus Gl. (2.3-55)

$$\left(\frac{\partial G}{\partial p}\right)_T = V \qquad\qquad \text{folgt}$$

$$\left(\frac{\partial \Delta G_r}{\partial p}\right)_T = \Delta V_r \qquad \text{oder} \qquad\qquad \text{mit } \Delta V_r = V_{\text{mono.}} - V_{\text{rho.}}$$
$$= (15.51 - 16.31) \text{ cm}^3 \text{ mol}^{-1}$$
$$\Delta(\Delta G_r) = \int_{p_1}^{p_{\min}} \Delta V_r \, dp \qquad\qquad = -0.8 \text{ cm}^3 \text{ mol}^{-1}$$

$$\approx \Delta V_r \Delta p$$

$$\Delta G_r(p_{\min}) - \Delta G_r(1.013 \text{ bar}) = \Delta V_r(p_{\min} - 1.013 \text{ bar})$$

$$0 \qquad\qquad - 75.3 \text{ J mol}^{-1} = (-0.8 \text{ cm}^3 \text{ mol}^{-1}) \cdot (p_{\min} - 1.013 \text{ bar})$$

$$\frac{75.3 \text{ N m mol}^{-1}}{0.8 \cdot 10^{-6} \text{ m}^3 \text{ mol}^{-1}} = p_{\min} - 1.013 \text{ bar}$$

$$p_{\min} - 1.013 \text{ bar} = 9.41 \cdot 10^7 \text{ Pa}$$

$$p_{\min} \approx 942 \text{ bar}$$

5. Ausgangspunkt der Untersuchung ist das totale Differential der Freien Energie A. Es gilt nach Gl. (2.3-[27, 31-32]):

$$dA = \left(\frac{\partial A}{\partial T}\right)_V dT + \left(\frac{\partial A}{\partial V}\right)_T dV = -SdT - pdV$$

Zunächst werden die beiden partiellen Differentialquotienten separat notiert. Dann werden die gemischten zweiten partiellen Ableitungen gebildet.

$$\left(\frac{\partial A}{\partial T}\right)_V = -S \rightarrow \frac{\partial}{\partial V}\left(\frac{\partial A}{\partial T}\right)_V = \frac{\partial^2 A}{\partial V \partial T} = -\left(\frac{\partial S}{\partial V}\right)_T$$

$$\left(\frac{\partial A}{\partial V}\right)_T = -p \rightarrow \frac{\partial}{\partial T}\left(\frac{\partial A}{\partial V}\right)_T = \frac{\partial^2 A}{\partial T \partial V} = -\left(\frac{\partial p}{\partial T}\right)_V$$

Da die gemischten zweiten partiellen Ableitungen übereinstimmen (Schwarz'scher Satz) erhält man:

$$\frac{\partial^2 A}{\partial V \partial T} = \frac{\partial^2 A}{\partial T \partial V}$$

$$-\left(\frac{\partial S}{\partial V}\right)_T = -\left(\frac{\partial p}{\partial T}\right)_V$$

$$\left(\frac{\partial S}{\partial V}\right)_T = \left(\frac{\partial p}{\partial T}\right)_V$$

6. Es handelt sich um den Prozess

$$A(\text{rein}) + B(\text{rein}) \rightarrow (A + B)_{\text{gemischt}}$$

Bei der Herstellung einer *idealen* Mischung werden keine kalorischen Effekte ($\Delta H = 0$) beobachtet. Daher erfolgt keine Temperaturänderung.

Die mittlere molare Mischungsentropie und die mittlere molare Freie Mischungsenthalpie werden nach Gl. (2.3-116) und (2.3-119) bestimmt.

$$\overline{\Delta S_{\text{id}}} = -R \sum x_i \ln x_i = -R\left(x_1 \ln x_1 + x_2 \ln x_2\right)$$

Unter Berücksichtigung von $x_1 = \dfrac{n_1}{n_1 + n_2} = \dfrac{n_1}{2n_1} = 0.5 = x_2$ folgt:

$$\begin{aligned}
\overline{\Delta S_{\text{id}}} &= -2Rx_1 \ln x_1 \\
&= -2R \cdot 0.5 \cdot \ln(0.5) \\
&= -\left(8.314 \text{ J mol}^{-1} \text{ K}^{-1}\right) \cdot \ln(0.5) \\
&= 5.76 \text{ J mol}^{-1} \text{ K}^{-1}
\end{aligned}$$

Für die Freie Mischungsenthalpie gilt entsprechend den Überlegungen für die Mischungsentropie:

$$\begin{aligned}
\overline{\Delta G_{\text{id}}} &= RT \sum x_i \ln x_i = RT2x_1 \ln x_1 \\
&= \left(8.314 \text{ J mol}^{-1} \text{ K}^{-1}\right) \cdot (300 \text{ K}) \cdot 2 \cdot 0.5 \cdot \ln(0.5) \\
&= -1730 \text{ J mol}^{-1}
\end{aligned}$$

Alternativ gilt:

$$\overline{\Delta G_{id}} = \overline{\Delta H_{id}} - T\overline{\Delta S_{id}}$$

$$= 0 - (300 \text{ K}) \cdot (5.76 \text{ J mol}^{-1} \text{ K}^{-1})$$

$$= -1730 \text{ J mol}^{-1}$$

$\overline{\Delta G_{id}}$ ist für den Prozess der Mischung kleiner als Null. Der Prozess verläuft also spontan.

7. Es gilt für das chemische Potential eines realen Gases nach Gl. (2.3-95)

$$\mu^{real}(T, p) = \mu^0(T) + RT \ln \frac{p}{p^0} + Bp$$

mit der Annahme idealen Verhaltens bei p^0, also $Bp^0 = 0$. μ^0 ist nur eine Funktion der Temperatur. Dann ist bei $p = p^0$,

$$\mu^{real} = \mu^0$$

und beim Druck $p = 100$ bar :

$$\mu^{real} = \mu^0 + RT \ln \frac{p}{p^0} + Bp$$

Daraus folgt:

$$\Delta\mu = \mu^{real}(100 \text{ bar}) - \mu^{real}(1 \text{ bar})$$

$$= RT \ln \frac{p}{p^0} + Bp$$

$$= (8.314 \text{ J mol}^{-1} \text{ K}^{-1}) \cdot (323 \text{ K}) \cdot \ln \frac{100.0 \text{ bar}}{1.0 \text{ bar}} + (2.65 \cdot 10^{-5} \text{ m}^3 \text{ mol}^{-1}) \cdot (100.0 \text{ bar})$$

$$= 12.37 \text{ kJ mol}^{-1} + (2.65 \cdot 10^{-5} \text{ m}^3 \text{ mol}^{-1}) \cdot (10^2 \cdot 10^5 \text{ Pa})$$

$$= 12.37 \text{ kJ mol}^{-1} + 0.265 \text{ kJ mol}^{-1}$$

$$= 12.6 \text{ kJ mol}^{-1}$$

8. Es gilt für das chemische Potential einer Substanz i in einer Mischung:

$$\mu_i(p, T) = \mu_i^*(p, T) + RT \cdot \ln x_i$$

$$\Delta\mu_i = RT \cdot \ln x_i$$

In der Mischung ist die Summe der Molenbrüche gleich 1. Damit wird

$$x_i = 1 - x_j - x_k$$

$$= 0.5$$

und

$$\Delta\mu_i = (8.314 \text{ J mol}^{-1} \text{ K}^{-1}) \cdot (300 \text{ K}) \cdot \ln 0.5$$

$$= -1730 \text{ J mol}^{-1}$$

9. Für ideale Gase ist das Produkt pV für eine feste Molzahl und eine feste Temperatur ein konstanter Wert. Für $n = 1$ mol und $T = 273$ K ist

$$pV = nRT$$
$$= (1 \text{ mol}) \cdot \left(8.314 \text{ J mol}^{-1} \text{ K}^{-1}\right) \cdot (273 \text{ K})$$
$$= 2269.72 \text{ J}$$
$$= 22697.2 \text{ bar cm}^3$$

Im Falle realer Gase führt man eine zusätzliche Korrekturgröße φ, den Fugazitätskoeffizienten, ein, derart, dass die Fugazität f_g

$$f_\text{g} = \varphi \cdot p$$

ist und dann die Form der Gleichung für das chemische Potential erhalten bleibt (siehe Gl. (2.3-96)).

Zur Bestimmung von φ und f_g trägt man das Produkt $(pV)_\text{real}$ als Funktion des Druckes auf und kann dann

$$\varphi = \frac{(pV)_\text{real}}{(pV)_\text{ideal}}$$

berechnen.

Im folgenden Diagramm sind die Messwerte für 1 mol Helium bei 273 K dargestellt. Sie lassen sich durch eine Gerade annähern, deren mathematische Formulierung sich aus einer Regressionsanalyse ergibt.

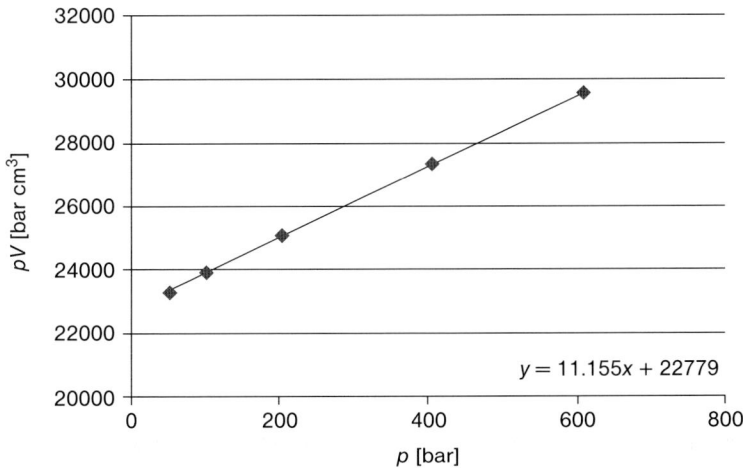

Aus dieser Geradengleichung

$$(pV)_\text{real} = \left(11.155 \text{ cm}^3\right) \cdot p + 22779 \text{ bar cm}^3$$

erhält man den Wert für $p = 300$ bar für 1 mol Helium zu

$$(pV)_\text{real} = 26125.5 \text{ bar cm}^3$$

und daraus

$$\varphi = \frac{(pV)_{\text{real}}}{(pV)_{\text{ideal}}} = \frac{26125.5 \text{ bar cm}^3}{22697.2 \text{ bar cm}^3}$$

$$= 1.15$$

Der Wert für die Fugazität f_{g} folgt aus

$$f_{\text{g}} = \varphi \cdot p$$

$$= 1.15 \cdot (300 \text{ bar})$$

$$= 345 \text{ bar}$$

10. Die Bestimmung der Änderung der Enthalpie ΔH_{Misch}, der Entropie ΔS_{Misch} und der Freien Enthalpie ΔG_{Misch} erfolgt mit Hilfe der Gleichungen (2.3-110), (2.3-114) und (2.3-115).

Bei der Herstellung der *idealen* Mischung ändert sich die Enthalpie nicht:

$$\Delta H_{\text{Misch}} = h_i - h_i^* = 0$$

Für die Änderung der Entropie gilt, wenn O_2 mit dem Index 1 und N_2 mit dem Index 2 gekennzeichnet wird:

$$s_i - s_i^* = -R \ln x_i$$

Damit folgt:

$$\Delta S_{\text{Misch}} = n_1 \left(s_1 - s_1^*\right) + n_2 \left(s_2 - s_2^*\right)$$

$$= -n_1 R \ln x_1 - n_2 R \ln x_2$$

$$= -n_1 R \ln \left(\frac{n_1}{n_1 + n_2}\right) - n_2 R \ln \left(\frac{n_2}{n_1 + n_2}\right)$$

$$= -(2 \text{ mol}) \cdot \left(8.314 \text{ J mol}^{-1} \text{ K}^{-1}\right) \cdot \ln \left(\frac{2 \text{ mol}}{5 \text{ mol}}\right)$$

$$\quad -(3 \text{ mol}) \cdot \left(8.314 \text{ J mol}^{-1} \text{ K}^{-1}\right) \cdot \ln \left(\frac{3 \text{ mol}}{5 \text{ mol}}\right)$$

$$= 27.98 \text{ J K}^{-1}$$

Berechnung der Freien Mischungsenthalpie:

$$\Delta G_{\text{Misch}} = \Delta H_{\text{Misch}} - T \Delta S_{\text{Misch}}$$

$$= 0 - (298 \text{ K})\left(27.98 \text{ J K}^{-1}\right)$$

$$= -8.34 \text{ kJ}$$

ΔG_{Misch} ist negativ, der Mischungsprozess läuft also spontan ab.

2.4

Der Dritte Hauptsatz der Thermodynamik

1. Mit der Boltzmann-Konstanten k als Proportionalitätsfaktor und Ω als statistischem Gewicht des Makrozustandes gilt nach Gl. (1.3-34)

$$S = k \ln \Omega$$

Für jeweils zwei mögliche Zustände eines Teilchens gilt für N_A unabhängige Teilchen:

$$S = k \ln \Omega = k \ln \left(2^{N_A}\right)$$
$$= k N_A \ln 2 = R \ln 2$$
$$= \left(8.314 \text{ J K}^{-1} \text{mol}^{-1}\right) \cdot \ln 2$$
$$= 5.76 \text{ J K}^{-1} \text{mol}^{-1}$$

2. Nach Gl. (2.4-6) gilt für den Absolutwert der Entropie eines Stoffes

$$s_T = \int\limits_0^T \frac{c_p}{T} \, dT = \int\limits_0^T c_p \, d\ln T \qquad (p = \text{const.})$$

Trägt man die Funktion $c_p(T)/T$ in Abhängigkeit von der Temperatur T (oder c_p als Funktion von $\ln T$) auf, erhält man den Wert der Entropie durch Integration, also als Fläche unter der Kurve.

In der folgenden Abbildung sind die Werte für c_p/T als Funktion von T aufgetragen. Bei der Extrapolation der Werte nach 0 K beachte man, dass c_p proportional zu T^3 verläuft.

Molare Entropie des Silbers

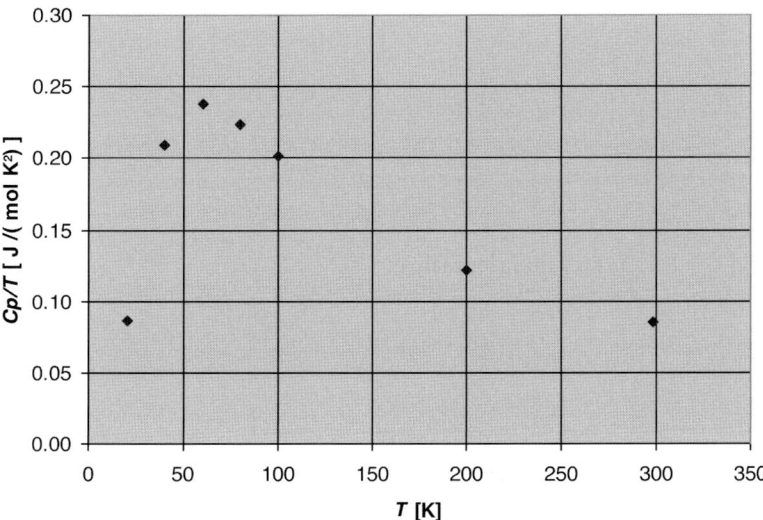

Eine graphische Integration (z. B. durch Auszählen der Fläche bei einer Darstellung auf Millimeterpapier) ergibt einen Wert von

$$S^0_{298.15K}(\text{Ag}) = 43 \text{ J K}^{-1} \text{ mol}^{-1}$$

Im Vergleich zum Literaturwert ist dies in Anbetracht der wenigen Messwerte ein gutes Ergebnis.

3. Nach Gl. (2.4-7) gilt für die Änderung der Entropie an Phasenübergängen

$$\Delta S_U = \frac{\Delta H_U}{T_U}$$

Somit ergibt sich für die Verdampfungsentropie am normalen Siedepunkt bei $p = 1.013$ bar:

H_2O:

$$\Delta S_V = \frac{40.66 \text{ kJ mol}^{-1}}{373.15 \text{ K}}$$
$$= 109.0 \text{ J mol}^{-1} \text{ K}^{-1}$$

H_2S:

$$\Delta S_V = \frac{18.67 \text{ kJ mol}^{-1}}{212.85 \text{ K}}$$
$$= 87.71 \text{ J mol}^{-1} \text{ K}^{-1}$$

N_2:

$$\Delta S_V = \frac{5.577 \text{ kJ mol}^{-1}}{77.34 \text{ K}}$$
$$= 72.11 \text{ J mol}^{-1} \text{ K}^{-1}$$

NH_3:

$$\Delta S_V = \frac{23.35 \text{ kJ mol}^{-1}}{239.74 \text{ K}}$$
$$= 97.40 \text{ J mol}^{-1} \text{ K}^{-1}$$

Nach der Pictet-Trouton'schen Regel würde man Werte in der Nähe von 88 J mol^{-1} K^{-1} für die Verdampfungsentropie erwarten. Abweichungen von diesem Wert weisen auf Wechselwirkungen in der flüssigen Phase (z. B. Wasserstoffbrückenbindungen in H_2O) oder der gasförmigen Phase (z. B. Dimer-Bildung bei Essigsäure) hin.

4. Es gilt für die Temperaturabhängigkeit der Entropie bei konstantem Druck nach Gl. (1.1-122)

$$\left(\frac{\partial S}{\partial T}\right)_p = \frac{c_p}{T} \qquad p = \text{const.}$$

oder

$$dS = \frac{c_p}{T} dT$$

Für Wasserstoff entnimmt man der Tabelle 1.2-1 für c_v

$$c_v = \frac{5}{2} R$$

Dabei ist berücksichtigt, dass zwar die Rotation, nicht aber die Schwingung im Molekül angeregt ist. Bei Gasen berechnet man dann sofort

$$c_p = c_v + R$$

$$= \frac{7}{2} R$$

Die Entropieänderung beträgt damit

$$\Delta S = \int_{400K}^{800K} \frac{c_p}{T} dT$$

$$= \frac{7}{2} R \int_{400K}^{800K} \frac{dT}{T}$$

$$= \frac{7}{2} R \ln \frac{800 \text{ K}}{400 \text{ K}}$$

$$= \frac{7}{2} \left(8.314 \text{ J mol}^{-1} \text{ K}^{-1} \right) \cdot \ln 2$$

$$= 20.17 \text{ J mol}^{-1} \text{ K}^{-1}$$

2.5
Phasengleichgewichte

1. Für ein thermodynamisches System, in dem keine Reaktionen ablaufen und in dem nur die Variablen Druck und Temperatur betrachtet werden, lässt sich für das Gleichgewicht mehrerer Phasen (Anzahl P) und mehrerer Komponenten (Anzahl K) die Gibbs'sche Phasenregel ableiten (Gl. (2.5-10)):

$$F = K - P + 2$$

Dabei ist F die Anzahl der Freiheitsgrade, also die Anzahl von Zustandsvariablen, die man unabhängig voneinander variieren kann, ohne dass dadurch eine Phase verschwindet.

An einem Quadrupelpunkt ($P = 4$ Phasen) gilt für ein Einkomponentensystem ($K = 1$)

$$F = 1 - 4 + 2 =$$
$$= -1$$

(−1) ist kein logisches Ergebnis für die Anzahl der Freiheitsgrade. Es existiert somit kein Quadrupelpunkt in einem Einkomponentensystem.

2. Es gilt für den Dampfdruck einer reinen Substanz nach Gl. (2.5-30):

$$\ln\left(\frac{p_{s2}}{p_{s1}}\right) = -\frac{\Delta_V H}{R} \cdot \left(\frac{1}{T_2} - \frac{1}{T_1}\right)$$

Daraus folgt für die Verdampfungsenthalpie:

$$\Delta_V H = -R \cdot \left(\frac{1}{T_2} - \frac{1}{T_1}\right)^{-1} \cdot \ln\left(\frac{p_{s2}}{p_{s1}}\right)$$

$$= -\left(8.314 \text{ J mol}^{-1} \text{ K}^{-1}\right) \cdot \left(\frac{1}{633.15 \text{ K}} - \frac{1}{628.15 \text{ K}}\right)^{-1} \ln\left(\frac{1.0740 \text{ bar}}{0.9818 \text{ bar}}\right)$$

$$= 59.4 \text{ kJ mol}^{-1}$$

3. Nach dem Einschleusen des Wassers in den Kolben können zwei Fälle auftreten:
   1. Alles $H_2O(l)$ verdampft, es stellt sich ein Druck unterhalb des Sättigungsdampfdruckes ein.
   2. Nur ein Teil des $H_2O(l)$ verdampft, bis der Druck im Kolben den Sättigungsdampfdruck erreicht hat.

Man rechnet für beide Fälle den entstehenden Druck aus und vergleicht.

Zu 1.:
Der Druck von $H_2O(g)$ in dem Gefäß ergibt sich aus dem Idealen Gasgesetz:

$$p(H_2O) = \frac{n \cdot R \cdot T}{V} = \frac{m \cdot R \cdot T}{M \cdot V}$$

$$= \frac{(0.276 \text{ g}) \cdot \left(8.314 \text{ J mol}^{-1} \text{ K}^{-1}\right) \cdot (353 \text{ K})}{\left(18 \text{ g mol}^{-1}\right) \cdot \left(10^{-3} \text{ m}^3\right)}$$

$$= 4.50 \cdot 10^4 \text{ Pa}$$

Zu 2.:
Zur Berechnung des Dampfdrucks benutzt man Gl. (2.5-30):

$$\ln\left(\frac{p_{s2}}{p_{s1}}\right) = -\frac{\Delta_V H}{R} \cdot \left(\frac{1}{T_2} - \frac{1}{T_1}\right)$$

$$p_{s1} = p_{s2} \cdot \exp\left(+\frac{\Delta_V H}{R} \cdot \left(\frac{1}{T_2} - \frac{1}{T_1}\right)\right)$$

$$= (101300 \text{Pa}) \cdot \exp\left(\frac{41100 \text{ J mol}^{-1}}{8.314 \text{ J mol}^{-1} \text{ K}^{-1}} \cdot \left(\frac{1}{373 \text{ K}} - \frac{1}{353 \text{ K}}\right)\right)$$

$$= 4.78 \cdot 10^4 \text{ Pa}$$

Der Druck des gasförmigen Wassers in dem Gefäß ist mit $4.5 \cdot 10^4$ Pa kleiner als der Sättigungsdampfdruck. Es liegt somit nur eine (gasförmige) Phase vor.

4. Nach Gl. (2.5-45) ist

$$x_2 = \frac{p_1^* - p_1}{p_1^*}.$$

Da x_2 temperaturunabhängig ist, muss $(p_1^* - p_1)$, der *Abstand* der beiden Dampf-druckkurven, die gleiche Temperaturabhängigkeit wie p_1^* zeigen, kann also nicht konstant sein (was nötig wäre, wenn man die beiden Kurven durch eine Vertikal-verschiebung zur Deckung bringen wollte).

5. Es gilt für die Gefrierpunktserniedrigung eines Lösungsmittels ('1') bei Zugabe einer zweiten Substanz ('2') Gleichung (2.5-60):

$$T_m - T_m^* = -\frac{R \cdot T_m^{*2}}{\Delta_m H} \cdot x_2$$

bzw. wegen $n_1 >> n_2$ für sehr verdünnte Lösungen mit

$$x_2 = \frac{n_2}{n_1 + n_2} \approx \frac{n_2}{n_1}$$

$$= \frac{m_2 \cdot M_1}{m_1 \cdot M_2}$$

$$T_m - T_m^* = -\frac{R \cdot T_m^{*2} \cdot M_1}{\Delta_m H \cdot M_2} \cdot \frac{m_2}{m_1}$$

Trägt man nun $(T_m - T_m^*)$ gegen m_2 / m_1 auf Millimeterpapier auf (siehe Dar-stellung) und extrapoliert die Kurve auf unendliche Verdünnung (also bis zu $m_2/m_1 = 0$), kann man die Steigung der Kurve im Punkt (0.0) bestimmen. Es ergibt sich – mit erheblicher Unsicherheit – -30 K.

(Eine zweite Möglichkeit wäre die rechnerische Anpassung mit einem Polynom und Bestimmung der gesuchten Steigung.)

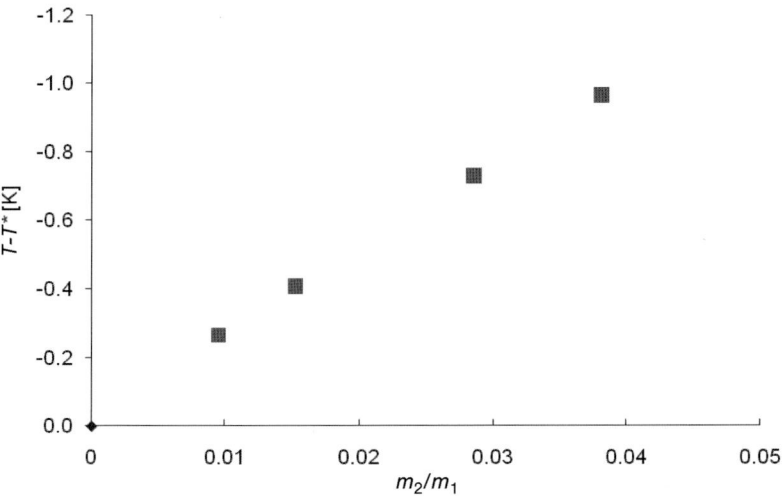

Es ist also

$$-\frac{R \cdot \left(T_m^*\right)^2 \cdot M_1}{\Delta_m H \cdot M_2} = -30 \text{ K}$$

und damit

$$M_2 = -\frac{\left(8.314 \text{ J mol}^{-1} \text{ K}^{-1}\right) \cdot \left(273.15 \text{ K}\right)^2 \cdot \left(18 \text{ g mol}^{-1}\right)}{\left(6007 \text{ J mol}^{-1}\right) \cdot \left(-30 \text{ K}\right)}$$

$$= 62 \text{ g mol}^{-1}$$

Für die Masse M_2 der gesuchten Substanz ergeben sich etwa 62 g/mol. Die Bruttoformel ergibt sich wie folgt:

Bekannt für die Verbindung ist das Verhältnis der Elemente C, H, O und N mit 1 : 4 : 1 : 2. Für die einfachste Verbindung mit genau diesen Anzahlen an Atomen errechnet man eine Molmasse von 60 g/mol. Für die nächstmögliche Verbindung würde sich die doppelte Molmasse ergeben. Ein Vergleich mit dem im Experiment gefundenen Wert zeigt, dass als Bruttoformel nur CH_4ON_2 infrage kommt (Harnstoff $CO(NH_2)_2$).

6. Es gilt für den osmotischen Druck Π als Funktion der Konzentration c_2 des gelösten Stoffes nach Gl. (2.5-79):

$$\Pi = c_2 \cdot R \cdot T$$

$$\approx \frac{n_2}{V_1} \cdot R \cdot T$$

$$= \frac{1}{V_1} \cdot \frac{m_2}{M_2} \cdot R \cdot T$$

$$= \frac{R \cdot T}{V_1 \cdot M_2} \cdot m_2$$

Man trägt nun die vorhandenen Daten in einer Darstellung Π gegen m_2 auf (Millimeterpapier), extrapoliert auf unendliche Verdünnung und bestimmt die Steigung der Kurve im Punkt (0,0). Man erhält einen – in Anbetracht der wenigen Messpunkte nur mäßig genauen – Wert von 13 Pa g^{-1}.

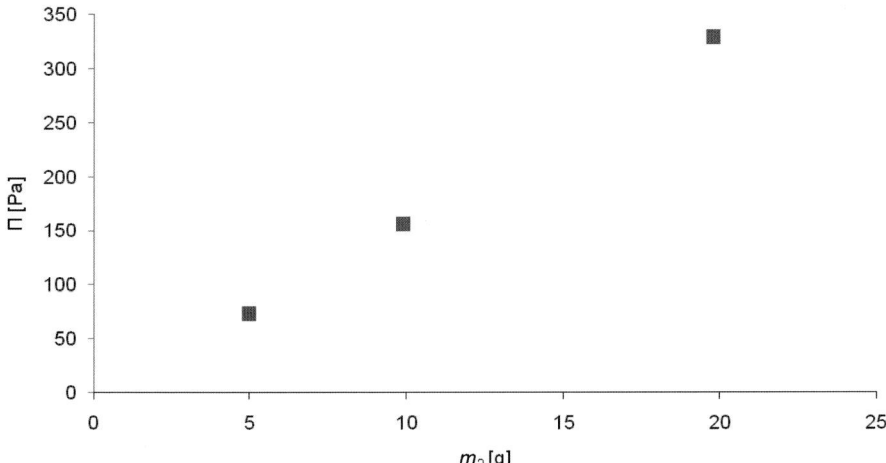

Es ist dann

$$13 \text{ Pa g}^{-1} = \frac{R \cdot T}{V_1 \cdot M_2}$$

und damit

$$M_2 = \frac{\left(8.314 \text{ J mol}^{-1} \text{ K}^{-1}\right) \cdot (300 \text{ K})}{\left(10^{-3} \text{ m}^3\right) \cdot \left(13 \text{ Pa g}^{-1}\right)}$$

$$= 192 \cdot 10^3 \text{ g mol}^{-1}$$

7. Für die Löslichkeit fester Stoffe in Trichlormethan bei 288.15 K gilt nach Gl. (2.5-110):

$$\ln x_2 = \frac{\Delta_m H}{R} \cdot \left(\frac{1}{T_m} - \frac{1}{T_1}\right)$$

$$= \frac{28.8 \cdot 10^3 \text{ J mol}^{-1}}{8.314 \text{ J mol}^{-1} \text{ K}^{-1}} \left(\frac{1}{490 \text{ K}} - \frac{1}{288.15 \text{ K}}\right)$$

$$= -4.95$$

$$x_2 = 7.1 \cdot 10^{-3}$$

Die Masse m_2 an Anthracen berechnet sich dann zu:

$$m_2 = \frac{x_2 \cdot m(\text{CHCl}_3) \cdot M_2}{M(\text{CHCl}_3)}$$

$$= \frac{x_2 \cdot \rho(\text{CHCl}_3) \cdot V(\text{CHCl}_3) \cdot M_2}{M(\text{CHCl}_3)}$$

$$= \frac{\left(7.1 \cdot 10^{-3}\right) \cdot \left(1.5 \text{ g cm}^{-3}\right) \cdot \left(100 \text{ cm}^3\right) \cdot \left(178 \text{ g mol}^{-1}\right)}{119 \text{ g mol}^{-1}}$$

$$= 1.6 \text{ g}$$

8. Der Raoult'sche Aktivitätskoeffizient f_2 ergibt sich aus dem Verhältnis des Dampfdrucks bei realem Verhalten und dem Dampfdruck, der durch die Raoult'sche Gerade für einen bestimmten Molenbruch gegeben ist (siehe Gl. (2.5-134)). Diese können für $x_2 = 0.3$ in Abb. 2.5-14 abgelesen werden:

$$f_2 = \frac{p_{\text{real}}}{p_{\text{ideal}}}$$

$$= \frac{0.88 \text{ bar}}{1.17 \text{ bar}}$$

$$= 0.75$$

Für den Raoult'schen Aktivitätskoeffizient f_2 ergibt sich 0.75.

Der Henry'sche Aktivitätskoeffizient f_2^∞ ergibt sich aus dem Verhältnis des Dampfdrucks bei realem Verhalten und dem Dampfdruck, der durch die Henry'sche Gerade für einen bestimmten Molenbruch gegeben ist (siehe Gl. (2.5-137)). Die Henry'sche Gerade ergibt sich als Tangente an der Kurve für reales Verhalten bei stark verdünnten Lösungen ($x_2 \rightarrow 0$).

$$f_2^\infty = \frac{p_{\text{real}}}{p_{\text{idealverd.}}}$$

$$= \frac{0.88 \text{ bar}}{0.8 \text{ bar}}$$

$$= 1.1$$

Für den Henry'schen Aktivitätskoeffizienten f_2^∞ ergibt sich der Wert 1.1.

9. In einem idealen Zweikomponentengemisch folgen die Dampfdrücke der beiden Komponenten dem Raoult'schen Gesetz (siehe Gl. (2.5-211)):

$$p_1 = x_1^l \cdot p_1^* = \left(1 - x_2^l\right) \cdot p_1^*$$
$$p_2 = x_2^l \cdot p_2^*$$

Diese Beziehungen werden durch die beiden unteren Geraden (s. Abb.) wiedergegeben.

Der Gesamtdruck zu einer bestimmten Zusammensetzung der flüssigen Phase ist

$$p_{\text{ges}} = p_1 + p_2$$

und entspricht der oberen Geraden.

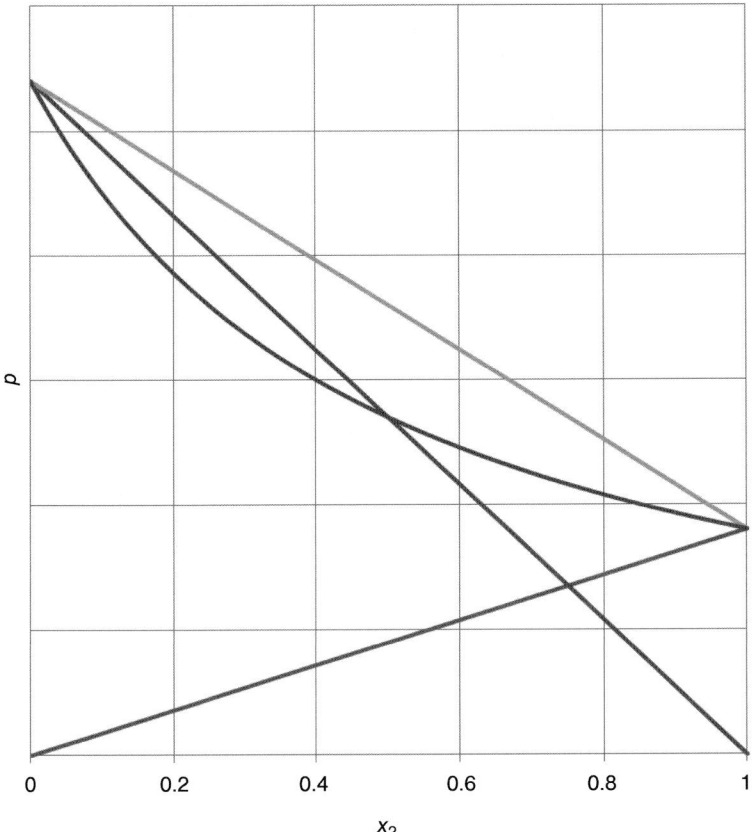

Die Zusammensetzung der zugehörigen gasförmigen Phase im Gleichgewicht ermittelt man mit Hilfe des Dalton'schen Gesetzes über die Partialdrücke in der Gasphase

$$p_1 = x_1^g \cdot p_{ges} = x_1^g \cdot (p_1 + p_2)$$
$$p_2 = x_2^g \cdot p_{ges} = x_2^g \cdot (p_1 + p_2)$$

oder

$$x_1^g = \frac{p_1}{p_{ges}} = \frac{p_1}{p_1 + p_2}$$

$$x_2^g = \frac{p_2}{p_{ges}} = \frac{p_2}{p_1 + p_2}$$

Die zu einer gewählten Zusammensetzung der flüssigen Phase gehörende Zusammensetzung der Dampfphase liest man dann an der leicht nach unten gebogenen Kurve ab. Ersichtlich reichert sich im Dampf die leichter flüchtige Komponente (hier die Komponente '1') an.

10. Die Abbildung enthält zwei Fehler:

1. Der Partialdruck p_1 zeigt eine negative Abweichung vom Raoult'schen Gesetz. Dann muss auch p_2 eine negative Abweichung zeigen.

2. Die Partialdruckkurve muss sich bei Annäherung an die reine Substanz ($x_i \rightarrow 1$) der Raoult'schen Geraden asymptotisch annähern, am anderen Ende ($x_i \rightarrow 0$) jedoch der Henry'schen Geraden. Deshalb ist der Verlauf der Partialdruckkurve p_2 falsch.

11. Ein Siedediagramm für ein Zweikomponentengemisch lässt sich für ideales Verhalten der beiden Komponenten mit Hilfe der beiden Gleichungen (2.5-224) berechnen. Es gilt

$$\ln\left(\frac{x_1^\beta}{x_1^\alpha}\right) = \frac{\Delta_V H_1}{R}\left(\frac{T - T_1^*}{T \cdot T_1^*}\right)$$

$$\frac{x_1^\beta}{x_1^\alpha} = \exp\left(\frac{\Delta_V H_1}{R}\left(\frac{T - T_1^*}{T \cdot T_1^*}\right)\right) = a(T)$$

und

$$\ln\left(\frac{x_2^\beta}{x_2^\alpha}\right) = \frac{\Delta_V H_2}{R}\left(\frac{T - T_2^*}{T \cdot T_2^*}\right)$$

$$\frac{x_2^\beta}{x_2^\alpha} = \exp\left(\frac{\Delta_V H_2}{R}\left(\frac{T - T_2^*}{T \cdot T_2^*}\right)\right) = b(T)$$

In diesen Gleichungen sind die Daten für die reinen Komponenten (Verdampfungswärmen und Siedepunkte) bekannt, d.h., für verschiedene Temperaturen lassen sich die Größen $a(T)$ und $b(T)$ berechnen. Unbekannt sind die Molenbrüche (jeweils zwei) für die gasförmige und die flüssige Phase. Diese Molenbrüche sind nicht unabhängig voneinander, denn es gelten noch die Beziehungen

$$x_1^\beta = 1 - x_2^\beta$$

$$x_1^\alpha = 1 - x_2^\alpha$$

Somit verbleiben zwei Gleichungen mit zwei Unbekannten:

$$\frac{x_1^\beta}{x_1^\alpha} = \frac{1 - x_2^\beta}{1 - x_2^\alpha} = a(T)$$

$$\frac{x_2^\beta}{x_2^\alpha} = b(T)$$

Man erhält daraus

$$x_2^\alpha = \frac{1 - a(T)}{b(T) - a(T)}$$

$$x_2^\beta = x_2^\alpha \cdot b(T)$$

Mit Hilfe dieser beiden Gleichungen und den angegebenen Daten für das System N_2-O_2 wurde das folgende Siedediagramm berechnet (p = 1.013 bar, O_2 ist die Komponente 2):

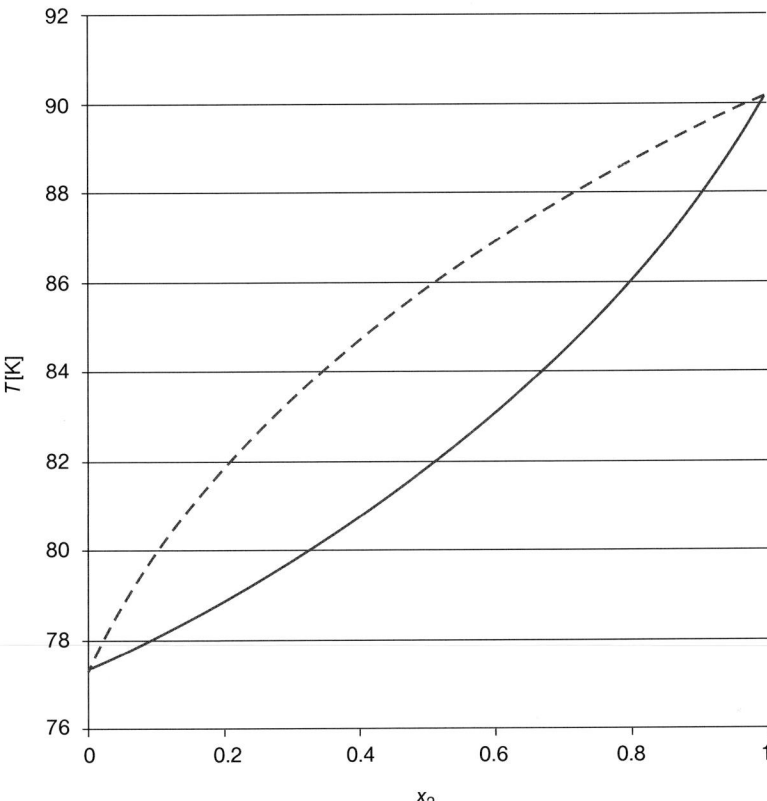

12. Für den Dampfdruck einer reinen Substanz gilt unter bestimmten Näherungen die Gleichung (2.5-30):

$$\ln\left(\frac{p_{s2}}{p_{s1}}\right) = -\frac{\Delta_V H}{R} \cdot \left(\frac{1}{T_2} - \frac{1}{T_1}\right)$$

Da bei der normalen Siedetemperatur (373.15 K) der Dampfdruck gerade 1.013 bar beträgt, sind ein Wertepaar und – aus der Aufgabenstellung – die Verdampfungsenthalpie bekannt. Man erhält die Temperatur, bei der der Dampfdruck 0.8 bar beträgt, aus

$$\frac{1}{T_1} = \frac{1}{T_2} + \frac{R}{\Delta_V H} \cdot \ln\left(\frac{p_{s2}}{p_{s1}}\right)$$

$$= \frac{1}{373.15\ K} + \frac{8.314\ \text{J mol}^{-1}\ \text{K}^{-1}}{40800\ \text{J mol}^{-1}} \cdot \ln\left(\frac{1.013\ \text{bar}}{0.8\ \text{bar}}\right)$$

$$= 2.728 \cdot 10^{-3}\ \text{K}^{-1}$$

Daraus ergibt sich eine Siedetemperatur von 367 K.

13. Die Dampfdruckerniedrigung eines Lösungsmittels bei Zugabe einer nicht-flüchtigen Substanz beschreibt das Raoult'sche Gesetz (Gl. (2.5-45)):

$$p_1 = x_1^l \cdot p_1^*$$

mit

$$x_1^l = \frac{n_{H_2O}}{n_{H_2O} + n_{HS}}$$

$$= \frac{\dfrac{m_{H_2O}}{M_{H_2O}}}{\dfrac{m_{H_2O}}{M_{H_2O}} + \dfrac{m_{HS}}{M_{HS}}}$$

$$= \frac{\dfrac{52.45\ \text{g}}{18.016\ \text{g mol}^{-1}}}{\dfrac{52.45\ \text{g}}{18.016\ \text{g mol}^{-1}} + \dfrac{2.565\ \text{g}}{60.1\ \text{g mol}^{-1}}}$$

$$= 0.9856$$

Damit ergibt sich:

$$p_1^* = \frac{p_1}{x_1^l}$$

$$= \frac{20.330\ \text{mbar}}{0.9856} = 20.627\ \text{mbar}$$

Der Dampfdruck von reinem Wasser beträgt 20.63 mbar.

14. Gleichung (2.5-244) lässt sich auch schreiben als

$$\frac{c_C^\beta \cdot \gamma_C^\beta}{c_C^\alpha \cdot \gamma_C^\alpha} = \text{const.}$$

Da der praktische Aktivitätskoeffizient γ_C von der Konzentration *aller* in der Phase vorhandenen Stoffe abhängt, lässt sich über eine Veränderung des Verhältnisses $\frac{\gamma_C^\beta}{\gamma_C^\alpha}$ infolge des Salzzusatzes das Verhältnis $\frac{c_C^\beta}{c_C^\alpha}$ beeinflussen.

2.6
Das chemische Gleichgewicht

1. Über die Richtung, in die eine Reaktion abläuft, gibt – wenn man als Variablen Druck und Temperatur wählt – ΔG Auskunft (Gl. (2.6-6)).

Unter Standardbedingungen ist

$$\Delta G = \sum v_i \mu_i^0 = \Delta G^0 = \sum v_i \Delta G^\theta(i)$$

Darin sind die Werte $\Delta G^\theta(i)$ die Freien Standardbildungsenthalpien der einzelnen Reaktionspartner.

Man berechnet für die Reaktionen

a) $\quad \Delta G = \Delta G^0 = \Delta G^\theta(C) + \Delta G^\theta(CO_2) - 2\Delta G^\theta(CO)$

$\quad\quad = 0 \; kJ \; mol^{-1} + (-394.2 \; kJ \; mol^{-1}) - 2(-137 \; kJ \; mol^{-1})$

$\quad\quad = -120.2 \; \text{kJ mol}^{-1}$

$\quad\quad < 0$

b) $\quad \Delta G = \Delta G^0 = \frac{3}{2}\Delta G^\theta(H_2) + \frac{1}{2}\Delta G^\theta(N_2) - \Delta G^\theta(NH_3)$

$\quad\quad = \frac{3}{2} \cdot 0 \; \text{kJ mol}^{-1} + \frac{1}{2} \cdot 0 \; \text{kJ mol}^{-1} - (-19.55 \; \text{kJ mol}^{-1})$

$\quad\quad = 19.55 \; \text{kJ mol}^{-1}$

$\quad\quad > 0$

c) $\quad \Delta G = \Delta G^0 = \Delta G^\theta(C_2H_6) - \Delta G^\theta(C_2H_4) - \Delta G^\theta(H_2)$

$\quad\quad = -32.89 \; \text{kJ mol}^{-1} - 68.12 \; \text{kJ mol}^{-1} - 0 \; \text{kJ mol}^{-1}$

$\quad\quad = -101.01 \; \text{kJ mol}^{-1}$

$\quad\quad < 0$

d) $\quad \Delta G = \Delta G^0 = \Delta G^\theta(H_2O) + \Delta G^\theta(CO) - \Delta G^\theta(H_2) - \Delta G^\theta(CO_2)$

$\quad\quad = -236 \; \text{kJ mol}^{-1} - 137 \; \text{kJ mol}^{-1} - 0 \; \text{kJ mol}^{-1} - (-394.2 \; \text{kJ mol}^{-1})$

$\quad\quad = 21.2 \; \text{kJ mol}^{-1}$

$\quad\quad > 0$

Die Reaktionen a) und c) verlaufen also bei Standardbedingungen spontan in der hingeschriebenen Richtung, b) und d) spontan in entgegengesetzter Richtung.

Die Gleichgewichtskonstanten berechnet man nach Gl. (2.6-10):

$$K = \exp\left(-\frac{\Delta G^0}{RT}\right)$$

Es ergeben sich folgende Werte

a) $\quad K = \exp\left(-\dfrac{-120.2 \cdot 10^3 \text{ J mol}^{-1}}{(8.314 \text{ J mol}^{-1} \text{ K}^{-1}) \cdot (298 \text{ K})}\right) = 1.1 \cdot 10^{21}$

b) $\quad K = \exp\left(-\dfrac{19.55 \cdot 10^3 \text{ J mol}^{-1}}{(8.314 \text{ J mol}^{-1} \text{ K}^{-1}) \cdot (298 \text{ K})}\right) = 3.8 \cdot 10^{-4}$

c) $\quad K = \exp\left(-\dfrac{-101.01 \cdot 10^3 \text{ J mol}^{-1}}{(8.314 \text{ J mol}^{-1} \text{ K}^{-1}) \cdot (298 \text{ K})}\right) = 5.0 \cdot 10^{17}$

d) $\quad K = \exp\left(-\dfrac{21.2 \cdot 10^3 \text{ J mol}^{-1}}{(8.314 \text{ J mol}^{-1} \text{ K}^{-1}) \cdot (298 \text{ K})}\right) = 1.9 \cdot 10^{-4}$

2. Es gilt für den Massenwirkungsbruch Q für die Wassergas-Reaktion bei 1000 K (alle Reaktionspartner sind Gase)

$$Q = \frac{\dfrac{p_{H_2O}}{p^0} \cdot \dfrac{p_{CO}}{p^0}}{\dfrac{p_{H_2}}{p^0} \cdot \dfrac{p_{CO_2}}{p^0}} = \frac{p_{H_2O} \cdot p_{CO}}{p_{H_2} \cdot p_{CO_2}}$$

Da $p_i = x_i \cdot p_{ges}$ mit $x_i = \dfrac{n_i}{\sum n_j}$ als Molenbruch des Stoffes i, wird

$$Q = \frac{\left(x_{H_2O} \cdot p_{ges}\right) \cdot \left(x_{CO} \cdot p_{ges}\right)}{\left(x_{H_2} \cdot p_{ges}\right) \cdot \left(x_{CO_2} \cdot p_{ges}\right)} = \frac{x_{H_2O} \cdot x_{CO}}{x_{H_2} \cdot x_{CO_2}} = \frac{n_{H_2O} \cdot n_{CO}}{n_{H_2} \cdot n_{CO_2}}$$

$$= \frac{(0.7 \text{ mol}) \cdot (0.6 \text{ mol})}{(0.1 \text{ mol}) \cdot (0.5 \text{ mol})} = 0.84$$

$$\neq K = 0.7$$

Es liegt also nicht die Gleichgewichtszusammensetzung vor.

Nach Gl. (2.6-22) gilt für die Freie Reaktionsenthalpie

$$\Delta G = -RT \ln K + RT \ln Q = RT \ln \frac{Q}{K}$$

$$= (8.314 \text{ J mol}^{-1} \text{ K}^{-1}) \cdot (1000 \text{ K}) \cdot \ln \frac{0.84}{0.70} = 1516 \text{ J mol}^{-1}$$

$$> 0$$

Die Reaktion läuft bei der gewählten Zusammensetzung spontan zu $H_2 + CO_2$.

3. Es gilt für die verschiedenen Gleichgewichtskonstanten der Zusammenhang (siehe Gl. (2.6-39) und (2.6-44)):

$$K_p = p^{\Sigma \nu_i} K_x \qquad \Rightarrow K_x = K_p \cdot p^{-\Sigma \nu_i}$$

$$K_p = (RT)^{\Sigma \nu_i} K_c \qquad \Rightarrow K_c = K_p \cdot (RT)^{-\Sigma \nu_i}$$

Damit folgt mit $\Sigma \nu_i = 1 - \dfrac{3}{2} - \dfrac{1}{2} = -1$

$$K_x = (4.72 \cdot 10^{-2} \ \text{bar}^{-1})(5 \ \text{bar})^1 = 0.236$$

$$K_c = (4.72 \cdot 10^{-2} \ \text{bar}^{-1}) \cdot \left[(8.314 \ \text{J mol}^{-1} \ \text{K}^{-1}) \cdot (600 \ \text{K}) \right]^1 = 2.35 \cdot 10^3 \ \text{cm}^3 \ \text{mol}^{-1}$$

da $1 \ \text{J} = 1 \ \text{Pa m}^3 = 10 \ \text{bar cm}^3$.

4. Für die Reaktion

$$\text{BaCO}_{3(s)} \rightarrow \text{BaO}_{(s)} + \text{CO}_{2(g)}$$

gilt

$$K = \frac{\dfrac{p_{\text{CO}_2}}{p^0} \cdot 1}{1}$$

und

$$K_p = p^0 \cdot K \qquad p^0 = 1 \ \text{bar} \ \text{(siehe Beispiel in Gl.(2.6} - 52))$$

Die Standardreaktionsenthalpie kann über die van't Hoff'sche Reaktionsisobare (Gl. (2.6-67)) ermittelt werden:

$$\left(\frac{\partial \ln K}{\partial T} \right)_p = \frac{\Delta H^0}{RT^2}$$

oder

$$\ln \frac{K(T_2)}{K(T_1)} = -\frac{\Delta H^0}{R} \left(\frac{1}{T_2} - \frac{1}{T_1} \right) \quad \text{falls } \Delta H^0 \neq f(T) \qquad \text{Gln. (2.6-70, 71)}$$

Eine Regressionsanalyse liefert

$$\ln K = -\frac{3.03 \cdot 10^4 \ \text{K}}{T} + 17.8$$

Es ist demnach

$$-\frac{\Delta H^0}{R} = -3.03 \cdot 10^4 \ \text{K}$$

$$\Delta H^0 = (3.03 \cdot 10^4 \ \text{K}) \cdot (8.314 \ \text{J mol}^{-1} \ \text{K}^{-1}) = 252 \ \text{kJ mol}^{-1}$$

Mit $T = 1300$ K ergibt sich für

$$K_p = p^0 K = (1 \ \text{bar}) \cdot \exp \left(-\frac{3.03 \cdot 10^4 \ \text{K}}{1300 \ \text{K}} + 17.8 \right) = 0.00406 \ \text{bar} = 4.06 \ \text{mbar}$$

Setzt man $K_p = 0.025$ bar (oder $K = 0.025$), erhält man aus

$$\ln(0.025) = -\frac{3.03 \cdot 10^4\,\text{K}}{T} + 17.8$$

eine Temperatur von $T = 1410$ K.

5. Gesucht ist die Gleichgewichtskonstante für den *Zerfall* von NH_3 in die Elemente bei 600 K. Bekannt ist aus Aufgabe 2.6.9.1b die Gleichgewichtskonstante bei 298 K mit $K = 3.8 \cdot 10^{-4}$.

Man benutzt zur Berechnung die van't-Hoff-Gleichung (2.6-67)

$$\left(\frac{\partial \ln K}{\partial T}\right)_p = \frac{\Delta H^0}{RT^2}$$

und berücksichtigt, dass die Reaktionsenthalpie eine Funktion der Temperatur ist.

Man berechnet zunächst diese Temperaturabhängigkeit mit Hilfe von Gl. (1.1-159):

$$\Delta H(T_2) = \Delta H(T_1) + \int_{T_1}^{T_2} \Delta C_p \, dT,$$

wobei der Integrand wie üblich über Gl. (1.1-161)

$$\Delta C_p = \sum_i \nu_i c_{pi}$$

berechnet wird. Es ergibt sich mit den Angaben aus Aufgabe 1.1.22.12

$$\Delta C_p = \left(31.33 - 31.19 \cdot 10^{-3}\frac{T}{K} + 6.05 \cdot 10^{-6}\left(\frac{T}{K}\right)^2\right) \text{J mol}^{-1}\,\text{K}^{-1}$$

$$= A + BT + CT^2$$

Wählt man $T_1 = 298$ K und für die obere Grenze im Integral die variable Temperatur T, erhält man nach der Integration

$$\Delta H(T) = \Delta H(298\text{ K}) +$$

$$\left(31.33 \cdot \frac{T}{K} + \frac{1}{2}\left(-31.19 \cdot 10^{-3}\right) \cdot \left(\frac{T}{K}\right)^2 + \frac{1}{3}\left(6.05 \cdot 10^{-6}\right) \cdot \left(\frac{T}{K}\right)^3\right)\Bigg|_{298\text{ K}}^{T} \text{J mol}^{-1}$$

$$= 46110 \text{ J mol}^{-1} + \left(AT + \frac{1}{2}BT^2 + \frac{1}{3}CT^3\right) - (9336 - 1385 + 53.4)\text{ J mol}^{-1}$$

$$= 38105 \text{ J mol}^{-1} + \left(AT + \frac{1}{2}BT^2 + \frac{1}{3}CT^3\right)$$

$$= E + \left(AT + \frac{1}{2}BT^2 + \frac{1}{3}CT^3\right)$$

Diesen Ausdruck setzt man nun in die obige erste Gleichung ein und erhält

$$R \cdot d\ln K = \left(\frac{E}{T^2} + \frac{A}{T} + \frac{1}{2}B + \frac{1}{3}CT\right)dT$$

oder nach Integration

$$R \cdot \ln \frac{K(600)}{K(298)} = \int\limits_{298}^{600} \left(\frac{E}{T^2} + \frac{A}{T} + \frac{1}{2}B + \frac{1}{3}CT \right) dT$$

$$= \left(-\frac{E}{T} + A \cdot \ln T + \frac{1}{2}BT + \frac{1}{6}CT^2 \right)_{298\text{K}}^{600\text{K}}$$

$$= \left(\begin{array}{c} -38105\,\text{J mol}^{-1}\left(\dfrac{1}{600\ \text{K}} - \dfrac{1}{298\ \text{K}} \right) + A \cdot \ln \dfrac{600\ \text{K}}{298\ \text{K}} + \dfrac{1}{2}B\,(600\ \text{K} - 298\ \text{K}) \\[2mm] + \dfrac{1}{6}C\left[(600\ \text{K})^2 - (298\ \text{K})^2 \right] \end{array} \right)$$

$$= 81.85\,\text{J mol}^{-1}\,\text{K}^{-1}$$

Daraus ergibt sich

$$\frac{K(600\ \text{K})}{K(298\ \text{K})} = 1.9 \cdot 10^4$$

und mit dem aus Aufgabe 2.6.9.1b bekannten Wert für $K(298\ \text{K})$

$$K(600\text{K}) = 1.9 \cdot 10^4 \cdot 3.8 \cdot 10^{-4}$$
$$= 7.2$$

6. Zur Berechnung einer Gleichgewichtskonstanten bei unterschiedlichen Temperaturen geht man stets von der van't-Hoff-Gleichung (2.6-67) aus. Falls bei der betrachteten Reaktion die Reaktionsenthalpie nicht konstant ist, sondern sich mit der Temperatur ändert, muss diese Abhängigkeit berücksichtigt werden. Die Änderung der Reaktionsenthalpie in Abhängigkeit von der Temperatur lässt sich berechnen, wenn die Molwärmen der Reaktionspartner für den betrachteten Temperaturbereich bekannt sind (vgl. Gl. (1.1-159)).

Die Lösung dieser Aufgabe gliedert sich demnach in drei Teile: Zunächst wird die resultierende Temperaturabhängigkeit des Reaktionssystems bestimmt.

a) Die gegebenen Werte für die molaren Wärmekapazitäten wurden einer Regressionsanalyse unterzogen. Es ergeben sich folgende funktionale Zusammenhänge:

$$c_p(\text{H}_2) = (0.0007T + 28.903)\,\text{J mol}^{-1}\,\text{K}^{-1}$$

$$c_p(\text{C}_2\text{H}_4) = (0.0927T + 16.463)\,\text{J mol}^{-1}\,\text{K}^{-1}$$

$$c_p(\text{C}_2\text{H}_6) = (0.1216T + 16.752)\,\text{J mol}^{-1}\,\text{K}^{-1}$$

Für die Hydrierung von Ethen zu Ethan ergibt sich dann

$$\Delta C_p = c_p(\text{C}_2\text{H}_6) - c_p(\text{C}_2\text{H}_4) - c_p(\text{H}_2)$$
$$= (-28.614 + 0.0282T)\,\text{J mol}^{-1}\,\text{K}^{-1}$$
$$= A + BT$$

b) Mit Hilfe der gegebenen Werte für die Bildungsenthalpien kann man die Reaktionsenthalpie bei 298 K berechnen:

$$\Delta H(298\ \text{K}) = \sum_i \nu_i \Delta_B H_i$$

$$= \Delta_B H(C_2H_6) - \Delta_B H(C_2H_4) - \Delta_B H(H_2)$$

$$= (-84.67 \quad\quad - 52.28 \quad\quad\quad - 0)\ \text{kJ mol}^{-1}$$

$$= -136.95\ \text{kJ mol}^{-1}$$

Nach Gl. (1.1-159) gilt dann für eine andere Temperatur

$$\Delta H(T) = \Delta H(298\ \text{K}) + \int_{298\,K}^{T} \Delta C_p \mathrm{d}T$$

$$= \Delta H(298\ \text{K}) + \int_{298\,K}^{T} (A + BT)\mathrm{d}T$$

$$= \Delta H(298\ \text{K}) + \left(AT + \frac{1}{2}BT^2\right)_{298\,K}^{T}$$

$$= -136950\ \text{J mol}^{-1} + AT + \frac{1}{2}BT^2 - A\cdot(298\ \text{K}) - \frac{1}{2}B\,(298\ \text{K})^2$$

$$= -129675\ \text{J mol}^{-1} + AT + \frac{1}{2}BT^2$$

$$= D + AT + \frac{1}{2}BT^2$$

c) Man kennt damit die Temperaturabhängigkeit der Reaktionsenthalpie und kann nun mit Hilfe der Gl. (2.6-67) die Gleichgewichtskonstante bei einer anderen Temperatur berechnen. Es gilt

$$\frac{\mathrm{d}\ln K}{\mathrm{d}T} = \frac{\Delta H(T)}{RT^2}$$

Nach Integration wird daraus

$$\ln \frac{K(T)}{K(298\ \text{K})} = \frac{1}{R} \int_{298K}^{T} \frac{\Delta H(T)}{T^2} \mathrm{d}T$$

$$= \frac{1}{R} \int_{298K}^{T} \left(\frac{D}{T^2} + \frac{A}{T} + \frac{1}{2}B\right)\mathrm{d}T$$

$$= \frac{1}{R}\left[-\frac{D}{T} + A\ln T + \frac{1}{2}BT\right]_{298K}^{T}$$

$$= \frac{1}{R}\left[-D\left(\frac{1}{600\ \text{K}} - \frac{1}{298\ \text{K}}\right) + A\ln \frac{600\ \text{K}}{298\ \text{K}} + \frac{1}{2}B\,(600\ \text{K} - 298\ \text{K})\right]$$

$$= \frac{1}{R}\left[(-219 - 20.0 + 4.2)\ \text{J mol}^{-1}\ \text{K}^{-1}\right]$$

$$= -28.2$$

und damit

$$\frac{K(600\ \text{K})}{K(298\ \text{K})} = 5.4 \cdot 10^{-13}$$

$$K(600\ \text{K}) = 5.4 \cdot 10^{-13} \cdot 5.0 \cdot 10^{17} \qquad (K(298\ \text{K})\ \text{siehe Aufgabe 2.6.9.1c})$$

$$= 2.7 \cdot 10^5$$

7. Untersucht wird die Dissoziation von Wasserdampf bei 2000 K.

$$H_2O_{(g)} \rightarrow H_{2(g)} + \frac{1}{2}O_{2(g)}$$

Für diese Reaktion ist die Gleichgewichtskonstante

$$K_p = \frac{p_{H_2} \cdot (p_{O_2})^{\frac{1}{2}}}{p_{H_2O}}$$

Gegeben sind die Reaktionen

$$(1) \quad CO_{2(g)} \rightarrow CO_{(g)} + \frac{1}{2}O_{2(g)}$$

mit

$$K_{P1}(2000\ \text{K}) = \frac{p_{CO} \cdot (p_{O_2})^{\frac{1}{2}}}{p_{CO_2}} = 1.42 \cdot 10^{-3}\ \text{bar}^{\frac{1}{2}}$$

und

$$(2) \quad H_{2(g)} + CO_{2(g)} \rightarrow H_2O_{(g)} + CO_{(g)}$$

mit

$$K_{P2}(2000\ \text{K}) = \frac{p_{H_2O} \cdot p_{CO}}{p_{CO_2} \cdot p_{H_2}} = 4.90$$

Man erhält daraus

$$K_p = \frac{K_{P1}}{K_{P2}} = \frac{1.42 \cdot 10^{-3}\ \text{bar}^{\frac{1}{2}}}{4.90} = 2.90 \cdot 10^{-4}\ \text{bar}^{\frac{1}{2}}$$

Für die betrachtete Reaktion gilt wegen der Stöchiometrie der Reaktion

$$\frac{1}{2}p_{H_2} = p_{O_2}$$

Gegeben ist $p_{H_2O} = 1$ bar. Damit folgt

$$K_p = \frac{p_{H_2} \cdot \left(\frac{1}{2}p_{H_2}\right)^{\frac{1}{2}}}{1\ \text{bar}} = 2.90 \cdot 10^{-4}\ \text{bar}^{\frac{1}{2}}$$

$$\left(p_{H_2}\right)^{\frac{3}{2}} = \sqrt{2} \cdot 2.90 \cdot 10^{-4}\ \text{bar}^{\frac{3}{2}}$$

$$p_{H_2} = 5.5 \cdot 10^{-3}\ \text{bar}$$

Wasserdampf ist also bei 2000 K zu weniger als 1 % dissoziiert.

8. Betrachtet wird die Dissoziation von N_2O_4

$$N_2O_{4(g)} \rightarrow 2\, NO_{2(g)}$$

Für diese Reaktion gilt bei 350 K

$$K_p = \frac{\left(p_{NO_2}\right)^2}{p_{N_2O_4}} = 4.53\ \text{bar}$$

Diese Reaktion ist ausführlich in den Gleichungen (2.6-144) bis (2.6-151) diskutiert. Aus Gl. (2.6-151) berechnet man den Dissoziationsgrad α für

a) $p = 1.00$ bar

$$\alpha = \left(\frac{K_p}{4p + K_p}\right)^{\frac{1}{2}} = \left(\frac{4.53\ \text{bar}}{4.00\ \text{bar} + 4.53\ \text{bar}}\right)^{\frac{1}{2}} = 0.73$$

und für

b) $p = 2.00$ bar

$$\alpha = \left(\frac{4.53\ \text{bar}}{8.00\ \text{bar} + 4.53\ \text{bar}}\right)^{\frac{1}{2}} = 0.60$$

Das Volumen wird mit Hilfe des Idealen Gasgesetzes berechnet:

Mit

$$\left[\sum n\right] = n_0(N_2O_4) \cdot (1 + \alpha) \qquad \text{Gl. (2.6-147)}$$

$$= 1\ \text{mol} \cdot (1 + 0.73)$$

$$= 1.73\ \text{mol}$$

wird für $p = 1$ bar

$$V_1 = \frac{(1.73\ \text{mol}) \cdot \left(8.314\ \text{J mol}^{-1}\ \text{K}^{-1}\right) \cdot (350\ \text{K})}{1\ \text{bar}} = 0.0503\ \text{m}^3 = 50.3\ \text{dm}^3$$

Die mittlere Molmasse des Gasgemisches ergibt sich ebenfalls mit Hilfe des Idealen Gasgesetzes und der bekannten Gesamtmasse für 1 mol N_2O_4:

$$pV = nRT = \frac{m_{ges}}{\overline{M}} \cdot RT$$

$$\overline{M_1} = \frac{(92\ \text{g}) \cdot \left(8.314\ \text{J mol}^{-1}\ \text{K}^{-1}\right) \cdot (350\ \text{K})}{\left(10^5\ \text{Pa}\right) \cdot (0.0503\ \text{m}^3)} = 53.2\ \text{g mol}^{-1}$$

Für $p_2 = 2$ bar ergeben sich entsprechend die Werte:

$$V_2 = 23.3\ \text{dm}^3$$

$$\overline{M_2} = 57.4\ \text{g mol}^{-1}$$

9. Die Reaktion der Ammoniakbildung ist ausführlich ab Gl. (2.6-14) diskutiert worden.

Gesucht ist hier der Molenbruch von Ammoniak für verschiedene Reaktionsbedingungen.

Zunächst wird die relative Ausbeute $z = \dfrac{n(NH_3)}{n_0(N_2)}$ mit Hilfe von Gl. (2.6-141) berechnet. Aus z erhält man für $n_0(N_2) = 1$ mol den Molenbruch von NH_3 (siehe Gl. (2.6-138))

$$x_{NH_3} = \frac{n_{NH_3}}{\sum n_i} = \frac{z}{4 - z}$$

Die Gleichung (2.6-141)

$$K_p = \frac{4z(4 - z)}{p \cdot 3\sqrt{3}(2 - z)^2}$$

lässt sich in eine quadratische Gleichung mit der Lösung

$$z = 2 - 2\sqrt{1 - \frac{a}{4 + a}} \qquad \text{mit } a = 3\sqrt{3}p \cdot K_p$$

umformen.

Für das Beispiel $T = 600$ K ($K_p = 4.72 \cdot 10^{-2}$ bar^{-1}) und $p = 1$ bar wird

$$a = 3\sqrt{3} \cdot (1 \text{ bar}) \cdot \left(4.72 \cdot 10^{-2} \text{ bar}^{-1}\right) = 0.245$$

und

$$z = 2 - 2\sqrt{1 - \frac{0.245}{4 + 0.245}} = 0.0586$$

$$x_{NH_3} = \frac{0.0586}{4 - 0.0586} = 0.015$$

Die Werte für die verschiedenen Reaktionsbedingungen sind in der folgenden Tabelle zusammengestellt:

	600 K	800 K	1000 K
1 bar	0.015	0.00097	0.00018
10 bar	0.12	0.0095	0.0018
30 bar	0.26	0.027	0.0055
100 bar	0.46	0.082	0.018

10. Die Richtung, in der eine Reaktion bei vorgegebenen Temperaturen, Drücken und Stoffmengen abläuft, wird durch das Vorzeichen von ΔG bestimmt. Bei Standardbedingungen ($T = 298.15$ K, alle Gasdrücke $p_i = p^0$) ist

$$\Delta G = \Delta G^0$$

Für die Reaktion

$$2\,CO_{(g)} \rightarrow C_{(s)} + CO_{2(g)}$$

ist

$$\begin{aligned}
\Delta G^0 &= \Delta_B G^\theta(CO_2, g) + \Delta_B G^\theta(C, s) - 2\Delta_B G^\theta(CO, g) \\
&= -394.2 \text{ kJ mol}^{-1} + 0 \text{ kJ mol}^{-1} - 2(-137 \text{ kJ mol}^{-1}) \\
&= -120.2 \text{ kJ mol}^{-1} \\
&< 0
\end{aligned}$$

Da $\Delta G < 0$ ist, verläuft die betrachtete Reaktion bei Standardbedingungen spontan zur rechten Seite.

Es gilt für die Gleichgewichtskonstante

$$\begin{aligned}
K &= \exp\left(-\frac{\Delta G^0}{RT}\right) \\
&= \exp\left(-\frac{-120200 \text{ J mol}^{-1}}{(8.314 \text{ J mol}^{-1} \text{ K}^{-1}) \cdot (298 \text{ K})}\right) \\
&= e^{48.5} \\
&= 1.2 \cdot 10^{21}
\end{aligned}$$

11. Gegeben sind für den Zerfall von HBr in die Elemente zwei Gleichgewichtskonstanten für verschiedene Temperaturen. Daraus lässt sich nach Gl. (2.6-67) bzw. (2.6-71) die Standardreaktionsenthalpie ermitteln.

Es folgt aus

$$\ln\frac{K(T_2)}{K(T_1)} = -\frac{\Delta H^0}{R}\left(\frac{1}{T_2} - \frac{1}{T_1}\right)$$

$$\begin{aligned}
\Delta H^0 &= -R\frac{T_1 \cdot T_2}{T_1 - T_2} \cdot \ln\frac{K(T_2)}{K(T_1)} \\
&= -(8.314 \text{ J mol}^{-1} \text{ K}^{-1}) \cdot \frac{(1000 \text{ K}) \cdot (1200 \text{ K})}{(1000 \text{ K} - 1200 \text{ K})} \cdot \ln\frac{2.95 \cdot 10^{-3}}{1.07 \cdot 10^{-3}} \\
&= 50.6 \text{ kJ mol}^{-1}
\end{aligned}$$

Für den zweiten Teil der Aufgabe wird dieselbe Gleichung benutzt.

$$\ln\frac{K(T)}{K(T_1)} = -\frac{\Delta H^0}{R}\left(\frac{1}{T} - \frac{1}{T_1}\right)$$

$$\frac{1}{T} = \frac{1}{T_1} - \frac{R}{\Delta H^0} \cdot \ln \frac{K(T)}{K(T_1)}$$

$$= \frac{1}{1000 \text{ K}} - \frac{8.314 \text{ J mol}^{-1} \text{ K}^{-1}}{50600 \text{ J mol}^{-1}} \cdot \ln \frac{2.3 \cdot 10^{-3}}{1.07 \cdot 10^{-3}}$$

$$= 8.743 \cdot 10^{-4} \text{ K}^{-1}$$

Man erhält damit $T = 1144$ K.

12. a) Im Zylinder stellt sich das Gleichgewicht der Reaktion

$$BaCO_{3(s)} \rightarrow BaO_{(s)} + CO_{2(g)}$$

ein.

Da BaO und $BaCO_3$ reine feste Phasen sind, gilt:

$$K = \frac{1 \cdot \dfrac{p_{CO_2}}{p^0}}{1} = \frac{p_{CO_2}}{p^0} \qquad \text{bzw. } K_p = p_{CO_2}$$

b) Wenn man bei fester Temperatur das Gasvolumen V_1 verkleinert, bleibt zunächst der CO_2-Druck konstant, da CO_2 mit BaO zu $BaCO_3$ reagiert. Dies geschieht solange, bis alles BaO umgesetzt ist. Für 1 mol BaO wird 1 mol CO_2 benötigt. Dann beträgt das Volumen $V = \frac{1}{2} V_1$, im Volumen V befinden sich nun 1 mol CO_2(g) und 3.5 mol $BaCO_3$(s). Bei weiterer Verkleinerung des Volumens steigt der Druck des CO_2 gemäß einer pV-Isothermen für $T = 1271$ K durch den Punkt (2.35 mbar / $\frac{1}{2} V_1$).

c) Eine Veränderung der Stoffmenge von BaO beeinflusst das Gleichgewicht nicht, da BaO ein reiner fester Stoff ist. Eine Veränderung des Volumens wie in Teil b der Aufgabe würde aber einen anderen Verlauf des CO_2-Druckes bewirken, da nun die vorhandenen 2 mol CO_2 sich vollständig mit 2 mol BaO zu $BaCO_3$ umsetzen können.

d) Die Standardreaktionsenthalpie wird mit Hilfe der van't Hoff'schen Reaktionsisobaren berechnet (siehe Gln. (2.6-67) bzw. (2.6-71))

$$\ln \frac{K(T_2)}{K(T_1)} = -\frac{\Delta H^0}{R}\left(\frac{1}{T_2} - \frac{1}{T_1}\right)$$

$$\Delta H^0 = -R \frac{T_1 \cdot T_2}{T_1 - T_2} \cdot \ln \frac{K(T_2)}{K(T_1)}$$

$$= -(8.314 \text{ J mol}^{-1} \text{ K}^{-1}) \frac{(1271 \text{ K}) \cdot (1395 \text{ K})}{1271 \text{ K} - 1395 \text{ K}} \cdot \ln \frac{19.4 \text{ mbar}}{2.35 \text{ mbar}}$$

$$= 251 \text{ kJ mol}^{-1}$$

2.7
Grenzflächengleichgewichte

1. Der Wert für $\dfrac{p_r^*}{p_{r=\infty}^*}$ für $r = 10^{-6}$ cm lässt sich aus der Tabelle 2.7-3 direkt ablesen.

Setzt man dort den Wert für $p_{r=\infty}^*$ ein, so erhält man

$$p_r^* = \frac{p_r^*}{p_{r=\infty}^*} \cdot p_{r=\infty}^* = 1.78 \cdot (1.626 \text{ mbar}) = 2.894 \text{ mbar}$$

Zur Berechnung der weiteren Werte wird zunächst die Gl. (2.7-30) umgeformt

$$RT\ln\left(\frac{p_r^*}{p_{r=\infty}^*}\right) = \frac{2\sigma v^\alpha}{r}$$

$$p_r^* = p_{r=\infty}^* \cdot \exp\left(\frac{2\sigma v^\alpha}{rRT}\right)$$

Setzt man nun die Werte aus der Tabelle 2.7-3 und der Aufgabenstellung ein, so ergibt sich mit $R = 8.314$ J K^{-1} mol^{-1}

$$p_r^* = p_{r=\infty}^* \cdot \exp\left(\frac{2\sigma v^\alpha}{rRT}\right)$$

$$p_r^* = (1.626 \text{ mbar}) \cdot \exp\left(\frac{2 \cdot \left(476 \cdot 10^{-3} \text{ N m}^{-1}\right) \cdot \left(14.8 \cdot 10^{-6} \text{ m}^3 \text{ mol}^{-1}\right)}{r \cdot \left(8.314 \text{ J K}^{-1} \text{ mol}^{-1}\right) \cdot (293 \text{ K})}\right)$$

$$= (1.626 \text{ mbar}) \cdot \exp\left(\frac{5.784 \cdot 10^{-9} \text{ m}}{r}\right)$$

Für die verschiedenen Radien erhält man folgende Werte:

$r = 10^{-5}$ cm : $\quad p_{10^{-5}\text{cm}}^* = (1.626 \text{ mbar}) \cdot \exp\left(\dfrac{5.784 \cdot 10^{-9} \text{ m}}{10^{-5} \cdot 10^{-2} \text{ m}}\right)$

$$= 1.723 \text{ mbar}$$

$r = 10^{-4}$ cm : $\quad p_{10^{-4}\text{cm}}^* = (1.626 \text{ mbar}) \cdot \exp\left(\dfrac{5.784 \cdot 10^{-9} \text{ m}}{10^{-4} \cdot 10^{-2} \text{ m}}\right)$

$$= 1.637 \text{ mbar}$$

$r = 10^{-3}$ cm : $\quad p_{10^{-3}\text{cm}}^* = (1.626 \text{ mbar}) \cdot \exp\left(\dfrac{5.784 \cdot 10^{-9} \text{ m}}{10^{-3} \cdot 10^{-2} \text{ m}}\right)$

$$= 1.626 \text{ mbar}$$

2. Nach Gl. (2.7-8) gilt

$$p_\sigma = \frac{2\sigma}{r}$$

In Tab. 2.7-1 findet man für Wasser bei 293 K einen Wert von $\sigma = 72.75 \cdot 10^{-3}\,\text{N m}^{-1}$.

Setzt man die Werte in Gl. (2.7-8) ein, erhält man

$$p_\sigma(r = 10^{-3}\ \text{mm}) = \frac{2 \cdot \left(72.75 \cdot 10^{-3}\ \text{N m}^{-1}\right)}{10^{-6}\ \text{m}}$$

$$= 1.455 \cdot 10^5\ \text{N m}^{-2}$$

$$= 1.455 \cdot 10^5\ \text{Pa} = 1455\ \text{mbar}$$

$$p_\sigma(r = 10^{-2}\ \text{mm}) = \frac{2 \cdot \left(72.75 \cdot 10^{-3}\ \text{N m}^{-1}\right)}{10^{-5}\ \text{m}}$$

$$= 1.455 \cdot 10^4\ \text{N m}^{-2}$$

$$= 1.455 \cdot 10^4\ \text{Pa} = 145.5\ \text{mbar}$$

$$p_\sigma(r = 10^{-1}\ \text{mm}) = \frac{2 \cdot \left(72.75 \cdot 10^{-3}\ \text{N m}^{-1}\right)}{10^{-4}\ \text{m}}$$

$$= 1455\ \text{N m}^{-2}$$

$$= 1455\ \text{Pa} = 14.6\ \text{mbar}$$

$$p_\sigma(r = 1\ \text{mm}) \quad = \frac{2 \cdot \left(72.75 \cdot 10^{-3}\ \text{N m}^{-1}\right)}{10^{-3}\ \text{m}}$$

$$= 146\ \text{N m}^{-2}$$

$$= 146\ \text{Pa} = 1.46\ \text{mbar}$$

3. Nach Gl. (2.7-63) gilt

$$\left(\frac{\partial \ln p}{\partial T}\right)_\Gamma = -\frac{\Delta_{\text{ads}} H}{R T^2}$$

Anstelle des Differentialquotienten $\left(\dfrac{\partial \ln p}{\partial T}\right)_\Gamma$ kann man näherungsweise den Differenzenquotienten verwenden. Für T setzt man dann eine mittlere Temperatur ein:

$$T = \frac{90\ \text{K} + 77\ \text{K}}{2} = 83.5\ \text{K}$$

Es gilt dann für die Adsorptionsenthalpie $\Delta_{\text{ads}} H$

$$\Delta_{\text{ads}} H = -\frac{\Delta \ln p}{\Delta T} R T^2$$

Für die verschiedenen Belegungen erhält man folgende Werte:

$$\Delta_{ads}H(6.5 \cdot 10^{14} \, cm^{-2}) = -\frac{\ln 1.6 - \ln 1.3 \cdot 10^{-2}}{90 \, K - 77 \, K} \cdot \left(8.314 \, J \, K^{-1} \, mol^{-1}\right) \cdot (83.5 \, K)^2$$

$$= -21.5 \cdot 10^3 \, J \, mol^{-1}$$

$$\Delta_{ads}H(6.6 \cdot 10^{14} \, cm^{-2}) = -\frac{\ln 2.1 - \ln 2.4 \cdot 10^{-2}}{90 \, K - 77 \, K} \cdot \left(8.314 \, J \, K^{-1} \, mol^{-1}\right) \cdot (83.5 \, K)^2$$

$$= -20.0 \cdot 10^3 \, J \, mol^{-1}$$

$$\Delta_{ads}H(6.7 \cdot 10^{14} \, cm^{-2}) = -\frac{\ln 2.9 - \ln 4.0 \cdot 10^{-2}}{90 \, K - 77 \, K} \cdot \left(8.314 \, J \, K^{-1} \, mol^{-1}\right) \cdot (83.5 \, K)^2$$

$$= -19.1 \cdot 10^3 \, J \, mol^{-1}$$

$$\Delta_{ads}H(6.8 \cdot 10^{14} \, cm^{-2}) = -\frac{\ln 4.0 - \ln 6.7 \cdot 10^{-2}}{90 \, K - 77 \, K} \cdot \left(8.314 \, J \, K^{-1} \, mol^{-1}\right) \cdot (83.5 \, K)^2$$

$$= -18.2 \cdot 10^3 \, J \, mol^{-1}$$

$$\Delta_{ads}H(6.9 \cdot 10^{14} \, cm^{-2}) = -\frac{\ln 5.3 - \ln 10.0 \cdot 10^{-2}}{90 \, K - 77 \, K} \cdot \left(8.314 \, J \, K^{-1} \, mol^{-1}\right) \cdot (83.5 \, K)^2$$

$$= -17.7 \cdot 10^3 \, J \, mol^{-1}$$

4. Nach Gl. (2.7-55) gilt für die BET-Isotherme

$$\frac{p}{n(p* - p)} = \frac{1}{n_m b'} + \frac{b' - 1}{n_m b'} \cdot \frac{p}{p*}$$

Die Stoffmenge n ist über das Volumen V des adsorbierten Gases zu berechnen. Unter Benutzung des Gasgesetzes kann die Gleichung dann umgestellt werden.

$$\frac{p}{V(p* - p)} = \frac{1}{V_m b'} + \frac{b' - 1}{V_m b'} \cdot \frac{p}{p*}$$

Gegeben ist als Ergebnis aus der graphischen Darstellung der Versuchsergebnisse

$$\frac{1}{V_m b'} = 0.006 \cdot 10^6 \, m^{-3}$$

$$\frac{b' - 1}{V_m b'} = 1.620 \cdot 10^6 \, m^{-3}$$

Daraus berechnet sich

$$b' - 1 = 1.620 \cdot 10^6 \, m^{-3} \cdot \frac{1}{0.006 \cdot 10^6 \, m^{-3}} = 270$$

$$b' = 271$$

$$V_m = \frac{1}{b' \cdot 0.006 \cdot 10^6 \, m^{-3}} = \frac{1}{271 \cdot 0.006 \cdot 10^6 \, m^{-3}} = 6.15 \cdot 10^{-7} m^3$$

Die Stoffmenge wird mit Hilfe des Gasgesetzes berechnet:

$$n = \frac{pV}{RT} = \frac{(1.013 \cdot 10^5 \text{ Pa}) \cdot (6.15 \cdot 10^{-7} \text{m}^3)}{(8.314 \text{ J K}^{-1} \text{ mol}^{-1}) \cdot (273 \text{ K})} = 2.745 \cdot 10^{-5} \text{ mol}$$

Da der Platzbedarf eines N_2-Moleküls $A_{\text{Molekül}} = 16.2 \cdot 10^{-20}$ m^2 beträgt, erhält man für die Festkörperoberfläche:

$$A = n \cdot N_A \cdot A_{\text{Molekül}}$$
$$= (2.745 \cdot 10^{-5} \text{ mol}) \cdot (6.022 \cdot 10^{23} \text{ mol}^{-1}) \cdot (16.2 \cdot 10^{-20} \text{ m}^2)$$
$$= 2.68 \text{ m}^2$$

5. Es gilt für die Dichte

$$\rho = \frac{m}{V} = \frac{M}{V_m} = \frac{M}{N_A \cdot V_{\text{Molekül}}}$$

mit der Molmasse M und dem Molvolumen V_m.
Für das Molekülvolumen soll ein Quader mit einer quadratischen Grundfläche a^2 und einer Höhe von $6a$ angenommen werden. Es ist dann

$$V_{\text{Molekül}} = (6a) \cdot a^2 = 6a^3$$

Damit folgt für den Flächenbedarf des Moleküls:

$$a^2 = \left(\sqrt[3]{\frac{V_{\text{Molekül}}}{6}}\right)^2 = \left(\sqrt[3]{\frac{M}{6 \cdot \rho \cdot N_A}}\right)^2 = \left(\sqrt[3]{\frac{284 \text{ g mol}^{-1}}{6 \cdot (840 \cdot 10^3 \text{ g m}^{-3}) \cdot (6.022 \cdot 10^{23} \text{ mol}^{-1})}}\right)^2$$
$$a^2 = 2.06 \cdot 10^{-19} \text{m}^2$$

Man benötigt dann die Anzahl N an Teilchen, die die gesamte Oberfläche bedecken

$$N = \frac{A_{\text{Bodensee}}}{A_{\text{Molekül}}} = \frac{538 \cdot 10^6 \text{ m}^2}{2.06 \cdot 10^{-19} \text{ m}^2} = 2.61 \cdot 10^{27} \text{ Moleküle}$$

Das sind

$$n = \frac{N}{N_A} = \frac{2.61 \cdot 10^{27}}{6.022 \cdot 10^{23} \text{ mol}^{-1}} = 4.33 \cdot 10^3 \text{ mol}$$

Dadurch ergibt sich folgende Masse an Stearinsäure

$$m = n \cdot M$$
$$= (4.33 \cdot 10^3 \text{ mol}) \cdot (284 \text{ g mol}^{-1})$$
$$= 1230 \text{ kg}$$

2.8
Elektrochemische Thermodynamik

1. Die Freie Standardreaktionsenthalpie ΔG^0 lässt sich mit Hilfe von Gl. (2.8-5) berechnen:

$$\Delta G^0 = -zFE^0$$

Die Reaktion

$$Ag + \frac{1}{2}Hg_2Cl_2 \rightarrow AgCl + Hg$$

lässt sich in die Teilreaktionen

(1) $AgCl + e^- \rightarrow Ag + Cl^-$ $E^0_{h1} = 0.2223 \text{ V}$

(2) $\frac{1}{2}Hg_2Cl_2 + e^- \rightarrow Hg + Cl^-$ $E^0_{h2} = 0.2682 \text{ V}$

zerlegen. Ersichtlich ergibt sich die gesuchte Reaktion als Differenz (2) − (1). Da die Zahl der umgesetzten Elektronen z gleich 1 ist, kann unmittelbar

$$\begin{aligned} E^0 &= E^0_{h2} - E^0_{h1} \\ &= 0.2682 \text{ V} - 0.2223 \text{ V} \\ &= 0.0459 \text{ V} \end{aligned}$$

berechnet werden.

Damit wird

$$\begin{aligned} \Delta G^0 &= -1 \cdot \left(96485 \text{ C mol}^{-1}\right) \cdot (0.0459 \text{ V}) \\ &= -4.43 \text{ kJ mol}^{-1} \end{aligned}$$

2. Der Zusammenhang zwischen den elektrochemischen Daten und den thermodynamischen Größen ist durch die Gleichungen (2.8-1,10 und 17) gegeben. Für 523 K ergibt sich zunächst die Freie Standardreaktionsenthalpie ΔG^0 zu (in der betrachteten Reaktion werden $z = 2$ Elektronen ausgetauscht)

$$\begin{aligned} \Delta G^0 &= -zFE^0 \\ &= -2 \cdot \left(96485 \text{ C mol}^{-1}\right) \cdot (0.236 \text{ V}) \\ &= -45.5 \text{ kJ mol}^{-1} \end{aligned}$$

und die Gleichgewichtskonstante

$$\begin{aligned} K &= \exp\left\{-\frac{\Delta G^0}{RT}\right\} \\ &= \exp\left\{-\frac{-45.5 \cdot 10^3 \text{ J mol}^{-1}}{\left(8.314 \text{ J mol}^{-1} \text{ K}^{-1}\right) \cdot (523 \text{ K})}\right\} \\ &= 3.5 \cdot 10^4 \end{aligned}$$

Die Werte für E^0 in Abhängigkeit von der Temperatur sind in der folgenden Darstellung aufgetragen:

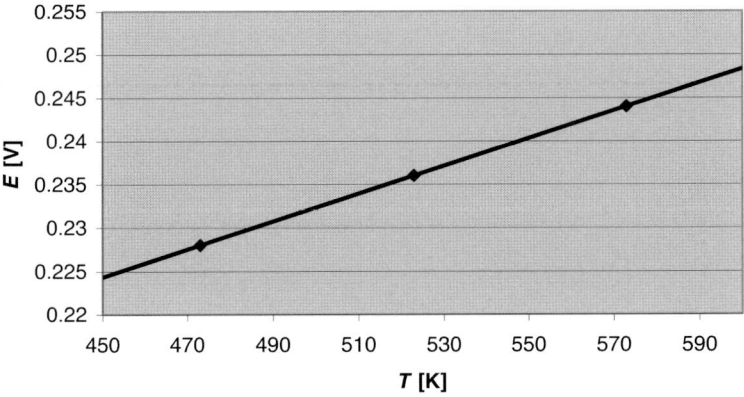

Aus der Steigung der Geraden (über eine Regressionsrechnung ermittelt)

$$E^0 = \left(1.6 \cdot 10^{-4} \text{ V K}^{-1}\right) \cdot T + 0.1523 \text{ V}$$

erhält man

$$\Delta S^0 = zF\left(\frac{\partial E^0}{\partial T}\right)_P$$
$$= 2 \cdot \left(96485 \text{ C mol}^{-1}\right) \cdot \left(1.6 \cdot 10^{-4} \text{ V K}^{-1}\right)$$
$$= 30.9 \text{ J mol}^{-1} \text{ K}^{-1}$$

und daraus

$$\Delta H^0 = \Delta G^0 + T \cdot \Delta S^0$$
$$= -45.5 \text{ kJ mol}^{-1} + (523 \text{ K}) \cdot \left(30.9 \text{ J mol}^{-1} \text{ K}^{-1}\right)$$
$$= -29.3 \text{ kJ mol}^{-1}$$

3. Im Daniell-Element läuft die Reaktion

$$\text{Zn} + \text{Cu}^{2+} \rightarrow \text{Zn}^{2+} + \text{Cu}$$

freiwillig ab, solange

$$\Delta G = -zFE < 0 \qquad \text{ist.}$$

Die Zellspannung E ergibt sich aus

$$E = E_h(\text{Cu}^{2+}/\text{Cu}) - E_h(\text{Zn}^{2+}/\text{Zn})$$
$$= E_h^0(\text{Cu}^{2+}/\text{Cu}) - E_h^0(\text{Zn}^{2+}/\text{Zn}) + \frac{RT}{zF} \ln \frac{a(\text{Cu}^{2+})}{a(\text{Zn}^{2+})}$$

Im Gleichgewicht wäre

$$\Delta G = -zFE = 0$$

Aus dieser Bedingung lässt sich das Konzentrationsverhältnis der Ionen für diesen Fall berechnen.

$$0 = 0.3402 \text{ V} - (-0.7628 \text{ V}) + \frac{RT}{2F} \ln \frac{a(\text{Cu}^{2+})}{a(\text{Zn}^{2+})}$$

$$\frac{a(\text{Cu}^{2+})}{a(\text{Zn}^{2+})} = \exp\left\{ (-1.1030 \text{ V}) \frac{2 \cdot (96485 \text{ C mol}^{-1})}{(8.314 \text{ J mol}^{-1} \text{ K}^{-1}) \cdot (298 \text{ K})} \right\}$$

$$= 4.9 \cdot 10^{-38}$$

4. Die Gleichgewichtskonstante einer Reaktion wird nach Gl. (2.6-10) über

$$K = \exp\left\{ -\frac{\Delta G^0}{RT} \right\}$$

berechnet. Die Freie Standardreaktionsenthalpie ΔG^0 wird aus elektrochemischen Daten über

$$\Delta G^0 = -zFE^0$$

ermittelt.

Die gesuchte Reaktion

(3) $\text{Fe}^{2+} + \text{Ce}^{4+} \rightarrow \text{Fe}^{3+} + \text{Ce}^{3+}$

setzt sich aus den Teilreaktionen

(1) $\text{Fe}^{3+} + \text{e}^- \rightarrow \text{Fe}^{2+}$ \qquad $E_{h1}^0 = +0.770 \text{ V}$

(2) $\text{Ce}^{4+} + \text{e}^- \rightarrow \text{Ce}^{3+}$ \qquad $E_{h2}^0 = +1.4430 \text{ V}$

über (3) = (2) – (1) zusammen. Da jeweils nur ein Elektron umgesetzt wird, kann E^0 direkt über

$$E^0 = E_{h2}^0 - E_{h1}^0$$

$$= 1.4430 \text{ V} - 0.770 \text{ V}$$

$$= 0.673 \text{ V}$$

ermittelt werden.
Daraus folgt für

$$\Delta G^0 = -1 \cdot (96485 \text{ C mol}^{-1}) \cdot (0.673 \text{ V})$$

$$= -64.9 \text{ kJ mol}^{-1}$$

und für

$$K = \exp\left\{ -\frac{-64.9 \cdot 10^3 \text{ J mol}^{-1}}{(8.314 \text{ J mol}^{-1} \text{ K}^{-1}) \cdot (298 \text{ K})} \right\}$$

$$= 2.4 \cdot 10^{11}$$

5. In der Lösung läuft die Reaktion

(3) $Cu^{2+} + Fe_{(s)} \rightarrow Fe^{2+} + Cu_{(s)}$

ab. Diese Reaktion setzt sich aus den Teilreaktionen

(1) $Cu^{2+} + 2e^- \rightarrow Cu_{(s)}$ $E_{h1}^0 = 0.3402 \text{ V}$

(2) $Fe^{2+} + 2e^- \rightarrow Fe_{(s)}$ $E_{h2}^0 = -0.409 \text{ V}$

über (3) = (1) − (2) zusammen. Da in (1) und (2) die gleiche Anzahl an Elektronen ausgetauscht wird, kann man E^0 direkt über

$$E^0 = E_{h1}^0 - E_{h2}^0$$
$$= 0.3402 \text{ V} - (-0.409 \text{ V})$$
$$= 0.7492 \text{ V}$$

berechnen.

Im Gleichgewicht ist

$$\Delta G = -zFE$$
$$= -zF\left(E_{h1} - E_{h2}\right)$$
$$= -zF\left(E_{h1}^0 - E_{h2}^0 + \frac{RT}{zF}\ln\frac{a(Cu^{2+})}{a(Fe^{2+})}\right)$$
$$= -zF\left(0.7492 \text{ V} + \frac{RT}{zF}\ln\frac{a(Cu^{2+})}{a(Fe^{2+})}\right)$$
$$= 0$$

und damit

$$\frac{a(Fe^{2+})}{a(Cu^{2+})} = \exp\left\{+\frac{zF \cdot 0.7492 \text{ V}}{RT}\right\}$$
$$= \exp\left\{+\frac{2 \cdot (96485 \text{ C mol}^{-1}) \cdot (0.7492 \text{ V})}{(8.314 \text{ J mol}^{-1} \text{ K}^{-1}) \cdot (298 \text{ K})}\right\}$$
$$= 2.2 \cdot 10^{25}$$

6. In Tabelle 2.8-2 sind die Reaktionen

(1) $Fe^{3+} + e^- \rightarrow Fe^{2+}$ $E_{h1}^0 = 0.770 \text{ V}$

(2) $Fe^{2+} + 2e^- \rightarrow Fe_{(s)}$ $E_{h2}^0 = -0.409 \text{ V}$

aufgeführt. Die gesuchte Reaktion

(3) $Fe^{3+} + 3e^- \rightarrow Fe_{(s)}$

ergibt sich aus (3) = (1) + (2).

Bei der Berechnung von E_{h3}^0 muss man beachten, dass zunächst nur die *Energie*werte (hier z. B. ΔG^0) bei der Addition von Reaktionen additiv sind.

$$\Delta G_3^0 = \Delta G_1^0 + \Delta G_2^0$$

Wegen $\Delta G^0 = -zFE^0$ erhält man

$$z_3 E_{h3}^0 = z_1 E_{h1}^0 + z_2 E_{h2}^0$$

$$3 E_{h3}^0 = 1 \cdot 0.770 \text{ V} + 2 \cdot (-0.409 \text{ V})$$

$$E_{h3}^0 = -0.016 \text{ V}$$

7. In der Lösung kann die Reaktion

(3) $\quad Fe_{(s)} + 2Fe^{3+} \rightarrow 3Fe^{2+}$

ablaufen. Diese Reaktion kann formal in die beiden Halbzellenreaktionen

(1) $\quad Fe^{2+} + 2e^- \rightarrow Fe_{(s)} \qquad E_{h1}^0 = -0.409 \text{ V}$

(2) $\quad Fe^{3+} + e^- \rightarrow Fe^{2+} \qquad E_{h2}^0 = 0.770 \text{ V}$

aufgespalten werden. Die Gesamtreaktion ergibt sich dann aus $(3) = 2 \cdot (2) - (1)$.

Für die Halbzellenpotentiale erhält man

$$E_{h1} = E_{h1}^0 + \frac{RT}{2F} \ln a(Fe^{2+})$$

$$E_{h2} = E_{h2}^0 + \frac{RT}{F} \ln \frac{a(Fe^{3+})}{a(Fe^{2+})} = E_{h2}^0 + \frac{RT}{2F} \ln \frac{[a(Fe^{3+})]^2}{[a(Fe^{2+})]^2}$$

und für die Potentialdifferenz

$$E = E_{h2} - E_{h1}$$

$$= E_{h2}^0 - E_{h1}^0 + \frac{RT}{2F} \ln \frac{[a(Fe^{3+})]^2}{[a(Fe^{2+})]^3}$$

Im Gleichgewicht ist $\Delta G = -zFE = 0$, also

$$0 = 0.770 \text{ V} - (-0.409 \text{ V}) + \frac{RT}{2F} \ln \frac{[a(Fe^{3+})]^2}{[a(Fe^{2+})]^3}$$

oder

$$\frac{[a(Fe^{2+})]^3}{[a(Fe^{3+})]^2} = \exp\left\{ \frac{(1.179 \text{ V}) \cdot 2 \cdot (96485 \text{ C mol}^{-1})}{(8.314 \text{ J mol}^{-1} \text{ K}^{-1}) \cdot (298 \text{ K})} \right\}$$

$$= \exp\{91.8\}$$

$$\approx 8 \cdot 10^{39}$$

8. Diese Aufgabe wird in Abschnitt 2.8.9 ausführlich besprochen.

a) Eine Auftragung der gemessenen Daten $E + \dfrac{2RT}{F}\ln c(\mathrm{HCl})$ in Abhängigkeit von $\sqrt{c(\mathrm{HCl})}$ ist in der folgenden Abbildung dargestellt:

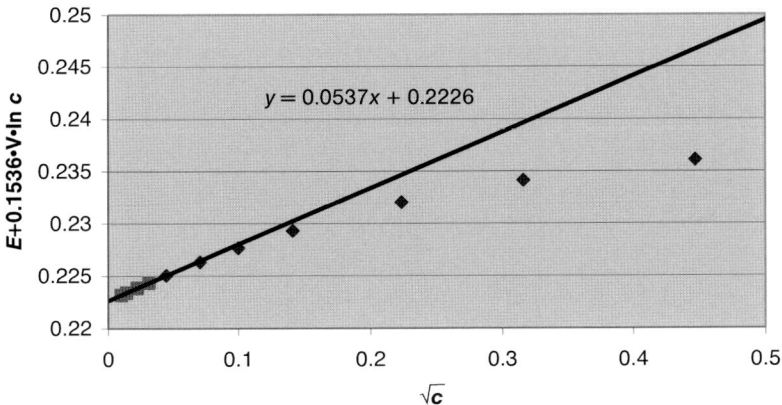

Im Bereich $c \le 0.001$ mol l^{-1} verläuft die Kurve linear und lässt sich durch die Gleichung

$$E + \frac{2RT}{F}\ln c(\mathrm{HCl}) = 0.2226\ \mathrm{V} + \left(0.0537\ \mathrm{V\ dm^{\frac{3}{2}}\ mol^{-\frac{1}{2}}}\right) \cdot \sqrt{c(\mathrm{HCl})}$$

beschreiben. Daraus ergibt sich sofort

$$E_h^0 = 0.2226\ \mathrm{V}$$

b) Weiterhin kann A berechnet werden:

$$0.0537\ \mathrm{V\ dm^{\frac{3}{2}}\ mol^{-\frac{1}{2}}} = \frac{2RT}{F} \cdot A$$

$$A = \frac{\left(0.0537 \cdot (0.1)^{\frac{3}{2}}\ \mathrm{V\ m^{\frac{3}{2}}\ mol^{-\frac{1}{2}}}\right) \cdot \left(96485\ \mathrm{C\ mol^{-1}}\right)}{2 \cdot \left(8.314\ \mathrm{J\ mol^{-1}\ K^{-1}}\right) \cdot (298\ \mathrm{K})}$$

$$= 3.3 \cdot 10^{-2}\ \mathrm{m^{\frac{3}{2}}\ mol^{-\frac{1}{2}}}$$

Mit Hilfe der Debye-Hückel-Theorie berechnet man (siehe Gl. (2.5-183))

$$A = \left(\frac{e^2}{4\varepsilon_r \cdot \varepsilon_0 \cdot kT}\right)^{\frac{3}{2}}\left(\frac{2N_A}{\pi^2}\right)^{\frac{1}{2}}$$

$$= \left(\frac{\left(1.602 \cdot 10^{-19}\mathrm{A\ s}\right)^2}{4 \cdot 78.54 \cdot \left(8.854 \cdot 10^{-12}\mathrm{A\ s\ V^{-1}\ m^{-1}}\right) \cdot \left(1.38 \cdot 10^{-23}\ \mathrm{J\ K^{-1}}\right) \cdot (298\ \mathrm{K})}\right)^{\frac{3}{2}} \cdot \left(\frac{2 \cdot 6.023 \cdot 10^{23}\ \mathrm{mol^{-1}}}{\pi^2}\right)^{\frac{1}{2}}$$

$$= 3.71 \cdot 10^{-2}\ \mathrm{m^{\frac{3}{2}}\ mol^{-\frac{1}{2}}}$$

(mit $\varepsilon_r(\mathrm{H_2O}) = 78.54$)

c) Bestimmung des mittleren Ionen-Aktivitätskoeffizienten:

In Gl. (2.8-140) wird $\ln \gamma_{\pm} = -A\sqrt{c}$ (s. Gl. (2.8-139)) eingesetzt. Damit folgt

$$\ln \gamma_{\pm} = \frac{F}{2RT}\left[E^0(\mathrm{Cl}^-/\mathrm{AgCl}/\mathrm{Ag}) - E - \frac{2RT}{F}\ln c_{\mathrm{HCl}}\right]$$

$$\gamma_{\pm} = \exp\left[\frac{96485\,\mathrm{C\,mol}^{-1}}{2 \cdot (8.314\,\mathrm{J\,mol}^{-1}\,\mathrm{K}^{-1}) \cdot (298\,\mathrm{K})} \cdot \left(0.2226\,\mathrm{V} - E - (0.05136\,\mathrm{V}) \cdot \ln c_{\mathrm{HCl}}\right)\right]$$

Mit Hilfe der Debye-Hückel-Theorie lässt sich $\gamma_{\pm}$ sofort nach Gl. (2.8-139) berechnen

$$\ln \gamma_{\pm} = -A \cdot \sqrt{I} = -A \cdot \sqrt{\frac{1}{2}(c_{\mathrm{H}^+} + c_{\mathrm{Cl}^-})} = -A \cdot \sqrt{c_{\mathrm{HCl}}}$$

$c[\mathrm{mol\,dm}^{-3}]$	$\gamma_{\pm}/(\mathrm{D.H.})$	$\gamma_{\pm}/(\mathrm{exp.})$
0.0001	0.988	0.988
0.0002	0.983	0.985
0.0005	0.974	0.976
0.001	0.963	0.967
0.002	0.949	0.953
0.005	0.920	0.930
0.01	0.889	0.906
0.02	0.847	0.878
0.05	0.769	0.832
0.10	0.690	0.799
0.20	0.592	0.769

9. Das Löslichkeitsprodukt von AgCl ist die Gleichgewichtskonstante der Reaktion

$$(3) \quad AgCl_{(s)} + 2n \, H_2O_{(l)} \rightarrow Ag^+_{(aq)} + Cl^-_{(aq)}$$

Diese Reaktion lässt sich formal in zwei Halbzellenreaktionen aufspalten

$$(1) \quad AgCl_{(s)} + e^- + n \, H_2O_{(l)} \rightarrow Ag_{(s)} + Cl^-_{(aq)} \qquad E^0_{h1} = 0.2223 \text{ V}$$

$$(2) \quad Ag^+_{(aq)} + e^- \qquad\qquad\quad \rightarrow Ag_{(s)} + n \, H_2O_{(l)} \qquad E^0_{h2} = 0.7996 \text{ V}$$

Ersichtlich ist (3) = (1) − (2), also wegen der gleichen Anzahl umgesetzter Elektronen auch sofort

$$E^0_3 = E^0_{h1} - E^0_{h2}$$

$$= 0.2223 \text{ V} - 0.7996 \text{ V}$$

$$= -0.5773 \text{ V}$$

Aus

$$\Delta G^0_3 = -zFE^0_3$$

$$= -1 \cdot (96485 \text{ C mol}^{-1}) \cdot (-0.5773 \text{ V})$$

$$= 55.70 \text{ kJ mol}^{-1}$$

folgt sofort

$$K_L = \exp\left\{ -\frac{\Delta G^0_3}{RT} \right\}$$

$$= \exp\left\{ -\frac{55.70 \cdot 10^3 \text{ J mol}^{-1}}{(8.314 \text{ J mol}^{-1} \text{ K}^{-1}) \cdot (298 \text{ K})} \right\}$$

$$= 1.7 \cdot 10^{-10}$$

3
Aufbau der Materie

3.1
Quantenmechanische Behandlung einfacher Systeme

1. Die reduzierte Masse μ wird nach Gl. (3.1-11) berechnet.

$$\mu = \frac{m_1 m_2}{m_1 + m_2} = \frac{\dfrac{M_1}{N_A}\dfrac{M_2}{N_A}}{\dfrac{M_1}{N_A} + \dfrac{M_2}{N_A}} = \frac{M_1 M_2}{(M_1 + M_2)N_A}$$

$$\mu\left(^1H^{19}F\right) = \frac{\left(1.008 \text{ g mol}^{-1}\right) \cdot \left(19.00 \text{ g mol}^{-1}\right)}{\left(1.008 \text{ g mol}^{-1} + 19.00 \text{ g mol}^{-1}\right) \cdot \left(6.023 \cdot 10^{23} \text{ mol}^{-1}\right)}$$

$$= 1.589 \cdot 10^{-24} \text{ g} = 1.589 \cdot 10^{-27} \text{ kg}$$

$$\mu\left(^1H^{35}Cl\right) = \frac{\left(1.008 \text{ g mol}^{-1}\right) \cdot \left(34.97 \text{ g mol}^{-1}\right)}{\left(1.008 \text{ g mol}^{-1} + 34.97 \text{ g mol}^{-1}\right) \cdot \left(6.023 \cdot 10^{23} \text{ mol}^{-1}\right)}$$

$$= 1.627 \cdot 10^{-24} \text{ g} = 1.627 \cdot 10^{-27} \text{ kg}$$

$$\mu\left(^1H^{79}Br\right) = \frac{\left(1.008 \text{ g mol}^{-1}\right) \cdot \left(78.92 \text{ g mol}^{-1}\right)}{\left(1.008 \text{ g mol}^{-1} + 78.92 \text{ g mol}^{-1}\right) \cdot \left(6.023 \cdot 10^{23} \text{ mol}^{-1}\right)}$$

$$= 1.652 \cdot 10^{-24} \text{ g} = 1.652 \cdot 10^{-27} \text{ kg}$$

$$\mu\left(^1H^{127}I\right) = \frac{\left(1.008 \text{ g mol}^{-1}\right) \cdot \left(126.90 \text{ g mol}^{-1}\right)}{\left(1.008 \text{ g mol}^{-1} + 126.90 \text{ g mol}^{-1}\right) \cdot \left(6.023 \cdot 10^{23} \text{ mol}^{-1}\right)}$$

$$= 1.660 \cdot 10^{-24} \text{ g} = 1.660 \cdot 10^{-27} \text{ kg}$$

Es bestimmt stets die kleinere Masse den Wert der reduzierten Masse. Mit zunehmender Masse des Halogenatoms nimmt die reduzierte Masse zu. Sie konvergiert gegen die Masse des Wasserstoffatoms $m(^1H) = 1.674 \cdot 10^{-27}$ kg.

Arbeitsbuch der Physikalischen Chemie: Lösungen. Gerd Wedler und Hans-Joachim Freund.
© 2012 Wiley-VCH Verlag GmbH & Co. KGaA. Published 2012 by Wiley-VCH Verlag GmbH & Co. KGaA.

Aus $m_2 \gg m_1$ folgt:

$$\mu = \frac{m_1 m_2}{m_1 + m_2}$$

$$\approx \frac{m_1 m_2}{m_2}$$

$$= m_1$$

2. Für die Berechnung der Nullpunktsschwingungsenergie werden die Gleichungen (3.1-11), (3.1-61) und (3.1-87) benutzt.

Für die möglichen Energiewerte des harmonischen Oszillators gilt:

$$E_\nu = \left(\nu + \frac{1}{2}\right) h \nu_0 \qquad \text{mit } \nu = 0, 1, 2, \dots$$

Daraus folgt für $\nu = 0$:

$$E_0 = \frac{1}{2} h \nu_0$$

Weiter gilt:

$$\nu_0 = \frac{1}{2\pi} \sqrt{\frac{D}{\mu}} \text{ mit der reduzierten Masse } \mu\left(H^{35}Cl\right) = 1.627 \cdot 10^{-27} \text{ kg (s. Aufg. 3.1.6.1)}$$

$$= \frac{1}{2\pi} \sqrt{\frac{480.6 \text{ N m}^{-1}}{1.627 \cdot 10^{-27} \text{ kg}}}$$

$$= \frac{1}{2\pi} \sqrt{2.95 \cdot 10^{29} \text{ s}^{-2}}$$

$$= 8.65 \cdot 10^{13} \text{ s}^{-1}$$

Damit wird:

$$E_0 = \frac{1}{2} h \nu_0$$

$$= \frac{1}{2} \left(6.626 \cdot 10^{-34} \text{ J s}\right) \cdot \left(8.65 \cdot 10^{13} \text{ s}^{-1}\right)$$

$$= 2.87 \cdot 10^{-20} \text{ J}$$

Für 1 mol Teilchen erhält man:

$$E_{0,m} = N_A \cdot E_0$$

$$= \left(6.023 \cdot 10^{23} \text{ mol}^{-1}\right) \cdot \left(2.87 \cdot 10^{-20} \text{ J}\right)$$

$$= 17.3 \text{ kJ mol}^{-1}$$

Dieser Wert liegt im Bereich der kleinen Reaktionsenthalpien chemischer Reaktionen.

3. Für die Energieniveaus eines harmonischen Oszillators gilt:

$$E_v = \left(v + \frac{1}{2}\right) h v_0 \text{ mit } v = 0, 1, 2, \ldots$$

Weiter gilt:

$$v_0 = \frac{1}{2\pi} \sqrt{\frac{D}{\mu}}$$

Erlaubt sind Übergänge zwischen benachbarten Niveaus. Dafür gilt:

$$\Delta E = \left[(v+1) + \frac{1}{2}\right] h v_0 - \left[v + \frac{1}{2}\right] h v_0$$

$$= h v_0 \qquad\qquad \text{Ergebnis ist unabhängig von } v!$$

$$v_0 = \frac{\Delta E}{h}$$

$$= \frac{5.1 \cdot 10^{-20} \text{ J}}{6.626 \cdot 10^{-34} \text{ J s}}$$

$$= 7.70 \cdot 10^{13} \text{ s}^{-1}$$

Mit dem Wert $1.652 \cdot 10^{-27}$ kg für die reduzierte Masse von ^{1}H^{79}Br (s. Aufg. 3.1.6.1) ergibt sich:

$$D = \left(2\pi v_0\right)^2 \mu$$

$$= \left(2\pi \cdot 7.70 \cdot 10^{13} \text{ s}^{-1}\right)^2 \cdot \left(1.652 \cdot 10^{-27} \text{ kg}\right)$$

$$= 387 \text{ kg s}^{-2}$$

$$= 387 \text{ N m}^{-1}$$

Die Nullpunktsenergie$(v = 0)$ beträgt:

$$E_0 = \frac{1}{2} h v_0$$

$$= \frac{1}{2} \Delta E$$

$$= \frac{1}{2} \cdot 5.1 \cdot 10^{-20} \text{ J}$$

$$= 2.55 \cdot 10^{-20} \text{ J}$$

Im vierten *angeregten* Schwingungsniveau $(v = 4)$ ist:

$$E_4 = \left(4 + \frac{1}{2}\right) h v_0$$

$$= \frac{9}{2} h v_0$$

$$= \frac{9}{2} \cdot 5.1 \cdot 10^{-20} \text{ J}$$

$$= 2.30 \cdot 10^{-19} \text{ J}$$

4. Die Eigenfunktionen des Wasserstoffatoms sind Produkte aus einer Kugel-flächenfunktion und einer radialen Eigenfunktion, die durch Gleichung (3.1-131) beschrieben wird. Dabei enthält die radiale Eigenfunktion einen Exponentialterm, wobei im Nenner des Exponenten die Hauptquantenzahl (hier $n = 3$) steht.

Weitere Informationen über den Zustand der Eigenfunktion werden erhalten, wenn die sphärischen Polarkoordinaten in kartesische Koordinaten nach den Gleichungen (3.1-23) und (3.1-25) umgewandelt werden. Dabei entspricht das Produkt $\rho \cos \varphi \sin \vartheta$ der x-Koordinate und $\rho \cos \vartheta$ der z-Koordinate jeweils bezogen auf den Bohr'schen Radius r_0 (vgl. Gl. (3.1-130)). Aus der Kombination des Produktes $x\,z$ und der radialen Eigenfunktion für die Hauptquantenzahl $n = 3$ ergibt sich entsprechend Gl. (3.1-149) der $3d_{xz}$ Zustand.

5.

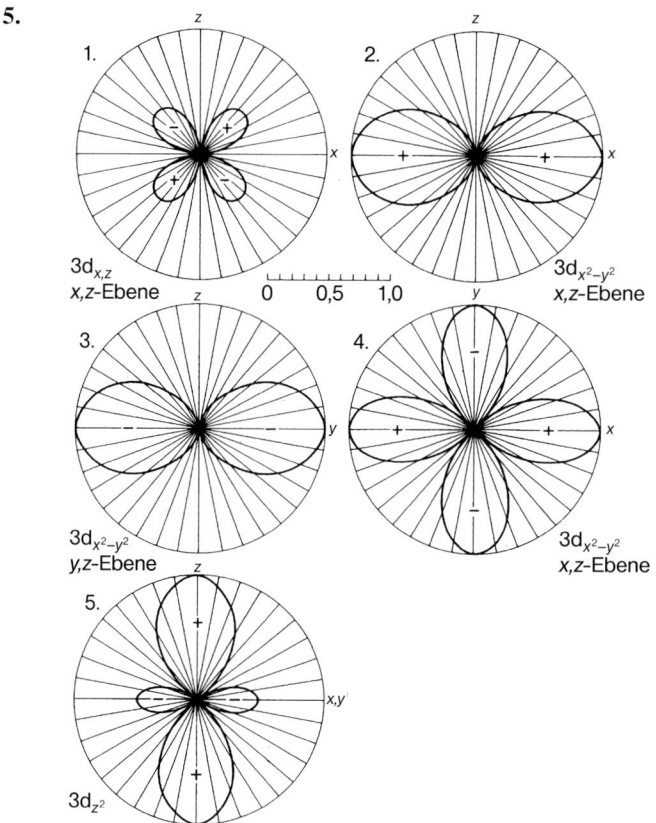

Abbildungen zur Konstruktion der Schnittkurven:
a) x, z-Ebene: Abb. 1.
b) x, z-Ebene: Abb. 2; y, z-Ebene: Abb. 3; x, y-Ebene: Abb. 4.
c) x, z- bzw. y, z-Ebene: Abb. 5.

Diskussion des Ergebnisses unter Berücksichtigung der Quantenzahlen:

a) Der $3d_{xz}$-Zustand wird durch die Quantenzahlen $n = 3$, $l = 2$ und $m = \pm 1$ beschrieben. Daraus ergibt sich für die Anzahl an Knotenflächen:

$n - l - 1 = 3 - 2 - 1 = 0$ Knotenkugelfläche

$l - |m| = 2 - 1 = 1$ Knotenkegelfläche

$|m| = 1$ Knotenebene

Es gibt keine Knotenkugelfläche. Dafür liegt eine Knotenkegelfläche in der x, y-Ebene und eine y, z-Knotenebene senkrecht zur x, y-Ebene vor.

b) Die Quantenzahlen $n = 3$, $l = 2$ und $m = \pm 2$ sind dem $3d_{x^2-y^2}$-Zustand zugeordnet. Für die Anzahl an Knotenflächen gilt:

$n - l - 1 = 3 - 2 - 1 = 0$ Knotenkugelfläche

$l - |m| = 2 - 2 = 0$ Knotenkegelfläche

$|m| = 2$ Knotenebene

Für diesen Zustand gibt es keine Knotenkugelflächen und Knotenkegelflächen. Zwei Knotenebenen senkrecht zur x, y-Ebene halbieren den Winkel zwischen der x- und y-Achse.

c) Für den $3d_{z^2}$-Zustand werden die Quantenzahlen $n = 3$, $l = 2$ und $m = 0$ angegeben. Daraus ergeben sich folgende Knotenflächen:

$n - l - 1 = 3 - 2 - 1 = 0$ Knotenkugelfläche

$l - |m| = 2 - 0 = 2$ Knotenkegelfläche

$|m| = 0$ Knotenebene

Es gibt weder eine Knotenkugelfläche noch eine Knotenebene. Dafür existieren zwei Knotenkegelflächen mit einem Öffnungswinkel von $54.7\,^\circ$ und $125.3\,^\circ$.

Jeder 3d-Zustand enthält nach $n - 1 = 3 - 1 = 2$ genau zwei Knotenflächen.

6. Nach Abb. (3.1-14) folgt aus der Rotationssymmetrie des $2p_z$-Zustandes, dass die Schnittlinien für die x, z- und y, z-Ebene identisch sind (s. Abb.).

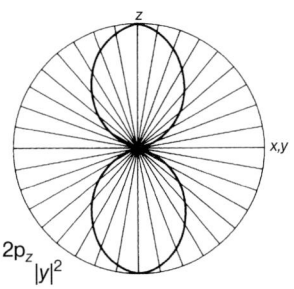

7. Es gilt für die radiale Wahrscheinlichkeitsverteilung für die kugelsymmetrischen s-Zustände des H-Atoms im Volumen $d\tau$ der Kugelschale zwischen ρ und $\rho + d\rho$:

$$dW = |\psi|^2 d\tau$$

$$= R^2(\rho) 4\pi\rho^2 d\rho = P(\rho)d\rho \quad \text{mit} \quad \rho = \frac{r}{r_0}, \ r_0 \ \text{Bohr'scher Radius}$$

$4\pi\rho^2 R^2(\rho)$ ist die radiale Wahrscheinlichkeitsfunktion $P(\rho)$. Für den 1s-Zustand gilt

$$P(\rho) = 4\pi N^2 \rho^2 e^{-2\rho}$$

Beim wahrscheinlichsten Abstand r_{max} des Elektrons vom Kern wird P maximal. Es muss gelten

$$\frac{dP}{d\rho} = 4\pi N^2 \left[2\rho e^{-2\rho} + \rho^2 e^{-2\rho}(-2) \right]$$

$$= 0$$

Daraus folgt:

$$2\rho e^{-2\rho} = 2\rho^2 e^{-2\rho}$$

Ein Maximum erhält man für:

$$\rho = 1$$

$$r_{max} = r_0$$

8. Für den 2s-Zustand ergibt sich nach den Bemerkungen in Aufgabe 3.1.6.7

$$dW = N^2 (2 - \rho)^2 e^{-\rho} 4\pi\rho^2 d\rho$$

$$P(\rho) = N^2 (2 - \rho)^2 e^{-\rho} 4\pi\rho^2$$

Man bildet wieder $\frac{dP}{d\rho}$ und berechnet die Nullstellen:

$$0 = \frac{dP}{d\rho}$$

$$= 4\pi N^2 \left[2\rho(2 - \rho)^2 e^{-\rho} + \rho^2(-1) \cdot 2(2 - \rho)e^{-\rho} + \rho^2(2 - \rho)^2(-1)e^{-\rho} \right]$$

$$= 4\pi N^2 e^{-\rho} \rho(2 - \rho) \left[\rho^2 - 6\rho + 4 \right]$$

Waagerechte Tangenten ergeben sich für:

$\rho_1 \to \infty$ Asymptotisch

$\rho_2 = 0$ Minimum (Einsetzen in $P(\rho)$)

$\rho_3 = 2$ Minimum (Einsetzen in $P(\rho)$)

$\rho_4 = 0.764$ Maximum

$\rho_5 = 5.236$ Maximum

ρ_4 und ρ_5 sind die Lösungen der quadratischen Gleichung in der eckigen Klammer.

9. Die radiale Eigenfunktion besitzt eine Nullstelle. Da die Anzahl an Knoten-flächen $n - 1$ entspricht, folgt für die Hauptquantenzahl $n = 2$. Die Schnittkurven der Kugelflächenfunktion Y mit der x,y- und x,z-Ebene sind kreisförmig. Deshalb ist die Eigenfunktion kugelsymmetrisch mit $l = 0$ und $m = 0$. Somit ergibt sich ein 2s-Zustand.

10. Nach Gl. (3.1-131) gilt für den normierten Radialteil:

$$R_{n,l} = N \cdot e^{-\rho/n} P_{n,l}(\rho)$$

Daraus ergibt sich der Radialteil der reellen Eigenfunktion:

$$R_{n,l} = \rho \cdot e^{-\rho/2}$$

Aus dem *Exponentialterm* des Radialteils $e^{-\rho/n}$ wird der Wert für n abgelesen. Daraus folgt $n = 2$. Das *Polynom* des Radialteils $P_{n,l}(\rho)$ ist von der Quantenzahl l abhängig. Hier folgt $l = 1$.

Nach Gl. (3.1-42) gilt für die Kugelflächenfunktion:

$$Y_{l,m}(\vartheta, \varphi) = P_l^m(\cos\vartheta)e^{im\varphi}$$

Die Kugelflächenfunktion der reellen Eigenfunktion ist:

$$Y_{l,m}(\vartheta, \varphi) = \cos\vartheta$$

Der Exponentialterm der Kugelflächenfunktion $e^{im\varphi}$ enthält die Quantenzahl m. Da der Exponentialterm der Kugelflächenfunktion eins ist, folgt $m = 0$.
Es gibt drei Typen von Knotenflächen: Knotenebenen, Knotenkugelflächen und Knotenkegelflächen. Die Anzahl an Knotenflächen kann durch die Quantenzahlen bestimmt werden. Für die Anzahl an Knotenebenen (gegeben durch $|m|$) gilt:

$$|m| = 0$$

Die Anzahl an Knotenkugelflächen (gegeben durch $(n - l - 1)$) ist:

$$n - l - 1 = 2 - 1 - 1 = 0$$

Für die Anzahl an Knotenkegelflächen (gegeben durch $(l - |m|)$) gilt:

$$l - |m| = 1 - 0 = 1$$

Somit gibt es nur eine Knotenkegelfläche.

11. Nach Gl. (1.4-117) muss für eine normierte Funktion gelten:

$$\int |\psi|^2 d\tau = 1$$

Für

$$\psi = \psi_{1s} \quad \text{und}$$

$$d\tau = \rho^2 \sin\vartheta \, d\rho \, d\vartheta \, d\varphi$$

$$= 4\pi\rho^2 d\rho, \text{wenn die Integration über } \vartheta \text{ und } \varphi \text{ schon ausgeführt ist.}$$

Folgt:

$$\int |\psi|^2 \mathrm{d}\tau = \int\limits_0^\infty \left(\frac{1}{\pi} \mathrm{e}^{-2\rho}\right) \left(4\pi\rho^2 \mathrm{d}\rho\right)$$

$$= 4 \int\limits_0^\infty \rho^2 \mathrm{e}^{-2\rho} \mathrm{d}\rho$$

Dieses Integral kann durch partielle Integration gelöst oder in Tabellenwerken nachgeschlagen werden. Es gilt

$$\int |\psi|^2 \mathrm{d}\tau = 4 \int\limits_0^\infty \rho^2 \mathrm{e}^{-2\rho} \mathrm{d}\rho$$

$$= -\left[\mathrm{e}^{-2\rho}\left(2\rho^2 + 2\rho + 1\right)\right]_0^\infty$$
$$= -\{0 - 1 \cdot (0 + 0 + 1)\}$$
$$= 1$$

12. Die gesuchte Wahrscheinlichkeit P ist gegeben durch (beachte : $\rho = \dfrac{r}{r_0}$, also $\rho = 1$ für $r = r_0$)

$$P = \int\limits_0^1 \int\limits_0^\pi \int\limits_0^{2\pi} |\psi|^2 \mathrm{d}\tau$$

$$= \int\limits_0^1 \int\limits_0^\pi \int\limits_0^{2\pi} \left(\frac{1}{\sqrt{\pi}} \mathrm{e}^{-\rho}\right)^2 \rho^2 \sin\vartheta \mathrm{d}\rho \mathrm{d}\vartheta \mathrm{d}\varphi$$

$$= \frac{1}{\pi} \int\limits_0^1 \mathrm{e}^{-2\rho} \rho^2 \mathrm{d}\rho \int\limits_0^\pi \sin\vartheta \mathrm{d}\vartheta \int\limits_0^{2\pi} \mathrm{d}\varphi$$

$$= \frac{1}{\pi} \int\limits_0^1 \mathrm{e}^{-2\rho} \rho^2 \mathrm{d}\rho \cdot 2 \cdot 2\pi$$

$$= 4 \int\limits_0^1 \mathrm{e}^{-2\rho} \rho^2 \mathrm{d}\rho$$

Dieses Integral kann durch partielle Integration gelöst oder in Tabellenwerken nachgeschlagen werden. Man erhält

$$P = 4 \int\limits_0^1 \mathrm{e}^{-2\rho} \rho^2 \mathrm{d}\rho$$

$$= -\left[\mathrm{e}^{-2\rho}\left(2\rho^2 + 2\rho + 1\right)\right]_0^1$$
$$= -\left(\mathrm{e}^{-2} \cdot 5 - 1\right)$$
$$= 0.32$$

3.2
Die Spektren

1. Nach Gl. (3.2-6) gilt für die Rydberg-Konstante

$$R_{m_k} = \frac{m_e e^4}{8\varepsilon_0^2 ch^3 \left(1 + \frac{m_e}{m_k}\right)} = \frac{m_e m_k}{m_e + m_k} \frac{e^4}{8\varepsilon_0^2 ch^3} = \mu \frac{e^4}{8\varepsilon_0^2 ch^3}$$

wobei μ die reduzierte Masse des Systems Elektron-Kern ist. Zur exakten Lösung müssen die Massen des Elektrons und der Atomkerne – und hier für die verschiedenen Isotope – bekannt sein. Die Masse des Elektrons ist gut bekannt, für die Massen der Atomkerne werden näherungsweise die Atommassen der Elemente eingesetzt, um so eine Abschätzung zu erhalten, wie sich ein anderer Atomkern auf den Größe der Rydberg-Konstanten auswirkt.

Es werden folgende Werte benutzt (u ist die atomare Masseneinheit):

$m_e \qquad = 5.485802 \cdot 10^{-4}$ u

$m_K(\text{H}) \quad = 1.00794$ u

$m_K(\text{He}^+) = 4.00260$ u

$m_K(\text{Li}^{2+}) = 6.941$ u

Daraus ergeben sich folgende reduzierte Massen:

$\mu(\text{H}) \quad = 5.48282 \cdot 10^{-4}$ u

$\mu(\text{He}^+) = 5.48505 \cdot 10^{-4}$ u

$\mu(\text{Li}^{2+}) = 5.48537 \cdot 10^{-4}$ u

Damit erhält man für das Verhältnis der drei Rydberg-Konstanten:

$R_\text{H} : R_{\text{He}^+} : R_{\text{Li}^{2+}} = 1.000000 : 1.000407 : 1.000465$

2. Nach Gl. (3.2-3) gilt für die Wellenzahl $\tilde{\nu}$ ($= \lambda^{-1}$) wasserstoffähnlicher Teilchen

$$\tilde{\nu} = Z^2 R \left(\frac{1}{n_1^2} - \frac{1}{n_2^2}\right)$$

Bei gleichem n_1 und n_2 sowie unter der Annahme, dass die Rydberg-Konstanten R sich für H und Li nicht unterscheiden (s. dazu Aufgabe 3.2.9.1) ist das Verhältnis der Wellenzahlen

$$\frac{\tilde{\nu}(\text{Li}^{2+})}{\tilde{\nu}(\text{H})} = \frac{\lambda(\text{H})}{\lambda(\text{Li}^{2+})} = \frac{Z^2(\text{Li})}{Z^2(\text{H})} = \frac{3^2}{1^2} = 9$$

Die Wellenlängen im Wasserstoff-Spektrum sind also neun Mal so groß wie im Spektrum von Li^{2+}.

3. Der Zustandsterm hat die allgemeine Form: $^{2S+1}L_J$.

Darin ist L der Gesamtbahndrehimpuls, S der Gesamtspin, $2S + 1$ die Spinmultiplizität und $J = L + S$ der Gesamtdrehimpuls (bei Russell-Saunders-Kopplung, wie sie für die leichten Atome gefunden wird).

Der Grundzustand von Li ist $1s^2 2s^1$, abgeschlossene Schalen ($1s^2$) werden nicht betrachtet.

Das eine Elektron im 2s-Orbital führt zu $L = 0$ und ergibt damit einen S-Term (Achtung: nicht verwechseln mit dem Gesamtspin), der Gesamtspin des einen Elektrons ist $S = 1/2$. Daraus folgt eine Spinmultiplizität von $2S + 1 = 2$ und ein Gesamtdrehimpuls $J = 1/2$. Das Termsymbol ist demnach

$^2S_{1/2}$

Der erste angeregte Zustand von Li ist $1s^2 2p^1$.

Hier besitzt das eine Elektron im p-Orbital einen Bahndrehimpuls $L = 1$ und ergibt einen P-Term, der Gesamtspin ist wieder $S = 1/2$ und die Spinmultiplizität $2S + 1 = 2$. Der Gesamtdrehimpuls J kann die Werte $J = L + S$ bis $J = |L - S|$ annehmen, hier also die Werte 1/2 und 3/2. Für den ersten angeregten Zustand erhält man folgende zwei Termsymbole:

$^2P_{1/2}$, $^2P_{3/2}$

Das heißt, bei der Spektrallinie, die dem Übergang in den Grundzustand entspricht, handelt es sich um eine Dublett-Linie.

4. Die Moseley'sche Beziehung (Gl. (3.2-20)) stellt einen Zusammenhang zwischen der Wellenzahl der K_α-Linie im Röntgenspektrum eines Elements mit dessen Ordnungszahl Z her.

$$\tilde{v} = R(Z - a)^2 \left(\frac{1}{1^2} - \frac{1}{2^2} \right)$$

wobei die Konstante a einen Wert von etwa Eins besitzt.

Für Cr mit der Ordnungszahl $Z = 24$ berechnet man

$$\tilde{v} = \left(1.0973732 \cdot 10^7 \, \mathrm{m}^{-1} \right) \cdot 23^2 \cdot \frac{3}{4}$$

$$= 4.35383 \cdot 10^9 \, \mathrm{m}^{-1}$$

Diese Wellenzahl entspricht einer Wellenlänge von

$$\lambda = \frac{1}{\tilde{v}} = 0.229683 \cdot 10^{-9} \, \mathrm{m}$$

und stimmt gut mit dem experimentell bestimmten Wert überein.

Die Wellenlänge λ der $CrK_{\alpha 1}$-Linie gehört in den Bereich der mittleren Röntgenstrahlung, wobei sich der Bereich der gesamten Röntgenstrahlung über einen Wellenlängenbereich von etwa $5 \cdot 10^{-11}$ m bis ca. $1 \cdot 10^{-8}$ m erstreckt.

Die kurzwelligste Linie im H-Spektrum (Lyman-α) liegt bei $91.8 \cdot 10^{-9}$ m (Grenze zwischen extremem UV-Licht und weicher Röntgenstrahlung).

3.3
Materie im elektrischen und im magnetischen Feld

1. Für kondensierte Phasen lässt sich die Temperaturabhängigkeit der Polarisierbarkeit P durch die Debye'sche Gleichung (Gl. (3.3-39)) beschreiben

$$P_{mol} = \frac{\varepsilon_r - 1}{\varepsilon_r + 2} \cdot \frac{M}{\rho} = \frac{1}{3} \frac{N_A}{\varepsilon_0} \left(\alpha + \frac{\mu^2}{3kT} \right)$$

Die Polarisierbarkeit kann aus den vorliegenden Messwerten berechnet werden. Mit der Molmasse $M = 74.12$ g mol^{-1} und der angegebenen Dichte erhält man

$$\frac{M}{\rho} = \frac{74.12 \cdot 10^{-3} \text{ kg mol}^{-1}}{0.72 \cdot 10^3 \text{ kg m}^{-3}}$$

$$= 1.03 \cdot 10^{-4} \text{ m}^3 \text{ mol}^{-1}$$

Damit errechnet man für P_{mol} die Werte in der folgenden Tabelle.

T/K	$\frac{10^3}{T}$/K^{-1}	P_{mol}/m^3 mol^{-1}
288	3.472	55.75 · 10^{-6}
293	3.413	55.02 · 10^{-6}
298	3.356	54.11 · 10^{-6}
303	3.300	53.48 · 10^{-6}
308	3.247	52.84 · 10^{-6}
313	3.195	51.84 · 10^{-6}

Eine Auftragung von P_{mol} in Abhängigkeit von $1/T$ sollte eine Gerade ergeben, aus deren Steigung das Dipolmoment bestimmt werden kann. Die folgende Darstellung zeigt diese Auftragung:

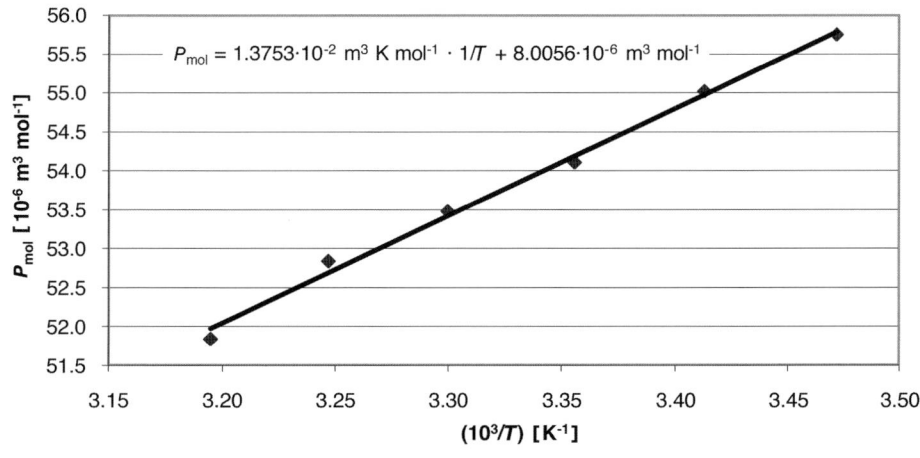

$P_{mol} = 1.3753 \cdot 10^{-2}$ m^3 K mol^{-1} · $1/T$ + $8.0056 \cdot 10^{-6}$ m^3 mol^{-1}

Die Regressionsanalyse ergab für die Steigung einen Wert von $1.38 \cdot 10^{-2}\,\mathrm{m^3\,K\,mol^{-1}}$.

Es gilt also

$$1.38 \cdot 10^{-2}\,\mathrm{m^3\,K\,mol^{-1}} = \frac{N_A}{3\varepsilon_0} \cdot \frac{\mu^2}{3k}$$

Damit erhält man für das Dipolmoment μ

$$\mu = \left(\frac{\left(1.38 \cdot 10^{-2}\,\mathrm{m^3\,K\,mol^{-1}}\right) \cdot 9 \cdot \left(8.854 \cdot 10^{-12}\,\mathrm{A\,s\,V^{-1}\,m^{-1}}\right) \cdot \left(1.381 \cdot 10^{-23}\,\mathrm{J\,K^{-1}}\right)}{6.022 \cdot 10^{23}\,\mathrm{mol^{-1}}} \right)^{1/2}$$

$$= 5.02 \cdot 10^{-30}\,\mathrm{A\,s\,m}$$

$$= 5.02 \cdot 10^{-30}\,\mathrm{C\,m}$$

2. Das Curie'sche Gesetz (Gl. (3.3-55)) beschreibt die Temperaturabhängigkeit der paramagnetischen Suszeptibilität:

$$\chi_m^{para} = \frac{{}^1 N \cdot \mu_0 \cdot \mu_B^2 \cdot g_e^2 \cdot S(S+1)}{3kT}$$

Weiter ist

$$\chi_{mol} = \chi_m \cdot \frac{M}{\rho}$$

und

$$\frac{M}{\rho} = \frac{M \cdot V}{m} = \frac{V}{n} = \frac{RT}{p} = \frac{RT}{{}^1 N k T} = \frac{N_A}{{}^1 N}$$

Daher ist

$$\chi_{mol} = \frac{N_A \cdot \mu_0 \cdot \mu_B^2 \cdot g_e^2 \cdot S(S+1)}{3kT}$$

Sauerstoff besitzt zwei ungepaarte Elektronen, es ist also $S = 1$. Damit wird

$$\chi_{mol} = \frac{\left(6.022 \cdot 10^{23}\,\mathrm{mol^{-1}}\right) \cdot \left(4\pi \cdot 10^{-7}\,\mathrm{m\,kg\,s^{-2}\,A^{-2}}\right) \cdot \left(9.274 \cdot 10^{-24}\,\mathrm{J\,T^{-1}}\right)^2 \cdot 2.002^2 \cdot 1 \cdot 2}{3 \cdot \left(1.381 \cdot 10^{-23}\,\mathrm{J\,K^{-1}}\right) \cdot (298\,\mathrm{K})}$$

$$= 4.23 \cdot 10^{-8}\,\mathrm{m^3\,mol^{-1}}$$

(man beachte: $1\,\mathrm{T} = 1\,\mathrm{kg\,s^{-2}\,A^{-1}}$)

Experimentell findet man einen Wert von

$$\chi_{mol} = 4.29 \cdot 10^{-8}\,\mathrm{m^3\,mol^{-1}}.$$

3. Die Auswertung des Versuches mit der Gouy'schen Waage wird anhand von Gl. (3.3-57) vorgenommen. Da Kupfer diamagnetisch ist, also die Tendenz hat, aus dem Magnetfeld herauszuwandern, muss die Kraft negativ angenommen werden.

Dann gilt

$$\chi_m(\text{Cu}) - \chi_m(\text{A}) = \frac{2 \cdot F}{A \cdot \mu_0 \cdot \left(H^2 - H_0^2\right)}$$

$$= \frac{2 \cdot \left(-3.95 \cdot 10^{-4}\ \text{N}\right)}{\left(10^{-4}\ \text{m}^2\right) \cdot \left(4\pi \cdot 10^{-7}\ \text{m kg s}^{-2}\ \text{A}^{-2}\right) \cdot \left(\left(8.00 \cdot 10^5\right)^2 - \left(8.00 \cdot 10^3\right)^2\right) \text{A}^2\ \text{m}^{-2}}$$

$$= -9.82 \cdot 10^{-6}$$

Die Suszeptibilität der Atmosphäre $\chi_m(\text{A})$ berechnet man aus den einzelnen Anteilen. Es gilt:

$$\chi_m = \chi_{mol} \frac{\rho}{M}$$

mit ρ als Dichte und M als Molmasse des Gases. Für Sauerstoff und Stickstoff erhält man

$$\chi_m\left(\text{O}_2\right) = \left(42.9 \cdot 10^{-9}\ \text{m}^3\ \text{mol}^{-1}\right) \cdot \frac{1.429\ \text{kg m}^{-3}}{32 \cdot 10^{-3}\ \text{kg mol}^{-1}}$$

$$= 1.92 \cdot 10^{-6}$$

$$\chi_m\left(\text{N}_2\right) = \left(-151 \cdot 10^{-12}\ \text{m}^3\ \text{mol}^{-1}\right) \cdot \frac{1.250\ \text{kg m}^{-3}}{28 \cdot 10^{-3}\ \text{kg mol}^{-1}}$$

$$= -6.5 \cdot 10^{-9}$$

Insgesamt ergibt sich für den Anteil der Atmosphäre

$$\chi_m(\text{A}) = 0.79 \cdot \chi_m\left(\text{N}_2\right) + 0.21 \cdot \chi_m\left(\text{O}_2\right)$$

$$= 0.79 \cdot \left(-6.5 \cdot 10^{-9}\right) + 0.21 \cdot \left(1.92 \cdot 10^{-6}\right)$$

$$= 3.98 \cdot 10^{-7}$$

Mit diesem Korrekturfaktor erhält man die magnetische Suszeptibilität von Kupfer zu

$$\chi_m(\text{Cu}) = -9.82 \cdot 10^{-6} + 3.98 \cdot 10^{-7}$$

$$= -9.42 \cdot 10^{-6}$$

Die molare magnetische Suszeptibilität ist

$$\chi_{mol}(\text{Cu}) = \chi_m \frac{M}{\rho}$$

$$= \left(-9.42 \cdot 10^{-6}\right) \cdot \frac{63.54 \cdot 10^{-3}\ \text{kg mol}^{-1}}{8.96 \cdot 10^3\ \text{kg m}^{-3}}$$

$$= -6.7 \cdot 10^{-11}\ \text{m}^3\ \text{mol}^{-1}$$

3.4
Wechselwirkung zwischen Strahlung und Molekülen

1. Nach Gl. (3.4-53) gilt für das Verhältnis der Populationen im Zustand mit der Quantenzahl J zur Population des Grundzustandes ($J = 0$)

$$\frac{N_J}{N_{J=0}} = (2J + 1) \cdot \exp\left(-\frac{hcBJ(J + 1)}{kT}\right)$$

In Abschnitt 3.4.3 ist der Wert für die Rotationskonstante B für $H^{35}Cl$ angegeben mit

$$B = 10.4 \text{ cm}^{-1} = 1040 \text{ m}^{-1}$$

Damit erhält man

$$\frac{N_J}{N_{J=0}} = (2J + 1) \cdot \exp\left(-\frac{(6.626 \cdot 10^{-34} \text{ J s}) \cdot (2.998 \cdot 10^{8} \text{ m s}^{-1}) \cdot (1040 \text{ m}^{-1}) \cdot J(J + 1)}{(1.38 \cdot 10^{-23} \text{ J K}^{-1}) \cdot (298 \text{ K})}\right)$$

$$= (2J + 1) \cdot \exp\left(-5.03 \cdot 10^{-2} J(J + 1)\right)$$

Trägt man nun die Werte für J gegen das Verhältnis der Populationen auf, so erhält man folgende Kurve:

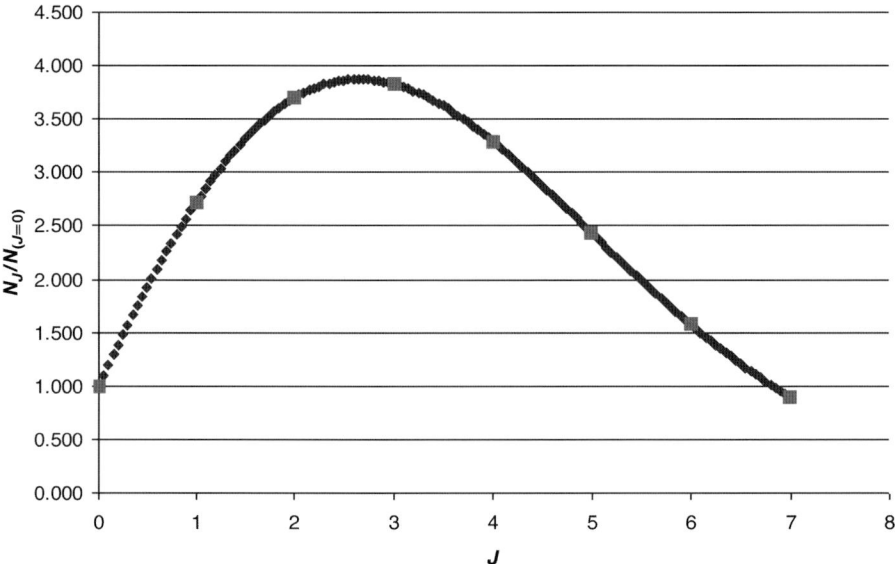

In der Abbildung sind die Punkte zu den erlaubten J-Werten hervorgehoben. Die durchgezogene Linie (zur besseren Ermittlung des Maximums) gibt den fiktiven Verlauf für kontinuierliche Werte von J wieder.

Die größte Population ergibt sich also rechnerisch beim Maximum für $J = 2.65$. Da nur ganzzahlige Werte für J möglich sind, muss zwischen $J = 2$ und $J = 3$ entschieden werden. $J = 2$ hat die 3.697-fache, $J = 3$ die 3.828-fache Population wie $J = 0$. Die maximale Population liegt also bei $J = 3$.

2. Ein IR-Schwingungsspektrum erhält man, wenn sich bei der Schwingung des Moleküls das *Dipolmoment des Moleküls ändert bzw. erst erzeugt wird*. Das ist der Fall für CO und CH_4.

Ein reines Rotations-Mikrowellenspektrum ist zu erwarten, wenn das betrachtete Molekül ein *permanentes Dipolmoment* besitzt. Das trifft hier nur für CO zu.

Eine Schwingungsbande in einem Raman-Spektrum erhält man dann, wenn sich die *Polarisierbarkeit* des Moleküls *während der Schwingung ändert*. Die Polarisierbarkeit eines Moleküls hängt von der Bindungslänge der Atome zueinander ab. Da sich der Bindungsabstand der Moleküle (insbesondere auch der zweiatomigen Moleküle) bei einer Schwingung ändert, sind ihre Schwingungen – von einigen Ausnahmen (z. B. bei CH_4 oder SF_6) abgesehen – immer ramanaktiv.

Die allgemeine Auswahlregel für Raman-Rotationsspektren lautet, dass die *Polarisierbarkeit des Moleküls anisotrop* ist. Es ändert sich dann bei der Rotation die Polarisierbarkeit des Moleküls. Diese Bedingung hat unter anderem zur Folge, dass alle homonuklearen zweiatomigen Moleküle ein Rotations-Raman-Spektrum besitzen. CH_4 besitzt kein Rotations-Raman-Spektrum, da das Molekül bei der Rotation sich wie ein Kugelkreisel verhält.

	IR-Schwingungsspektrum	Mikrowellen-Rotationsspektrum	Schwingungs-Raman-Spektrum	Rotations-Raman-Spektrum
CO	+	+	+	+
N_2	–	–	+	+
Ar	–	–	–	–
CH_4	+	–	+	–

3. Für die Wellenzahl der Rotationsübergänge gilt nach Gl. (3.4-5)

$$\tilde{v} = 2B(J + 1)$$

wobei

$$\tilde{v} = \frac{1}{\lambda} = \frac{v}{c}$$

und

$$B = \frac{h}{8\pi^2 cI}$$

ist. $I = \mu r^2$ ist das Trägheitsmoment des Moleküls mit der reduzierten Masse μ und dem Kernabstand r, J die Quantenzahl des Zustandes, aus dem der Übergang erfolgt (hier also $J = 0$).

Mit

$$\mu = \frac{m(^{12}\text{C}) \cdot m(^{32}\text{S})}{m(^{12}\text{C}) + m(^{32}\text{S})} = \frac{M(^{12}\text{C}) \cdot M(^{32}\text{S})}{M(^{12}\text{C}) + M(^{32}\text{S})} \cdot \frac{1}{N_A}$$

$$\mu = \frac{(12.01 \cdot 10^{-3} \text{ kg mol}^{-1}) \cdot (31.97 \cdot 10^{-3} \text{ kg mol}^{-1})}{12.01 \cdot 10^{-3} \text{ kg mol}^{-1} + 31.97 \cdot 10^{-3} \text{ kg mol}^{-1}} \cdot \frac{1}{6.022 \cdot 10^{23} \text{mol}^{-1}} = 1.449 \cdot 10^{-26} \text{ kg}$$

erhält man für r^2 nach Umformung

$$r^2 = \frac{2h(J + 1)}{8\pi^2 \mu v}$$

$$= \frac{(6.626 \cdot 10^{-34} \text{ J s}) \cdot 1}{4\pi^2 \cdot (4.886 \cdot 10^{10} \text{ s}^{-1}) \cdot (1.449 \cdot 10^{-26} \text{ kg})}$$

$$= 2.371 \cdot 10^{-20} \text{ m}^2$$

$$r = 1.540 \cdot 10^{-10} \text{ m}$$

4. Nach Gl. (3.4-59) gilt

$$v_0 = \tilde{v}_0 c = \frac{1}{2\pi} \sqrt{\frac{k}{\mu}}$$

Diese Gleichung gilt für HCl und für DCl. Nimmt man an, dass die Kraftkonstanten gleich sind, folgt daraus

$$\tilde{v}_0(\text{DCl}) = \tilde{v}_0(\text{HCl}) \cdot \sqrt{\frac{\mu(\text{HCl})}{\mu(\text{DCl})}}$$

Man bestimmt zunächst die reduzierten Massen:

$$\mu(\text{HCl}) = 1.627 \cdot 10^{-27} \text{ kg} \qquad \text{siehe Aufg. 3.1.6.1}$$

$$\mu(\text{DCl}) = \frac{M(^2\text{H}) \cdot M(^{35}\text{Cl})}{M(^2\text{H}) + M(^{35}\text{Cl})} \cdot \frac{1}{N_A}$$

$$= \frac{(2.014 \text{ g mol}^{-1}) \cdot (34.87 \text{ g mol}^{-1})}{2.014 \text{ g mol}^{-1} + 34.87 \text{ g mol}^{-1}} \cdot \frac{1}{6.023 \cdot 10^{23} \text{ mol}^{-1}}$$

$$= 3.161 \cdot 10^{-27} \text{ kg}$$

Damit folgt für die Wellenzahl:

$$\tilde{v}_0(\text{DCl}) = (2890 \cdot 10^2 \text{ m}^{-1}) \cdot \sqrt{\frac{1.627 \cdot 10^{-27} \text{ kg}}{3.161 \cdot 10^{-27} \text{ kg}}} = 2073 \cdot 10^2 \text{ m}^{-1}$$

und für die Frequenz:

$$v = \frac{c}{\lambda} = c \cdot \tilde{v}$$

$$= \left(3.00 \cdot 10^8 \text{ m s}^{-1}\right) \cdot \left(2073 \cdot 10^2 \text{ m}^{-1}\right)$$

$$= 6.22 \cdot 10^{13} \text{ s}^{-1}$$

5. Nach Gl. (3.4-59) gilt

$$v_0 = \tilde{v}_0 c = \frac{1}{2\pi} \sqrt{\frac{k}{\mu}}$$

Somit ergibt sich die Wellenzahl als

$$\tilde{v}_0 = \frac{1}{2\pi c} \sqrt{\frac{k}{\mu}}$$

Die reduzierte Masse wurde in Aufg. 3.1.6.1 schon berechnet:

$$\mu = \frac{M(^{19}\text{F}) \cdot M(^1\text{H})}{M(^{19}\text{F}) + M(^1\text{H})} \cdot \frac{1}{N_A} = 1.589 \cdot 10^{-27} \text{ kg}$$

Damit ergibt sich

$$\tilde{v}_0 = \frac{1}{2\pi \cdot \left(2.998 \cdot 10^8 \text{ m s}^{-1}\right)} \cdot \sqrt{\frac{970 \text{ N m}^{-1}}{1.589 \cdot 10^{-27} \text{ kg}}}$$

$$= 4.145 \cdot 10^5 \text{m}^{-1}$$

$$= 4145 \text{cm}^{-1}$$

6. Trägt man die gegebenen Werte der Wellenzahlen graphisch auf, so erhält man folgendes Bild:

2798.78   2821.49   2843.56   2865.09   2906.25   2925.78   2944.89   2963.24

Wellenzahl [cm^{-1}]

Man erkennt, dass die Wellenzahlen 2906.25 cm^{-1} bis 2963.24 cm^{-1} zum R-Zweig (größere Wellenzahlen als für den reinen Schwingungsübergang) und die Wellenzahlen 2798.78 cm^{-1} bis 2865.09 cm^{-1} zum P-Zweig (kleinere Wellenlängen als für den reinen Schwingungsübergang) gehören.

Im R-Zweig gehören die Linien zu den Übergängen J'' = 0 nach J' = 1 bis J'' = 3 nach J'= 4, im P-Zweig entsprechend zu J'' = 1 nach J' = 0 bis J'' = 4 nach J' = 3.

Wie bei reinen Rotationsspektren beträgt der Abstand zwischen zwei Linien innerhalb eines Zweiges 2 B. Aus dem P-Zweig berechnet man als Mittelwert 11.05 cm^{-1}. Aus dem R-Zweig berechnet man als Mittelwert 9.50 cm^{-1}, als gesamten Mittelwert also 10.28 cm^{-1}.

Die der Nulllücke benachbarten Linien haben einen Abstand von 4 B. Aus den gegebenen Werten errechnet man $B = 10.29 \text{ cm}^{-1}$.

Aus dem Wert für die Rotationskonstante lassen sich das Trägheitsmoment des Moleküls und der Kernabstand berechnen:

$$B = \frac{h}{8\pi^2 cI} = \frac{h}{8\pi^2 c\mu r^2}$$

$$r = \sqrt{\frac{h}{8\pi^2 c\mu B}}$$

Die reduzierte Masse von $H^{35}Cl$ wurde bereits in Aufg. 3.1.6.1 berechnet zu

$$\mu = \frac{M(^{35}Cl) \cdot M(^1H)}{M(^{35}Cl) + M(^1H)} \cdot \frac{1}{N_A} = 1.627 \cdot 10^{-27} \text{ kg}$$

Damit folgt:

$$r = \sqrt{\frac{(6.626 \cdot 10^{-34} \text{ J s})}{8\pi^2 \cdot (2.998 \cdot 10^8 \text{ m s}^{-1}) \cdot (1.627 \cdot 10^{-27} \text{ kg}) \cdot (1028 \text{ m}^{-1})}} = 1.294 \cdot 10^{-10} \text{ m}$$

Die Wellenzahl für den reinen Schwingungsübergang $\tilde{\nu}_0$ erhält man als Mittelwert der Wellenzahlen der der Nulllücke benachbarten Linien. Es ergibt sich:

$$\tilde{\nu}_0 = \frac{2906.25 \text{ cm}^{-1} + 2865.09 \text{ cm}^{-1}}{2} = 2885.67 \text{ cm}^{-1} = 288567 \text{ m}^{-1}$$

Daraus folgt für die Wellenlänge:

$$\lambda = \frac{1}{\tilde{\nu}_0} = \frac{1}{288567 \text{ m}^{-1}} = 3.465 \cdot 10^{-6} \text{ m}$$

7. Nach Gl. (3.4-53) gilt für das Verhältnis der Populationen im Zustand mit der Quantenzahl J zur Population des Grundzustandes ($J = 0$)

$$\frac{N_J}{N_{J=0}} = (2J + 1) \cdot \exp\left(-\frac{hcBJ(J + 1)}{kT}\right)$$

Wenn sich ebenso viele Moleküle im zweiten wie im sechsten angeregten Zustand befinden, dann müssen die Populationen gleich sein. Also ergibt sich:

$$\frac{N_{J=2}}{N_{J=0}} = \frac{N_{J=6}}{N_{J=0}}$$

$$(2 \cdot 2 + 1) \cdot \exp\left(-\frac{hcB2(2 + 1)}{kT}\right) = (2 \cdot 6 + 1) \cdot \exp\left(-\frac{hcB6(6 + 1)}{kT}\right)$$

$$\frac{13}{5} = \exp\left(-\frac{hcB \cdot 6}{kT} + \frac{hcB \cdot 42}{kT}\right)$$

$$\ln\left(\frac{13}{5}\right) = \frac{hcB \cdot 36}{kT}$$

Der Wert für B liegt bei 10.40 cm^{-1} (s. Aufg. 3.4.13.1). Damit wird

$$T = \frac{36hcB}{k \cdot \ln\left(\frac{13}{5}\right)}$$

$$= \frac{36 \cdot (6.626 \cdot 10^{-34}\,\text{J s}) \cdot (2.998 \cdot 10^{8}\,\text{m s}^{-1}) \cdot (1040\,\text{m}^{-1})}{(1.38 \cdot 10^{-23}\,\text{J K}^{-1}) \cdot 0.956}$$

$$= 564\,\text{K}$$

8. Es handelt sich um den Übergang von $J = 2$ nach $J = 3$. Der erste Übergang wäre von $J = 0$ nach $J = 1$, der zweite von $J = 1$ nach $J = 2$ und somit ist der dritte der oben angegebene Übergang.

Die Wellenzahl ergibt sich aus Gl. (3.4-51), wenn man die Quantenzahl des Ausgangszustandes einsetzt:

$$\tilde{v} = 2\,B(J+1) = 2 \cdot (12\,\text{cm}^{-1}) \cdot (2+1) = 72\,\text{cm}^{-1}$$

9. a) Durch Fliehkräfte nimmt der Kernabstand bei hoher Rotationsfrequenz zu, B deshalb ab. Der Linienabstand wird bei hoher Anregung kleiner.

b) Der Gleichgewichtsabstand und damit die Rotationskonstante B sind beim anharmonischen Oszillator eine Funktion der Schwingungsfrequenz.

10. a) Nach Gl. (3.4-98) gilt für die Differenz der Wellenzahlen zur Wellenzahl des eingestrahlten Lichts im Rotations-Raman-Spektrum

$$|\Delta \tilde{v}_r| = 4\,B\left(J'' + \frac{3}{2}\right)$$

Im Rotations-Schwingungsspektrum ist der Abstand zwischen der ersten Linie des R-Zweigs und der ersten Linie des P-Zweigs genau das Vierfache der Rotationskonstanten B. Somit ergibt sich:

$$4\,B = 2906.25\,\text{cm}^{-1} - 2865.09\,\text{cm}^{-1}$$

$$= 4116\,\text{m}^{-1}$$

Damit wird

$$|\Delta \tilde{v}_r| = 4\,B\left(0 + \frac{3}{2}\right)$$

$$= (4116\,\text{m}^{-1}) \cdot \frac{3}{2}$$

$$= 6174\,\text{m}^{-1}$$

Da Licht mit einer Wellenlänge von 435.8 nm eingestrahlt wird, ergibt sich für die erste Antistokes'sche Linie mit $J'' = 0$:

$$\tilde{v} = \tilde{v}_0 + \left|\Delta \tilde{v}_r\right|$$

$$= \frac{1}{435.8 \cdot 10^{-9}\,\text{m}} + 6174\,\text{m}^{-1}$$

$$= 2.2946 \cdot 10^6\,\text{m}^{-1} + 0.0062 \cdot 10^6\,\text{m}^{-1}$$

$$= 2.301 \cdot 10^6\,\text{m}^{-1}$$

$$\lambda = \frac{1}{\tilde{v}}$$

$$= \frac{1}{2.301 \cdot 10^6\,\text{m}^{-1}}$$

$$= 434.6\,\text{nm}$$

Für die zweite Antistokes'sche Linie mit $J'' = 1$ erhält man nach einer entsprechenden Rechnung

$$\left|\Delta \tilde{v}_r\right| = 10290\,\text{m}^{-1}$$

$$\tilde{v} = 2.305 \cdot 10^6\,\text{m}^{-1}$$

$$\lambda = 433.9\,\text{nm}$$

b) Für die Diskussion der Schwingungs-Raman-Linien des $D^{35}Cl$-Spektrums benötigt man die Wellenzahlen $\tilde{v}_0$ des Rotations-Schwingungsspektrums von $D^{35}Cl$.

Mit Hilfe von Gl. (3.4-59) kann diese Wellenzahl $\tilde{v}_0$ bestimmt werden. Da

$$\tilde{v}_0(\text{DCl}) = \frac{1}{2\pi c} \sqrt{\frac{k}{\mu(\text{DCl})}}$$

gilt unter der Annahme, dass $H^{35}Cl$ und $D^{35}Cl$ die gleichen Kraftkonstanten besitzen

$$\tilde{v}_0\left(D^{35}Cl\right) = \tilde{v}_0\left(H^{35}Cl\right) \sqrt{\frac{\mu\left(H^{35}Cl\right)}{\mu\left(D^{35}Cl\right)}}$$

Die reduzierten Massen werden wie in Aufg. 3.1.6.1 bestimmt. Sie betragen

$$\mu\left(H^{35}Cl\right) = 1.627 \cdot 10^{-27}\,\text{kg}$$

$$\mu\left(D^{35}Cl\right) = 3.162 \cdot 10^{-27}\,\text{kg}$$

Die Wellenzahl $\tilde{v}_0$ des Chlorwasserstoffs hat genau einen Abstand von $2B$ zu der ersten Linie des R-Zweigs, ebenso wie zu der ersten Linie des P-Zweigs. Der Wert liegt folglich genau in der Mitte zwischen den beiden angegebenen Wellenzahlen:

$$\tilde{v}_0(\text{HCl}) = \frac{2906.25\,\text{cm}^{-1} + 2865.09\,\text{cm}^{-1}}{2} = 2885.67\,\text{cm}^{-1}$$

$$\tilde{v}_0(\text{DCl}) = 2885.67 \text{ cm}^{-1} \cdot \sqrt{\frac{1.627 \cdot 10^{-27} \text{ kg}}{3.162 \cdot 10^{-27} \text{ kg}}} = 2069.95 \text{ cm}^{-1} = 2.070 \cdot 10^5 \text{ m}^{-1}$$

Im Schwingungs-Raman-Spektrum gilt wegen der Auswahlregel $\Delta v = \pm 1$ (Gl. (3.4-87)) für die erste Stokes'sche Linie

$$\Delta \tilde{v}_\nu = v_0(D^{35}Cl)$$

und damit für die beobachtbare Wellenzahl der ersten Stokes'schen Linie

$$\tilde{v}_{Stokes} = \tilde{v}_{eingestrahltes\ Licht} - \Delta\tilde{v}_\nu =$$

$$= \frac{1}{435.8 \cdot 10^{-9} \text{ m}} - 2.070 \cdot 10^5 \text{ m}^{-1}$$

$$= 2.2946 \cdot 10^6 \text{ m}^{-1} - 0.207 \cdot 10^6 \text{ m}^{-1}$$

$$= 2.0877 \cdot 10^6 \text{ m}^{-1}$$

und

$$\lambda = \frac{1}{\tilde{v}} = \frac{1}{2.0877 \cdot 10^6 \text{ m}^{-1}} = 479.0 \text{ nm}$$

11. a) Nach Gl. (3.4-59) gilt

$$v_0 = \tilde{v}_0\,c = \frac{1}{2\pi}\sqrt{\frac{k}{\mu}}$$

Durch Umformen ergibt sich die Kraftkonstante zu

$$k = \left(\tilde{v}_0\,c\,2\pi\right)^2 \mu$$

Die Wellenzahl für den reinen Schwingungsübergang $\tilde{v}_0$ erhält man als Mittelwert der Wellenzahlen der der Nulllücke benachbarten Linien. Es ergibt sich:

$$\tilde{v}_0 = \frac{2296.4 \text{ cm}^{-1} + 2322.6 \text{ cm}^{-1}}{2} = 2309.5 \text{ cm}^{-1}$$

Die reduzierte Masse des $H^{127}I$ wurde bereits in Aufg. 3.1.6.1 zu $1.660\ 10^{-27}$ kg berechnet. Damit ergibt sich

$$k = \left((2.3095 \cdot 10^5 \text{ m}^{-1}) \cdot (2.998 \cdot 10^8 \text{ m s}^{-1}) \cdot 2\pi\right)^2 \cdot (1.660 \cdot 10^{-27} \text{ kg})$$

$$= 314 \text{ N m}^{-1}$$

b) Der Kernabstand im Molekül (die Bindungslänge) lässt sich aus dem Wert für die Rotationskonstante B berechnen. Nach Gl. (3.1-14) gilt

$$B = \frac{h}{8\,\pi^2\,c\,I} = \frac{h}{8\,\pi^2\,c\,\mu\,r^2}$$

$$r = \sqrt{\frac{h}{8\,\pi^2\,c\,\mu\,B}}$$

Der Abstand zwischen der ersten Linie des R-Zweigs und der ersten Linie des P-Zweigs beträgt $4B$, also ergibt sich:

$$B = \frac{1}{4} \cdot \left(2322.6 \text{ cm}^{-1} - 2296.4 \text{ cm}^{-1}\right) = 6.55 \text{ cm}^{-1}$$

Damit erhält man für r

$$r = \sqrt{\frac{6.626 \cdot 10^{-34} \text{ J s}}{8\pi^2 \cdot \left(2.998 \cdot 10^8 \text{ m s}^{-1}\right) \cdot \left(1.660 \cdot 10^{-27} \text{ kg}\right) \cdot \left(655 \text{ m}^{-1}\right)}}$$

$$= 1.60 \cdot 10^{-10} \text{ m}$$

c) Die Wellenzahl ergibt sich durch Einsetzen der Rotationskonstanten B und der Quantenzahl des Ausgangszustandes $J = 3$ in die Gleichung (3.4-51)

$$\tilde{\nu} = 2B(J + 1) = 2 \cdot \left(6.55 \text{ cm}^{-1}\right) \cdot (3 + 1)$$

$$= 52.4 \text{ cm}^{-1}$$

12. a) Nach Gl. (3.4-64) gilt

$$G(\nu) = \tilde{\nu}_0\left(\nu + \frac{1}{2}\right) - \tilde{\nu}_0\chi_e\left(\nu + \frac{1}{2}\right)^2 \qquad \text{mit } \nu = 0, 1, 2, \ldots$$

Für Cl_2 sind die Terme der Schwingungsniveaus beschrieben durch

$$\tilde{\nu}_0 = 564.9 \text{ cm}^{-1}$$

$$\chi_e = \frac{4.0 \text{ cm}^{-1}}{\tilde{\nu}_0} = \frac{4.0 \text{ cm}^{-1}}{564.9 \text{ cm}^{-1}} = 7.1 \cdot 10^{-3}$$

Daraus ergibt sich

$$\nu_0 = c\tilde{\nu}_0$$

$$= \left(2.998 \cdot 10^8 \ m \ s^{-1}\right) \cdot \left(564.9 \cdot 10^2 \ m^{-1}\right)$$

$$= 1.694 \cdot 10^{13} \ s^{-1}$$

Die Energieniveaus eines Oszillators kann man nach Gl. (3.4-63) berechnen:

$$E(\nu) = h\nu_0\left(\nu + \frac{1}{2}\right) - h\nu_0\chi_e\left(\nu + \frac{1}{2}\right)^2 \qquad \text{mit } \nu = 0, 1, 2, \ldots$$

Die Nullpunktsenergie beträgt

$$E(0) = \frac{1}{2}h\nu_0 - \frac{1}{4}h\nu_0\chi_e$$

$$= \frac{1}{2} \cdot \left(6.626 \cdot 10^{-34} \text{ J s}\right) \cdot \left(1.694 \cdot 10^{13} \text{ s}^{-1}\right) -$$

$$- \frac{1}{4} \cdot \left[\left(6.626 \cdot 10^{-34} \text{ J s}\right) \cdot \left(1.694 \cdot 10^{13} \text{ s}^{-1}\right) \cdot \left(7.1 \cdot 10^{-3}\right)\right]$$

$$= 5.612 \cdot 10^{-21} \text{ J} - 0.0020 \cdot 10^{-21} \text{ J}$$

$$= 5.59 \cdot 10^{-21} \text{ J}$$

Man beachte den geringen Anteil der Anharmonizität.

Für 1 mol Cl_2 ergibt sich dann:

$$E_m(0) = E(0) \cdot N_A$$
$$= (5.59 \cdot 10^{-21}\,J) \cdot (6.022 \cdot 10^{23}\,mol^{-1})$$
$$= 3.37\,kJ\,mol^{-1}$$

b) Nach Gl. (3.4-69) gilt für die Zahl der Schwingungszustände bis zur Dissoziation:

$$v_{max} = \frac{1}{2\chi_e} - 1$$
$$= \frac{1}{2 \cdot 7.1 \cdot 10^{-3}} - 1$$
$$= 70.6$$

Da für v nur ganzzahlige Werte möglich sind, ergibt sich als Zahl der Schwingungszustände bis zur Dissoziation $v = 70$.

c) Nach Gl. (3.4.-71) gilt für die Dissoziationsenergie:

$$D_e = \frac{\tilde{v}_0}{4\chi_e} - \frac{1}{4}\tilde{v}_0\chi_e$$
$$= \frac{564.9 \cdot 10^2\,m^{-1}}{4 \cdot 7.1 \cdot 10^{-3}} - \frac{1}{4} \cdot (564.9 \cdot 10^2\,m^{-1}) \cdot (7.1 \cdot 10^{-3})$$
$$= 1.9891 \cdot 10^6\,m^{-1} - 1 \cdot 10^2\,m^{-1}$$
$$= 1.989 \cdot 10^6\,m^{-1}$$

In vertrauteren Energieeinheiten erhält man

$$E = h\,c\,D_e$$
$$= (6.626 \cdot 10^{-34}\,J\,s) \cdot (2.998 \cdot 10^8\,m\,s)^{-1} \cdot (1.989 \cdot 10^6\,m^{-1})$$
$$= 3.95 \cdot 10^{-19}\,J$$

Auf 1 mol bezogen ergibt dies

$$E_m = N_A E$$
$$= (6.022 \cdot 10^{23}\,mol^{-1}) \cdot (3.95 \cdot 10^{-19}\,J)$$
$$= 238\,kJ\,mol^{-1}$$

13. Nach Gl. (3.4-59) gilt für die Schwingungsfrequenz eines harmonischen Oszillators:

$$v_0 = c\tilde{v}_0 = \frac{1}{2\pi}\sqrt{\frac{k}{\mu}}$$

Daraus folgt

$$k = (2\pi c \tilde{v}_0)^2 \mu$$

Nach Gl. (3.4-76) gilt für die Wellenzahlen des P-Zweiges:

$$\tilde{v} = \tilde{v}_0 - 2\,B\,J$$

$$\tilde{v}_0 = \tilde{v} + 2\,B\,J$$

Damit ergibt sich:

$$k = (2\,\pi\,c(\tilde{v} + 2\,B\,J))^2\,\mu$$

Den Wert für die Rotationskonstante B berechnet man mit Hilfe von Gl. (3.1-14) und der aus Aufg. 3.1.6.1 bekannten reduzierten Masse von $H^{35}Cl$:

$$B = \frac{h}{8\,\pi^2\,c\,I}$$

$$= \frac{h}{8\,\pi^2\,c\,\mu\,r^2}$$

$$= \frac{6.626 \cdot 10^{-34}\,\mathrm{J\ s}}{8\,\pi^2 (2.998 \cdot 10^{8}\,\mathrm{m\ s^{-1}}) \cdot (1.627 \cdot 10^{-27}\,\mathrm{kg}) \cdot (1.29 \cdot 10^{-10}\,\mathrm{m})^2}$$

$$= 1033.86\ \mathrm{m^{-1}}$$

Für k erhält man dann

$$k = \left(2\,\pi \cdot (2.998 \cdot 10^{8}\,\mathrm{ms^{-1}}) \cdot \left(\frac{1}{3.49 \cdot 10^{-6}\,\mathrm{m}} + 2 \cdot 1033.86\ \mathrm{m^{-1}}\right)\right)^2 \cdot (1.627 \cdot 10^{-27}\,\mathrm{kg})$$

$$= 481\ \mathrm{Nm^{-1}}$$

3.5
Die chemische Bindung

1. Die Gitterenergie eines Ionenkristalls lässt sich nach Gl. (3.5-12) berechnen:

$$\Delta U_g = \frac{z^+ z^- e^2 N_A M}{4\pi\varepsilon_0 r_0} \cdot \left(1 - \frac{\rho}{r_0}\right)$$

Darin ist r_0 der kleinste Abstand zwischen Anion und Kation, im NaCl-Gitter die halbe Gitterkonstante. M ist die für das Gitter charakteristische Madelung-Konstante.

$$\Delta U_g = \frac{1 \cdot (-1) \cdot (1.602 \cdot 10^{-19}\mathrm{A\ s})^2 \cdot (6.022 \cdot 10^{23}\,\mathrm{mol^{-1}}) \cdot 1.747565}{4\,\pi \cdot (8.854 \cdot 10^{-12}\mathrm{A\ s\ V^{-1}\ m^{-1}}) \cdot (0.314 \cdot 10^{-9}\,\mathrm{m})} \cdot \left(1 - \frac{0.096 \cdot r_0}{r_0}\right)$$

$$= -699\,\mathrm{kJ\,mol^{-1}}$$

Das stimmt gut mit dem experimentell ermittelten Wert von –703 kJ mol^{-1} überein.

2. a) ja , ersichtlich aus Abb. 3.1-9

b) ja , ersichtlich aus Abb. 3.1-9

c) nein, ersichtlich aus Abb. 3.1-9

d) nein, ersichtlich aus Abb. 3.1-9

e) nein, ersichtlich aus Abb. 3.1-9 und 3.1-11

f) ja, ersichtlich aus Abb. 3.1-9 und 3.1-11

g) nein, ersichtlich aus Abb. 3.1-9 und 3.1-11

3. a) Be_2:

Be hat die Konfiguration [He] $2s^2$.

Eine Kombination von zwei Be-Atomen ergibt die Elektronenkonfiguration $(\sigma 2s)^2(\sigma^* 2s)^2$.

Damit ist die Bindungszahl 0.

b) B_2:

B hat die Konfiguration [He] $2s^2 2p^1$.

Eine Kombination von zwei B-Atomen ergibt die Elektronenkonfigurationen $(\sigma 2s)^2(\sigma^* 2s)(\sigma 2p_x)^2$ oder $(\sigma 2s)^2(\sigma^* 2s)^2(\pi 2p_y)(\pi 2p_z)$. Aufgrund des festgestellten Paramagnetismus von B_2 gilt letztere Konfiguration.

Zwei bindende Elektronen (dividiert durch zwei) ergeben eine Bindungszahl 1.

c) N_2^+:

N hat die Konfiguration [He] $2s^2 2p^3$ und N^+ die Konfiguration [He] $2s^2 2p^2$.

Eine Kombination ergibt die Elektronenkonfiguration $(\sigma 2s)^2(\sigma^* 2s)^2(\pi 2p_{y,z})^4(\sigma 2p_x)^1$.

Fünf bindende Elektronen (dividiert durch zwei) ergeben eine Bindungszahl 2.5.

d) N_2:

N hat die Konfiguration [He] $2s^2 2p^3$.

Eine Kombination von zwei N-Atomen ergibt die Elektronenkonfiguration $(\sigma 2s)^2(\sigma^* 2s)^2(\pi 2p_{y,z})^4(\sigma\ 2p_x)^2$.

Sechs bindende Elektronen (dividiert durch zwei) ergeben eine Bindungszahl 3.

e) O_2^+:

O hat die Konfiguration [He] $2s^2 2p^4$ und O^+ die Konfiguration [He] $2s^2 2p^3$.

Eine Kombination ergibt die Elektronenkonfiguration $(\sigma 2s)^2(\sigma^* 2s)^2(\sigma 2p_x)^2(\pi 2p_{y,z})^4(\pi^* 2p_y)$.

Sechs bindende minus ein antibindendes Elektron (dividiert durch zwei) ergeben eine Bindungszahl 2.5.

f) O_2:

O hat die Konfiguration [He] $2s^2 2p^4$.

Eine Kombination von zwei O-Atomen ergibt die Elektronenkonfiguration $(\sigma 2s)^2(\sigma^* 2s)^2(\sigma 2p_x)^2(\pi 2p_{y,z})^4(\pi^* 2p_y)(\pi^* 2p_z)$.

Sechs bindende minus zwei antibindende Elektronen (dividiert durch zwei) ergeben eine Bindungszahl 2.

g) O_2^-:

O hat die Konfiguration [He] $2s^2 2p^4$ und O^- die Konfiguration [He] $2s^2 2p^5$.
Eine Kombination ergibt die Elektronenkonfiguration:
$(\sigma 2s)^2(\sigma^* 2s)^2(\sigma 2p_x)^2(\pi 2p_{y,z})^4(\pi^* 2p_y)^2(\pi^* 2p_z)$.
Sechs bindende minus drei antibindende Elektronen (dividiert durch zwei) ergeben eine Bindungszahl 1.5.

h) O_2^{2-}:

O^- hat die Konfiguration [He] $2s^2 2p^5$.
Eine Kombination von zwei O^--Ionen ergibt die Elektronenkonfiguration
$(\sigma 2s)^2(\sigma^* 2s)^2(\sigma 2p_x)^2(\pi 2p_{y,z})^4(\pi^* 2p_y)^2(\pi^* 2p_z)^2$.
Sechs bindende minus vier antibindende Elektronen (dividiert durch zwei) ergeben eine Bindungszahl 1.

4. a) N_2 hat eine höhere Bindungszahl als N_2^+ (3 zu 2.5; siehe Ergebnisse Aufgabe 3.5.7.3), daher ist

$$r(N_2) < r(N_2^+)$$

b) Die Reihenfolge der Kernabstände der Sauerstoffspezies ergibt sich entsprechend der Bindungszahl aus Aufgabe 3.5.7.3 folgendermaßen:

$$r(O_2^+) < r(O_2) < r(O_2^-) < r(O_2^{2-})$$

5. a) H_2:

Das höchste und einzig besetzte Orbital ist $(\sigma 1s)^2$.
Dieses ist ein bindendes Molekülorbital, die bindende Kombination zweier s-Orbitale ergibt eine gerade Wellenfunktion (siehe Abb. 3.5-11 und 3.5-12).

b) B_2:

Das höchste besetzte Orbital $(\pi 2p_{y,z})^2$ ist ein bindendes Molekülorbital, aber bei bindender Kombination zweier p_z- bzw. p_y-Orbitale. Bei Inversion am Mittelpunkt ergibt sich ein unterschiedliches Vorzeichen (siehe Abb. 3.5-11). Daher handelt es sich um eine ungerade Wellenfunktion.

c) N_2:

Das höchste besetzte Orbital $(\sigma 2p_x)^2$ ist ein bindendes Molekülorbital. Eine bindende Kombination zweier p_x-Orbitale ergibt gleiche Symmetrie bezüglich der Molekülachse und der Spiegelung am Molekülmittelpunkt (siehe Abb. 3.5-11). Daher handelt es sich um eine gerade Wellenfunktion.

d) F_2:

Das höchste besetzte Orbital $(\pi^* 2p_{y,z})^4$ ist ein antibindendes Molekülorbital. Eine antibindende Kombination zweier p_y- bzw. p_z-Orbitale ergibt gleiche Symmetrie bezüglich der Molekülachse und der Spiegelung am Molekülmittelpunkt (siehe Abb. 3.5-11). Daher handelt es sich um eine gerade Wellenfunktion.

6. a) C hat die Konfiguration [He] $2s^2 2p^2$, N die Konfiguration [He] $2s^2 2p^3$ und N$^-$ die Konfiguration [He] $2s^2 2p^4$.

N ist das elektronegativere Element, ist also in Abb. 3.5-14b das Atom 2.

CN:

Mit den neun Valenzelektronen ergibt sich folgende Elektronenkonfiguration: $(\sigma 2s)^2 (\sigma^* 2s)^2 (\pi 2p_{y,z})^4 (\sigma 2p_x)$.

Fünf bindende Elektronen (dividiert durch zwei) ergeben eine Bindungszahl 2.5.

CN$^-$:

Mit den 10 Valenzelektronen ergibt sich folgende Elektronenkonfiguration: $(\sigma 2s)^2 (\sigma^* 2s)^2 (\pi 2p_{y,z})^4 (\sigma 2p_x)^2$.

Sechs bindende Elektronen (dividiert durch zwei) ergeben eine Bindungszahl 3.

Damit folgt für den Kernabstand

$r(\mathrm{CN}) > r(\mathrm{CN}^-)$

b) N hat die Konfiguration [He] $2s^2 2p^3$, N$^+$ die Konfiguration [He] $2s^2 2p^2$ und O die Konfiguration [He] $2s^2 2p^4$.

O ist das elektronegativere Element, ist also in Abb. 3.5-14b das Atom 2.

NO$^+$:

Mit den 10 Valenzelektronen ergibt sich folgende Elektronenkonfiguration: $(\sigma 2s)^2 (\sigma^* 2s)^2 (\pi 2p_{y,z})^4 (\sigma 2p_x)^2$.

Sechs bindende Elektronen (dividiert durch zwei) ergeben eine Bindungszahl 3.

NO:

Mit den 11 Valenzelektronen ergibt sich folgende Elektronenkonfiguration: $(\sigma 2s)^2 (\sigma^* 2s)^2 (\pi 2p_{y,z})^4 (\sigma 2p_x)^2 (\pi^* 2p_y)$.

Sechs bindende Elektronen minus ein antibindendes Elektron (dividiert durch zwei) ergeben eine Bindungszahl 2.5.

Damit folgt für den Kernabstand

$r(\mathrm{NO}^+) < r(\mathrm{NO})$

7. Der Erwartungswert eines Operators (hier der potentiellen Energie V) ergibt sich nach Gl- (1.4-122) zu

$$< \hat{V} > = \frac{\int \psi^* \hat{V} \psi \cdot d\tau}{\int \psi^* \psi \cdot d\tau}$$

Die Integrale erstrecken sich jeweils über den Wertebereich der Variablen. Im Falle der 1s-Funktion des Wasserstoffs benutzt man zweckmäßigerweise Kugelkoordinaten (r, θ, φ). Für diese lautet das Volumenelement $d\tau$

$$d\tau = r^2 \sin \theta \cdot dr \cdot d\theta \cdot d\varphi$$

Der Operator der potentiellen Energie ist

$$\hat{V} = \hat{V}(r) = -\frac{e^2}{4\pi\varepsilon_0} \cdot \frac{1}{r}$$

Zunächst berechnet man den Nenner des obigen Ausdrucks:

$$\int \psi^* \psi \cdot d\tau = \int \int \int \left(\frac{1}{r_0}\right)^{3/2} \frac{1}{\sqrt{\pi}} \cdot \exp\left(-\frac{r}{r_0}\right) \cdot \left(\frac{1}{r_0}\right)^{3/2} \frac{1}{\sqrt{\pi}} \exp\left(-\frac{r}{r_0}\right) r^2 \sin\theta \cdot dr \cdot d\theta \cdot d\varphi$$

$$= \frac{1}{r_0^3} \frac{1}{\pi} \left[\int\limits_0^\infty r^2 \exp\left(-\frac{2r}{r_0}\right) dr\right] \cdot \left[\int\limits_0^\pi \sin\theta \cdot d\theta\right] \cdot \left[\int\limits_0^{2\pi} d\varphi\right]$$

$$= \frac{1}{\pi} \left[\int\limits_0^\infty z^2 \exp(-2z) \cdot dz\right] \cdot 2 \cdot 2\pi \qquad \text{mit } z = \frac{r}{r_0}$$

$$= \frac{1}{\pi} \cdot \frac{1}{4} \cdot 4\pi$$

$$= 1$$

Das Integral über z entnehme man einer Tabelle bestimmter Integrale. Dass insgesamt der Wert 1 berechnet wird, zeigt, dass die angegebene Wellenfunktion normiert ist.

Damit wird

$$< \hat{V} > = \int \psi^* \left(-\frac{e^2}{4\pi\varepsilon_0} \frac{1}{r}\right) \psi \cdot r^2 \sin\theta \cdot dr \cdot d\theta \cdot d\varphi$$

$$= -\frac{e^2}{4\pi\varepsilon_0} \cdot \frac{1}{\pi} \cdot \frac{1}{r_0^3} \left[\int\limits_0^\infty r \exp\left(-\frac{2r}{r_0}\right) dr\right] \cdot 2 \cdot 2\pi$$

$$= -\frac{e^2}{4\pi\varepsilon_0} \cdot \frac{4}{r_0} \left[\int\limits_0^\infty z \exp(-2z) dz\right] \qquad \text{mit } z = \frac{r}{r_0}$$

$$= -\frac{e^2}{4\pi\varepsilon_0} \cdot \frac{4}{r_0} \cdot \frac{1}{4}$$

$$= -\frac{e^2}{4\pi\varepsilon_0 r_0}$$

Auch hier wurde das Integral über z wieder einer Tabelle bestimmter Integrale entnommen.

8. a) Es gilt für den Laplace-Operator bei Anwendung auf die Wellenfunktion ψ_{1s}:

$$\Delta_r \psi_{1s} = \frac{1}{r^2} \frac{d}{dr}\left\{r^2 \frac{d}{dr}\right\} \psi_{1s} = \frac{1}{r^2} \frac{d}{dr}\left\{r^2 \frac{d}{dr}\right\}\left(\left(\frac{1}{r_0}\right)^{3/2} \frac{1}{\sqrt{\pi}} \cdot e^{-r/r_0}\right)$$

$$= \left(\frac{1}{r_0}\right)^{3/2} \frac{1}{\sqrt{\pi}} \cdot \frac{1}{r^2} \frac{d}{dr}\left\{r^2 \cdot \left(-\frac{1}{r_0}\right) \cdot e^{-r/r_0}\right\}$$

$$= -\left(\frac{1}{r_0}\right)^{5/2} \frac{1}{\sqrt{\pi}} \cdot \frac{1}{r^2} \left\{r^2 \cdot \left(-\frac{1}{r_0}\right) \cdot e^{-r/r_0} + 2r \cdot e^{-r/r_0}\right\}$$

$$= -\left(\frac{1}{r_0}\right)^{5/2} \frac{1}{\sqrt{\pi}} \left\{ -\frac{1}{r_0} + \frac{2}{r} \right\} e^{-r/r_0}$$

$$= \left(\frac{1}{r_0^2} - \frac{2}{rr_0}\right) \cdot \psi_{1s}$$

b) Anwendung des Hamilton-Operators auf die Wellenfunktion ψ_{1s}:

Es ist

$$\hat{H} = \hat{T} + \hat{V}$$

mit

$$\hat{T} = -\frac{\hbar^2}{2m_e} \cdot \Delta_r$$

$$\hat{V} = -\frac{e^2}{4\pi\varepsilon_0} \cdot \frac{1}{r}$$

Damit ergibt sich:

$$\hat{H}\psi_{1s} = -\frac{\hbar^2}{2m_e} \left(\frac{1}{r_0^2} - \frac{2}{rr_0}\right) \cdot \psi_{1s} - \frac{e^2}{4\pi\varepsilon_0} \cdot \frac{1}{r} \cdot \psi_{1s}$$

Bekannt ist nach Gl. (1.4-88) folgende Beziehung:

$$r_0 = \frac{\varepsilon_0 h^2}{\pi \cdot m_e e^2} = \frac{4\pi\varepsilon_0 \hbar^2}{m_e e^2}$$

Wird dieser Ausdruck eingesetzt, verbleibt

$$\hat{H}\psi_{1s} = -\frac{\hbar^2}{2m_e} \cdot \frac{1}{r_0^2} \cdot \psi_{1s} + \frac{\hbar^2}{m_e r_0} \cdot \frac{1}{r} \cdot \psi_{1s} - \frac{\hbar^2}{m_e r_0} \cdot \frac{1}{r} \cdot \psi_{1s}$$

$$= -\frac{\hbar^2}{2m_e} \cdot \frac{1}{r_0^2} \cdot \psi_{1s}$$

c) Die Berechnung der Gesamtenergie erfolgt über

$$E = \int \psi^* \hat{H} \psi \cdot d\tau = \int \psi_{1s}^* \left(-\frac{\hbar^2}{2m_e r_0^2}\right) \cdot \psi_{1s} d\tau$$

$$= \left(-\frac{\hbar^2}{2m_e r_0^2}\right) \cdot \int \psi_{1s}^* \psi_{1s} d\tau$$

$$= -\frac{\hbar^2}{2m_e r_0^2}$$

Das Integral ergibt Eins, da die Wellenfunktion normiert ist. Siehe dazu auch Aufgabe 3.5.7.7

Bei Anwendung der Gl. (1.4-88) gilt auch folgender Ausdruck für die Gesamtenergie:

$$E = -\frac{1}{4\pi\varepsilon_0} \cdot \frac{e^2}{2r_0}$$

9. Die Wellenfunktion wird als Hartree-Produkt von $2N$ Einelektronenwellenfunktionen (Orbitale) geschrieben:

$$\Phi = \Psi(\rho\sigma) = \prod_{i=1}^{2N} \Psi_i(\rho_i\sigma_i)$$

wobei jedes Spinorbital nach Gl. (3.5-80) ein Produkt aus einem Raumorbital φ und einer Spinfunktion (α oder β) ist:

$$\Psi(\rho_i\sigma_i) = \phi_i(\mu)\alpha(\mu) \quad \text{oder} \quad \Psi(\rho_i\sigma_i) = \phi_i(\mu)\beta(\mu)$$

Für jedes Raumorbital werden beide Spinfunktionen verwendet.

Die Slater-Determinante eines $2N$-Elektronensystems ist dann in Analogie zu Gl. (3.5-79):

$$\Phi = \frac{1}{\sqrt{(2N)!}} \begin{vmatrix} \phi_1(1)\alpha(1) & \phi_1(1)\beta(1) & \dots & \phi_N(1)\beta(1) \\ \phi_1(2)\alpha(2) & \phi_1(2)\beta(2) & \dots & \phi_N(2)\beta(2) \\ \vdots & & \ddots & \vdots \\ \phi_1(2N)\alpha(2N) & \phi_1(2N)\beta(2N) & \dots & \phi_N(2N)\beta(2N) \end{vmatrix}$$

Dies lässt sich auch mit Hilfe der Permutationsoperatoren P ausdrücken:

$$\Phi = \frac{1}{\sqrt{(2N)!}} \sum_P (-1)^P P\Phi = A\Phi$$

mit dem Antisymmetrierungsoperator A:

$$A = \frac{1}{\sqrt{(2N)!}} \sum_P (-1)^p P$$

Es lässt sich zeigen, dass für einen quantenmechanischen Operator G, der mit A kommutiert, gilt:

$$\langle G \rangle = \sum_P (-1)^p \langle \Phi | G | P\Phi \rangle$$

Diese Beziehung wird auch mit dem Hamilton-Operator H erfüllt, der für das hier betrachtete System lautet (vgl. Gl. (3.5-82):

$$H = \sum_{\mu=1}^{2N} h_\mu + \sum_{\mu<\nu} \frac{1}{r_{\mu\nu}}$$

Die Summation im zweiten Term ist dergestalt beschränkt, dass die Wechselwirkung zwischen zwei Elektronen nur einmal berücksichtigt wird und auch die Selbstwechselwirkung entfällt. Er setzt sich aus einem Einelektronenanteil h_i (kinetische Energie der Elektronen und Kern-Elektron-Anziehung) und einem Zweielektronenanteil $1/r_{ij}$ (Elektron-Elektron-Wechselwirkung) zusammen.

Der Energieerwartungswert ist damit:

$$\langle H \rangle = \sum_P (-1)^p \langle \phi_1(1)\alpha(1) \cdot \phi_2(2)\beta(2) \ldots \phi_{2N}(2N)\beta(2N) |$$

$$\sum_{\mu=1}^{2N} h_\mu + \sum_{\mu<\nu} \frac{1}{r_{\mu\nu}} | P\phi_1(1)\alpha(1) \cdot \phi_2(2)\beta(2) \ldots \phi_{2N}(2N)\beta(2N) \rangle$$

$$= \sum_P (-1)^p \langle \phi_1(1)\alpha(1) \cdot \phi_2(2)\beta(2) \ldots \phi_{2N}(2N)\beta(2N) |$$

$$\sum_{\mu=1}^{2N} h_\mu | P\phi_1(1)\alpha(1) \cdot \phi_2(2)\beta(2) \ldots \phi_{2N}(2N)\beta(2N) \rangle +$$

$$\sum_P (-1)^p \langle \phi_1(1)\alpha(1) \cdot \phi_2(2)\beta(2) \ldots \phi_{2N}(2N)\beta(2N) |$$

$$\sum_{\mu<\nu} \frac{1}{r_{\mu<\nu}} | P\phi_1(1)\alpha(1) \cdot \phi_2(2)\beta(2) \ldots \phi_{2N}(2N)\beta(2N) \rangle$$

1. Für den Einelektronenanteil gilt:

   Der Operator h_μ wirkt nur auf *eine* Elektronenkoordinate, so dass das Integral in ein Produkt aus Integralen zerfällt. Bei einer Permutation taucht mindestens ein Integral des Typs $\langle \phi_i | \phi_j \rangle = 0$ auf. Aufgrund der Orthogonalität der Spinfunktionen, lässt sich der Beitrag der beiden Elektronen eines Raumorbitals nach Integration über die Spinkoordinaten vereinfacht ausdrücken als:

$$2 \langle \phi_1(1) | \phi_1(1) \rangle \cdot \langle \phi_2(2) | \phi_2(2) \rangle \ldots \langle \phi_{i-1}(i-1) | \phi_{i-1}(i-1) \rangle \cdot \langle \phi_i(i) | h | \phi_i(i) \rangle \cdot$$

$$\cdot \langle \phi_{i+1}(i+1) | \phi_{i+1}(i+1) \rangle$$

$$\ldots \langle \phi_N(N) | \phi_N(N) \rangle$$

   Da die Raumorbitale orthonormal sind, folgt für den Einelektronenanteil:

$$2 \sum_{\mu=1}^{N} \langle \phi_\mu | h_\mu | \phi_\mu \rangle = 2 \sum_{\mu=1}^{N} \underline{h}_\mu \qquad \text{mit} \qquad \underline{h}_\mu = \langle \phi_\mu | h_\mu | \phi_\mu \rangle$$

2. Für den Zweielektronenanteil gilt:

   Da der Operator auf zwei Elektronenkoordinaten wirkt, muss eine Fallunterscheidung gemacht werden:

   a) Fall ohne Permutation von zwei Koordinaten:

   Der Operator wirkt auf zwei Elektronenkoordinaten, weshalb pro Summand $2N - 2$ Integrale des Typs $\langle \phi_i | \phi_i \rangle = 1$ auftreten, da auf diese der Operator nicht wirkt.

   Übrig bleibt daher nur:

$$\sum_{\mu<\nu} \left\langle S_i(i) S_j(j) \left| \frac{1}{r_{\mu\nu}} \right| S_i(i) S_j(j) \right\rangle$$

In der Summe treten N Summanden auf, in denen zwei Elektronen das gleiche Raumorbital (aber mit unterschiedlichem Spin) besetzen:

$$\sum_{i=1}^{N} \left\langle \phi_i(\mu)\phi_i(\nu) \left| \frac{1}{r_{\mu\nu}} \right| \phi_i(\mu)\phi_i(\nu) \right\rangle = \sum_{i=1}^{N} J_{ii}$$

Für alle anderen gibt es vier Wege, das Integral

$$J_{ij} = \left\langle \phi_i(\mu)\phi_j(\nu) \left| \frac{1}{r_{\mu\nu}} \right| \phi_i(\mu)\phi_j(\nu) \right\rangle$$

zu bilden. Für jedes Orbital gibt es zwei Besetzungsmöglichkeiten:

$$\psi_\mu\left(\rho_\mu\sigma_\mu\right) = \begin{cases} \phi_i(\mu)\alpha(\mu) \\ \phi_i(\mu)\beta(\mu) \end{cases} \quad \text{und} \quad \psi_\nu\left(\rho_\nu\sigma_\nu\right) = \begin{cases} \phi_j(\nu)\alpha(\nu) \\ \phi_j(\nu)\beta(\nu) \end{cases}$$

Damit ergeben sich insgesamt vier Möglichkeiten, sodass gilt:

$$\sum_{i=1}^{N} J_{ii} + 4\sum_{i<j}^{N} J_{ij}$$

b) Fall der einfachen Permutationen:

Vertauschungen von Elektronen unterschiedlicher Spins geben aufgrund der Orthogonalität keinen Anteil.

Für alle anderen tragen von den vier Kombinationsmöglichkeiten nur die zwei bei, bei denen die vertauschten Elektronen den gleichen Spin besitzen.

Der Beitrag des Austauschintegrals

$$K_{ij} = \left\langle \phi_i(\mu)\phi_j(\nu) \left| \frac{1}{r_{\mu\nu}} \right| \phi_j(\mu)\phi_i(\nu) \right\rangle$$

zum Wechselwirkungsanteil beträgt also: $2\sum\limits_{i<j}^{N} K_{ij}$.

c) Permutationen von mehr als zwei Elektronen führen immer mindestens zu einem Integral $\left\langle \phi_i | \phi_j \right\rangle = 0$, so dass Mehrfach-Permutationen keinen Beitrag zur Energie liefern.

Die Summation über alle Beiträge ergibt damit für die Gesamtenergie des Systems:

$$E = \langle H \rangle = 2\sum_{i=1}^{N} h_i + \sum_{i<j}^{N} \left(4J_{ij} - 2K_{ij}\right) + \sum_{i=1}^{N} J_{ii}$$

Das negative Vorzeichen vor K resultiert aus dem Vorfaktor des Permutationsoperators.

10. Die Energie für ein geschlossenschaliges System aus $2N$ Elektronen ist:

$$E = 2\sum_{i=1}^{N} h_i + \sum_{i<j}^{N} \left(4J_{ij} - 2K_{ij}\right) + \sum_{i=1}^{N} J_{ii}$$

Bei Entfernen eines Elektrons, das durch das Orbital ϕ_k beschrieben wird, entfällt aus dem Einelektronenanteil gerade einmal der Term h_k, so dass insgesamt bleibt:

$$\left(2 \sum_{i=1}^{N} h_i \right) - h_k$$

Auch in der Summe der Coulombintegrale zweier Elektronen desselben Raumintegrals mit unterschiedlichem Spin entfällt der Term J_{kk} und es bleibt übrig:

$$\left(\sum_{i=1}^{N} J_{ii} \right) - J_{kk}$$

Von den Coulombintegralen mit verschiedenen Raumorbitalen ϕ_i, ϕ_j mit $i \neq j$ fällt dasjenige weg, das ϕ_k enthält.

Dies ist:

$$\left\langle \phi_j(\mu)\phi_k(\nu) \left| \frac{1}{r_{\mu\nu}} \right| \phi_j(\mu)\phi_k(\nu) \right\rangle$$

Der gleiche Ausdruck fällt auch für den Fall weg, dass der Spin in ϕ_j entgegengesetzt ist.

Damit verbleibt noch:

$$4 \sum_{i<j}^{N} J_{ij} - 2 \sum_{i=1, i\neq k}^{N} J_{ik}$$

Zu den Austauschintegralen K_{ij} liefern nur Vertauschungen von Elektronen unterschiedlicher Raumintegrale mit gleichem Spin einen Beitrag. Es entfallen nun alle Vertauschungen der ϕ_j Orbitale mit ϕ_k. Also:

$$2 \sum_{i<j}^{N} K_{ij} - \sum_{i=1}^{N} K_{ik}$$

Zusammenfassend geht der Ausdruck der Energie für das geschlossenschalige System $E(2N)$ bei Entfernen eines Elektrons aus dem Orbital ϕ_k über in

$$E^{(k)}(2N-1) = \left[\left(2 \sum_{i=1}^{N} h_i \right) - h_k \right] + \left[\sum_{i<j}^{N} \left(4J_{ij} - 2K_{ij} \right) - \sum_{i=1, i\neq k}^{N} \left(2J_{ik} - K_{ik} \right) \right] + \left[\sum_{i=1}^{N} J_{ii} - J_{kk} \right]$$

$$= E(2N) - \left[h_k + \sum_{i=1}^{N} \left(2J_{ik} - K_{ik} \right) \right]$$

Der Term $h_k + \sum_{i=1}^{N} \left(2J_{ik} - K_{ik} \right)$ ist gerade der Eigenwert $\varepsilon_k = \left\langle \phi_k | F | \phi_k \right\rangle$ des Fock-Operators und entspricht der Orbitalenergie. Daher kann ε_k als Näherung für die physikalische Ionisierungsenergie IP angesehen werden.

3.6
Molekülsymmetrie und Struktur

1. Nach der Identifizierung der Symmetrieelemente kann die Punktgruppe anhand von Tab. 3.6-1 bestimmt werden.

a) Symmetrieelemente: E, eine C_2-Achse und zwei σ_v-Ebenen. Damit gehört das Molekül der Punktgruppe C_{2v} an.

b) Das einzige Symmetrieelement ist die Identität E. Damit gehört das Molekül zur Punktgruppe C_1.

c) Symmetrieelemente: E, eine C_3-Achse und drei σ_v-Ebenen. Damit gehört das Molekül zur Punktgruppe C_{3v}.

d) Symmetrieelemente: E, drei C_2-Achsen, zwei σ_v-Ebenen, eine σ_h-Ebene und ein Inversionszentrum i. Damit gehört das Molekül zur Punktgruppe D_{2h}.

e) Symmetrieelemente: E, eine C_∞-Achse und unendlich viele σ_v-Ebenen. Damit zählt das Molekül zur Punktgruppe $C_{\infty v}$.

2. Das Molekül hat eine zweizählige Rotationsachse senkrecht auf der Bindung O–O. Beide H-Atome befinden sich auf der gleichen Seite der O–O-Bindung, eines vor, das andere hinter der Zeichenebene, die durch die C_2-Achse und die O–O-Bindung gegeben ist.

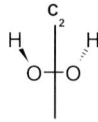

3. Die (110)-Oberfläche eines kubisch primitiven Gitters mit der Gitterkonstante a verläuft diagonal durch die Elementarzelle:

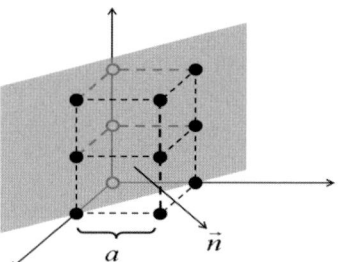

Die Aufsicht auf die (110)-Ebene ist:

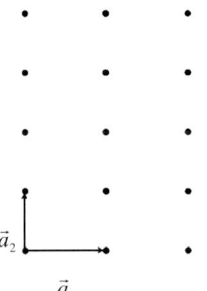

Der Vektor $\vec{a}_1$ verläuft daher diagonal durch die Elementarzelle und es gilt:

$$\vec{a}_1 = \sqrt{2} \cdot a \cdot \begin{pmatrix} 0 \\ 1 \end{pmatrix}$$

Der Vektor $\vec{a}_2$ verläuft entlang der Kante der Elementarzelle, sodass hier gilt:

$$\vec{a}_2 = a \cdot \begin{pmatrix} 1 \\ 0 \end{pmatrix}$$

Für die Berechnung der reziproken Gittervektoren $\vec{a}^*$ gilt im zweidimensionalen Fall:

$$\vec{a}_1^* = 2\pi \frac{\vec{a}_2 \times \vec{n}}{|\vec{a}_1 \times \vec{a}_2|} \qquad \text{bzw.} \qquad \vec{a}_2^* = 2\pi \frac{\vec{n} \times \vec{a}_1}{|\vec{a}_1 \times \vec{a}_2|}$$

mit dem Einheitsvektor $\vec{n}$ senkrecht zur betrachteten Oberfläche, d. h. es gilt

$$\vec{n} = \frac{\vec{a}_1 \times \vec{a}_2}{|\vec{a}_1 \times \vec{a}_2|}.$$

Einsetzen in die Definition ergibt unter Berücksichtigung des Grassmann'schen Entwicklungssatzes ($\vec{a} \times \left(\vec{b} \times \vec{c} \right) = (\vec{a} \cdot \vec{c}) \cdot \vec{b} - \left(\vec{a} \cdot \vec{b} \right) \cdot \vec{c}$) und Auflösen der Skalarprodukte:

$$a_1^* = 2\pi \frac{\vec{a}_2 \times (\vec{a}_1 \times \vec{a}_2)}{|\vec{a}_1 \times \vec{a}_2|^2} = 2\pi \frac{\vec{a}_1 \vec{a}_2^{\,2} - \vec{a}_2 (\vec{a}_1 \vec{a}_2)}{\vec{a}_1^{\,2} \vec{a}_2^{\,2} \sin^2 \varphi} = \frac{2\pi}{a_1 \sin^2 \varphi} \left(\frac{\vec{a}_1}{a_1} - \frac{\vec{a}_2}{a_2} \cos \varphi \right)$$

Aufgrund der Orthogonalität ist hier $\sin^2 \varphi = 1$ bzw. $\cos \varphi = 0$.

Einsetzen der Definitionen der Vektoren $\vec{a}_1$ und $\vec{a}_2$ liefert:

$$\vec{a}_1^* = \frac{2\pi}{a_1^{\,2}} \cdot \vec{a}_1 = \frac{\pi \sqrt{2}}{a} \cdot \begin{pmatrix} 0 \\ 1 \end{pmatrix}$$

$$\vec{a}_2^* = \frac{2\pi}{a_2^{\,2}} \cdot \vec{a}_2 = \frac{2\pi}{a} \cdot \begin{pmatrix} 1 \\ 0 \end{pmatrix}$$

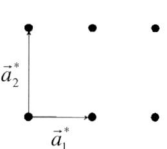

2x1 Struktur:

Die Struktur wird durch folgende Vektoren aufgespannt:

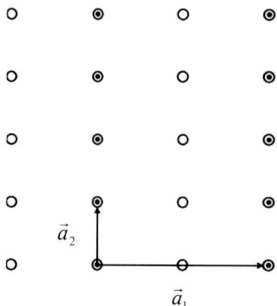

Die Vektoren sind:

$$\vec{a}_1 = 2\sqrt{2}a \cdot \begin{pmatrix} 0 \\ 1 \end{pmatrix} \quad \text{und} \quad \vec{a}_2 = a \cdot \begin{pmatrix} 1 \\ 0 \end{pmatrix}$$

d. h. $\vec{a}_1$ unterscheidet sich um den Faktor 2 im Vergleich zur (110)-Oberfläche.

Analog zu den vorherigen Berechnungen ergibt sich damit:

$$\vec{a}_1^* = \frac{\pi}{\sqrt{2}a} \cdot \begin{pmatrix} 0 \\ 1 \end{pmatrix}$$

$$\vec{a}_2^* = \frac{2\pi}{a} \cdot \begin{pmatrix} 1 \\ 0 \end{pmatrix}$$

Von der (110)-Oberfläche unterscheidet sich $\vec{a}_1^*$ um den Faktor 0.5.

Folgende Abbildung zeigt das reziproke Gitter:

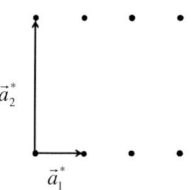

4. Die Zentren der s-Orbitale ψ_a und ψ_b seien an den Punkten A und B (mit einem Abstand R) auf der z-Achse eines x,y,z-Koordinatensystems angeordnet. Dann gilt:

$$\psi_a = \sqrt{\frac{k^3}{\pi}} \cdot \exp(-kr_a) \qquad \text{und} \qquad \psi_b = \sqrt{\frac{k^3}{\pi}} \cdot \exp(-kr_b)$$

Das Integral

$$S = \int\limits_V \psi_a \psi_b \, d\tau$$

ist in einem rechtwinkligen Koordinatensystem nicht leicht zu lösen. Es bietet sich für den vorliegenden Fall eines Zwei-Zentren-Problems an, die Lösung mit Hilfe elliptischer Koordinaten zu suchen.

Ein Punkt $P(x,y,z)$ sei vom einen Zentrum F_1 (Brennpunkt 1) r_a und vom anderen Zentrum F_2 (Brennpunkt 2) r_b entfernt. Die Brennpunkte mögen symmetrisch zum Ursprung auf der z-Achse liegen.

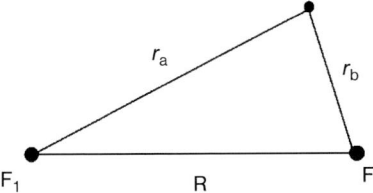

Die Punkte F_1, F_2, P definieren eine Ebene mit einem Winkel Φ zur x,z-Ebene. Die weiteren elliptischen Koordinaten μ und v sind definiert durch

$$\mu = \frac{r_a + r_b}{R}$$

$$v = \frac{r_a - r_b}{R}$$

Konstantes σ beschreibt ein Rotationsellipsoid um die Brennpunkte, konstantes τ ein Rotationsparaboloid um einen der Brennpunkte.
Es gilt dann

$$r_a = \frac{1}{2} R \cdot (\mu + v)$$

$$r_b = \frac{1}{2} R \cdot (\mu - v)$$

Der Zusammenhang zwischen den kartesischen und den elliptischen Koordinaten ist gegeben durch

$$x = \frac{R}{2} \sqrt{\mu^2 - 1} \sqrt{1 - v^2} \cos \Phi$$

$$y = \frac{R}{2} \sqrt{\mu^2 - 1} \sqrt{1 - v^2} \sin \Phi$$

$$z = \frac{R}{2} \mu v$$

mit den Definitionsbereichen

$1 \leq \mu \leq \infty$

$-1 \leq \nu \leq +1$

$0 \leq \Phi \leq 2\pi$

und dem Volumenelement

$$d\tau = \frac{R^3}{8}\left(\mu^2 - \nu^2\right)d\mu\, d\nu\, d\Phi$$

Daraus folgt für das Überlappintegral:

$$S = \int \sqrt{\frac{k^3}{\pi}}\exp(-kr_a)\sqrt{\frac{k^3}{\pi}}\exp(-kr_b)d\tau$$

$$= \frac{k^3}{\pi}\int \exp\left(-k(r_a + r_b)\right)d\tau$$

$$= \frac{k^3}{\pi}\int\int\int \exp(-kR\mu)\cdot\frac{R^3}{8}\left(\mu^2 - \nu^2\right)d\mu\, d\nu\, d\Phi$$

$$= \frac{k^3}{\pi}\cdot\frac{R^3}{8}\int_0^{2\pi} d\Phi\left\{\int_{-1}^{+1} d\nu \int_1^{\infty}\mu^2 e^{-kR\mu}d\mu - \int_{-1}^{+1}\nu^2\, d\nu\int e^{-kR\mu}d\mu\right\}$$

$$= \frac{k^3}{\pi}\cdot\frac{R^3}{8}\cdot 2\pi\cdot\left\{2\cdot\int_1^{\infty}\mu^2 e^{-kR\mu}\, d\mu - \left[\frac{1}{3}\nu^3\right]_{-1}^{+1}\left[\left(-\frac{1}{kR}e^{-kR\mu}\right)\right]_1^{\infty}\right\}$$

Das verbliebene Integral in der Klammer lässt sich durch partielle Integration oder – schneller – durch Nachschlagen in einer Integraltafel berechnen. Man findet

$$\int x^2 e^{ax}dx = e^{ax}\left\{\frac{x^2}{a} - \frac{2x}{a^2} + \frac{2}{a^3}\right\}$$

Mit $x = \mu$ und $a = -kR$ folgt nach Einsetzen der Integrationsgrenzen

$$\int_1^{\infty}\mu^2 e^{-kR\mu}d\mu = \frac{e^{-kR}}{kR}\left\{1 + \frac{2}{kR} + \frac{2}{(kR)^2}\right\}$$

Insgesamt ergibt sich für das Überlappungsintegral

$$S = \frac{k^3 R^3}{4}\left[\frac{2e^{-kR}}{kR}\left\{1 + \frac{2}{kR} + \frac{2}{(kR)^2}\right\} - \frac{2}{3}\cdot\frac{1}{kR}e^{-kR}\right]$$

$$= k^2 R^2 e^{-kR}\left[\frac{1}{3} + \frac{1}{kR} + \frac{1}{(kR)^2}\right]$$

$$= e^{-kR}\cdot\left[1 + kR + \frac{1}{3}(kR)^2\right]$$

Die Darstellung von $S(R)$ für $k = 1$ und $0 \leq R \leq 10$ ergibt folgenden Verlauf:

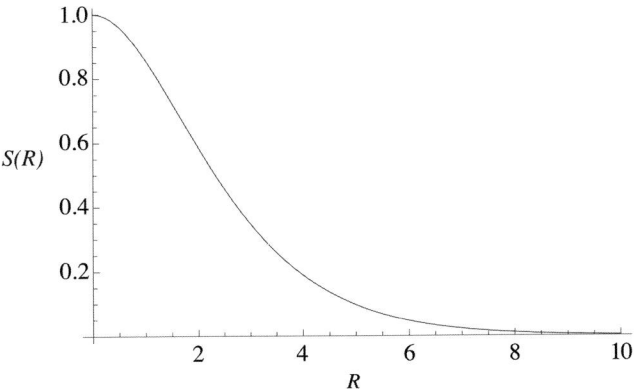

5. Die $\left(\sqrt{3} \times \sqrt{3}\right)R30^\circ$ Struktur von CO auf Co(0001) ist im Folgenden skizziert:

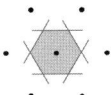

Die Co-Atome bilden ein hexagonales Gitter mit dem kleinsten Abstand d. Die CO-Moleküle bilden auf der Co-Oberfläche ein hexagonales 2D-Gitter mit der Gitterkonstanten $a = \sqrt{3} \cdot d$, welches um 30° gegenüber dem Co-Gitter gedreht ist.

Das dazu reziproke Gitter ist ebenfalls hexagonal, jedoch um 30° bezüglich des realen Gitters rotiert. In der folgenden Abbildung ist die Brillouin-Zone grau unterlegt:

In der Brillouin Zone gibt es zwei unterscheidbare Spiegelebenen:

$\bar{\Gamma} \rightarrow \bar{M}$ vom $\vec{\Gamma}$-Punkt in Richtung über $\bar{M}$

$\bar{\Gamma} \rightarrow \bar{K} \rightarrow \bar{M}$ vom $\vec{\Gamma}$-Punkt in Richtung über $\bar{K}$ und $\bar{M}$:

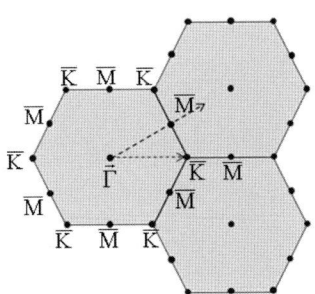

Die Bandstruktur entlang dieser beiden Spiegelebenen soll nun im Detail erläutert werden. Zunächst ist im folgenden Bild die berechnete Bandstruktur[1] für ein freies CO-Gitter derselben Struktur zu sehen:

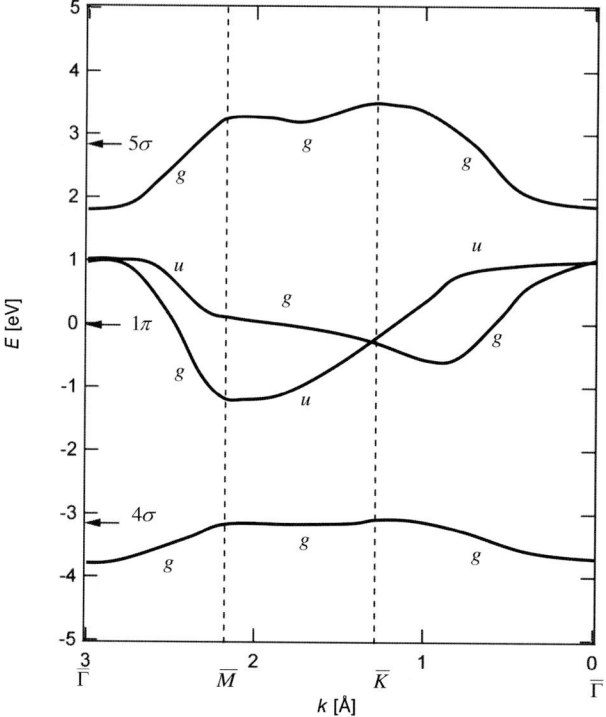

An der Ordinate ist mit Pfeilen die Lage der Molekülorbitale des CO-Moleküls gezeigt. Der Verlauf der daraus resultierenden Bänder lässt sich durch die Betrachtung der Wellenfunktionen an Punkten hoher Symmetrie anhand der unten folgenden Tabelle illustrieren. Dargestellt sind σ- und π- Zustände mit den jeweiligen Phasen (Orte mit der Phase null werden durch Punkte repräsentiert). Diese Zustände können in ihrer Symmetrie gerade (g) oder ungerade (u) bzgl. der Spiegelebene sein. Es ist ersichtlich, dass sich die 1π-Orbitale in zwei Bänder aufspalten, deren Symmetrie je nach dargestellter Richtung innerhalb der Brillouin-Zone unterschiedlich ist. Die Pfeile zeigen die Richtung der k-Vektoren an.

---

[1] Es wurden lediglich die Wechselwirkung zwischen direkt benachbarten CO-Molekülen einbezogen; alle anderen Wechselwirkungen wurden vernachlässigt.

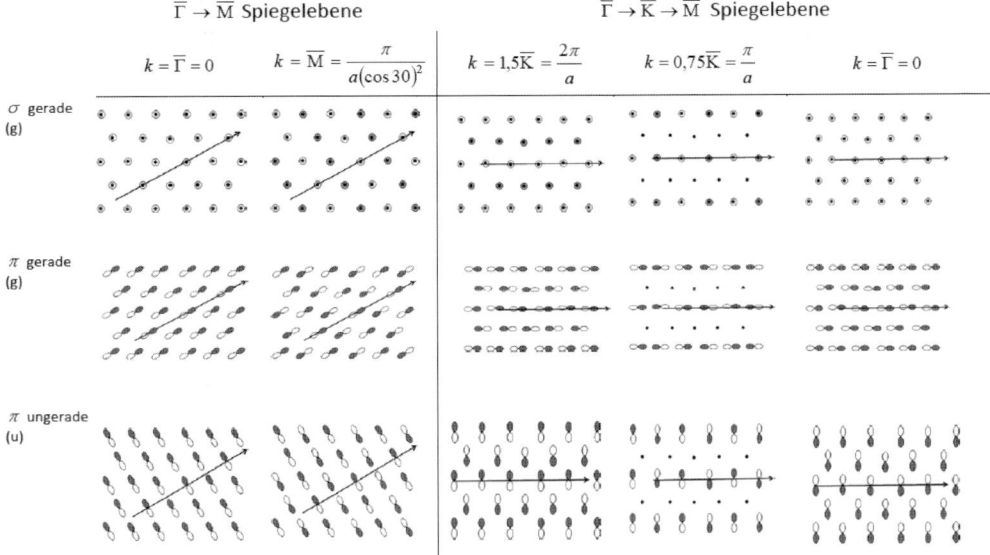

$\overline{\Gamma} \to \overline{M}$ Spiegelebene		$\overline{\Gamma} \to \overline{K} \to \overline{M}$ Spiegelebene		
$k = \overline{\Gamma} = 0$ $k = \overline{M} = \dfrac{\pi}{a(\cos 30)^2}$		$k = 1{,}5\overline{K} = \dfrac{2\pi}{a}$	$k = 0{,}75\overline{K} = \dfrac{\pi}{a}$	$k = \overline{\Gamma} = 0$

σ gerade (g)

π gerade (g)

π ungerade (u)

Bei $k = \overline{\Gamma} = 0$ sind alle Wellenfunktionen in Phase. Dies bedeutet für σ-Zustände eine bindende, für π-Zustände eine antibindende Wechselwirkung. Sie resultieren daraus, dass die σ-Zustände von allen Seiten von Nachbarorbitalen gleicher Phase umgeben sind, bei π-Zuständen von zwei benachbarten Molekülen jedoch stets gegenphasige Orbitalbereiche einander zugewandt sind. Gerade und ungerade π-Zustände sind am $\vec{\Gamma}$- Punkt entartet.

Bei $k = \overline{M}$ und somit $|\vec{k}| = \pi/(a \cdot \cos 30°)$ sind im σ-Zustand alle zu $\vec{k}$ senkrechten Reihen gleichphasig, die Phase alterniert jedoch zwischen den Reihen jeweils um den Betrag π. Durch diese antibindende Konfiguration steigt die Energie der k-Zustände entlang der $\overline{\Gamma}\overline{M}$-Achse von $\overline{\Gamma}$ bis $\overline{M}$ mit $|\vec{k}|$ an. Gerade π-Zustände entlang dieser Achse haben einen stark bindenden Charakter, da sich von benachbarten π-Molekülorbitalen stets gleichphasige Bereiche „sehen". Bei ungeraden π-Zuständen sieht ein π-Molekülorbital teils gleichphasige, teils gegenphasige Nachbarn, weshalb der Charakter dieser Zustände nur ein wenig stärker bindend ist als bei $k = \overline{\Gamma} = 0$. Die Entartung der unterschiedlichen Paritäten ist hier also aufgehoben. Durch analoge Argumentation lässt sich auch die Energiedispersion für die $\overline{\Gamma}\overline{K}\overline{M}$-Achse qualitativ erklären.

Das freie CO-Gitter ist jedoch kein gutes Modell für die CO-Bandstruktur, da die Wechselwirkung mit dem Substrat einen großen Einfluss auf diese hat. Das 5σ-Band trägt entscheidend zur Metall-CO-Bindung bei und ist daher gegenüber dem freien Gitter energetisch abgesenkt.

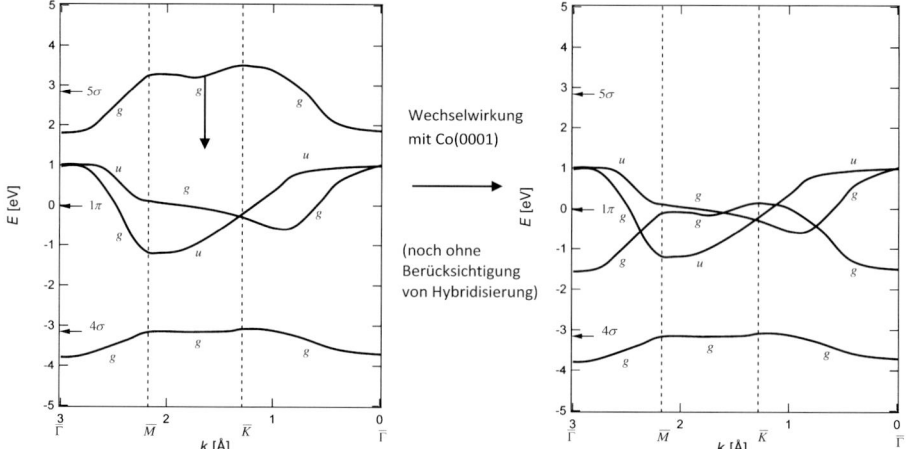

Zwischen den 1π-Bändern und dem 5σ-Band existiert nun neben dem räumlichen auch ein energetischer Überlapp. Dies führt zur Hybridisierung zwischen den Bändern – jedoch nur zwischen Bereichen gleicher Spiegelsymmetrie. Es hybridisieren also nur gerade 1π-Bereiche mit dem 5σ-Band.

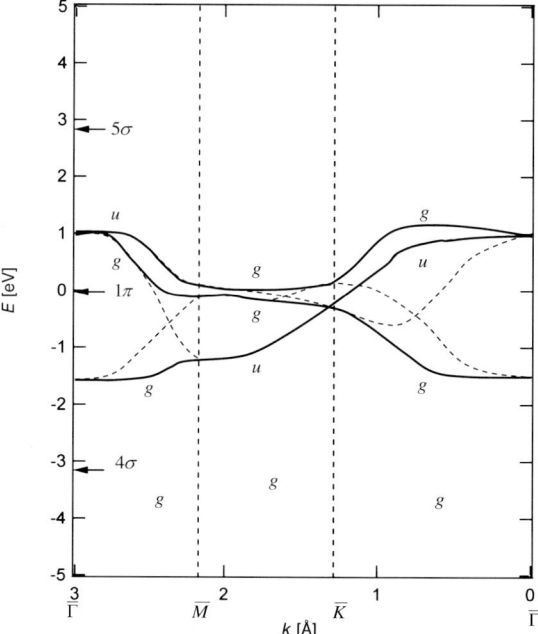

Die resultierenden Bänder haben nun keine reine σ- oder π-Form, sondern einen sich kontinuierlich verändernden Charakter.

4
Die statistische Theorie der Materie

4.1
Die klassische Statistik und die Quantenstatistiken

1. Eines der möglichen Isomere des Moleküls hat folgende Anordnung:

A – C = C – C = C – C = C = C – C = C = C – C – B

Die Zahl der unterschiedlichen Isomere ergibt sich als die Zahl der Permutationen von 10 Elementen, von denen vier und sechs jeweils einander gleich sind:

$$P_{10,4,6} = \frac{10\,!}{4!\,6!} = 210$$

Die unterschiedlichen Gruppen A und B führen dazu, dass die 10 Positionen (Bindungen) eindeutig festgelegt sind, d. h. Nr. 1 ist die neben A, Nr. 10 die neben B.

2. Könnte man wie in Aufgabe 4.1.9.1 die Positionen eindeutig festlegen, so ergäbe sich die Zahl der unterschiedlichen Isomere als Zahl der Permutationen von

a) 7,

b) 6 Elementen,

von denen

a) 3 und 4,

b) 3 und 3

jeweils einander gleich sind. Man würde analog zu Aufgabe 4.1.9.1 erhalten:

a) $\quad P_{7,3,4} = \dfrac{7!}{3!\,4!} = 35$

b) $\quad P_{6,3,3} = \dfrac{6!}{3!\,3!} = 20$

Da aber wegen der symmetrischen Enden der betrachteten Kohlenwasserstoffe die Positionen sowohl von links nach rechts wie von rechts nach links gewählt werden können, ist die Zahl der unterschiedlichen Isomere kleiner. Die Isomere, deren Doppelbindungen bzw. Einfachbindungen symmetrisch zur Molekülmitte liegen, werden durch die Betrachtung nicht betroffen; diejenigen, deren Doppel-

Arbeitsbuch der Physikalischen Chemie: Lösungen. Gerd Wedler und Hans-Joachim Freund.
© 2012 Wiley-VCH Verlag GmbH & Co. KGaA. Published 2012 by Wiley-VCH Verlag GmbH & Co. KGaA.

bzw. Einfachbindungen unsymmetrisch zur Molekülmitte liegen, sind in der obigen Berechnung doppelt gezählt worden.

Das bedeutet für den Fall a):
Bei sieben Bindungen, von den drei Doppel- und vier Einfachbindungen sind, können nur die symmetrischen Strukturen $--===--$, $-=-=-=-$ und $=--=--=$ auftreten. Es bleiben also 32 unsymmetrische übrig, die doppelt gezählt sind. Es gibt also

$$N_a = (35 - 3) : 2 + 3 = 19$$

verschiedene Isomere.

Für den Fall b) findet man:
Bei sechs Bindungen, von denen drei Einfach- und drei Doppelbindungen sind, gibt es kein zur Molekülmitte symmetrisches Molekül. Alle 20 Strukturen sind doppelt gezählt, d. h. es gibt nur

$$N_b = 10$$

verschiedene Isomere.

3. Durch die beiden unterschiedlichen Substituenten A und B sind die freien Positionen eindeutig festgelegt:

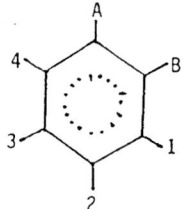

a) Der Benzolring mit den Substituenten A und B in ortho-Stellung hat noch vier freie Plätze für weitere Substituenten. Wenn jeder der acht zur Verfügung stehenden Substituenten nur einmal eingebaut wird, so gibt es für den ersten Platz acht Möglichkeiten, für den zweiten sieben, für den dritten sechs und für den vierten fünf. Es gibt also insgesamt

$$N_a = 8 \cdot 7 \cdot 6 \cdot 5 = 1680$$

Verbindungen.

Allgemein handelt es sich um das Problem, aus n von einander verschiedenen Elementen i Elemente herauszugreifen und in verschiedener Weise anzuordnen. Für die Besetzung der ersten Position gibt es n Möglichkeiten, für die der zweiten Position $(n - 1)$ Möglichkeiten, für die der i-ten Position $(n - i + 1)$ Möglichkeiten; also ist wie oben im Beispiel

$$N_{n,i} = n \cdot (n - 1) \cdot (n - 2) \cdot \ldots \cdot (n - i + 1)$$

Dafür kann man auch schreiben

$$N_{n,i} = \frac{n!}{(n - i)!}$$

b) Hier handelt es sich um das Problem, aus n verschiedenen Elementen i Elemente herauszugreifen und in verschiedener Weise anzuordnen, wobei jedes Element beliebig oft verwendet werden darf.

Jede Position kann also im betrachteten Fall von einem der acht verschiedenen Substituenten besetzt werden. Dann ist

$$\bar{N}_{n,i} = n^i = 8^4 = 4096,$$

Es gibt also 4096 verschiedene Verbindungen.

4. a) Die Wahrscheinlichkeit entspricht dem Verhältnis der Teilflächen A_1 bzw. A_2 zur Gesamtfläche A:

$$W_{A_1} = \frac{A_1}{A},$$

$$W_{A_2} = \frac{A_2}{A} = \frac{A - A_1}{A}$$

b) Jedes der M Teilchen, das auf die Fläche A_1 trifft, tut dies mit derselben Wahrscheinlichkeit W_{A1}. Entsprechendes gilt für die $(N - M)$ Teilchen, die auf die Fläche A_2 treffen. Es ist deshalb

$$W_M = \left(W_{A_1}\right)^M \cdot \left(W_{A_2}\right)^{N-M}$$

c) Dieser Fall entspricht dem Problem, die Anzahl der Kombinationen zu bestimmen, eine Teilgruppe mit M Teilchen aus N Teilchen zu bilden. Die Zahl der Möglichkeiten ergibt sich aus

$$W_V = \binom{N}{M} = \frac{N!}{M! \cdot (N - M)!}$$

d) Die gesuchte Wahrscheinlichkeit entspricht gerade dem Produkt der Wahrscheinlichkeit aus Frage b) und der Anzahl der Möglichkeiten aus Frage c):

$$W_U = W_M \cdot W_V = \left(\frac{A_1}{A}\right)^M \cdot \left(\frac{A - A_1}{A}\right)^{N-M} \cdot \frac{N!}{M! \cdot (N - M)!}$$

5. Es gilt für die Besetzungszahl des i-ten Niveaus laut Gl. (4.1-86):

$$N_i = N \cdot \frac{g_i \cdot \exp\left\{-\dfrac{\varepsilon_i}{kT}\right\}}{\sum\limits_i g_i \cdot \exp\left\{-\dfrac{\varepsilon_i}{kT}\right\}} = \frac{g_i \cdot \exp\left\{-\dfrac{\varepsilon_i}{kT}\right\}}{Z}$$

Das Verhältnis der Besetzungszahlen zweier aufeinanderfolgender Zustände ergibt sich dann zu:

$$\frac{N_{i+1}}{N_i} = \frac{g_{i+1} \cdot \exp\left\{-\dfrac{\varepsilon_{i+1}}{kT}\right\}}{g_i \cdot \exp\left\{-\dfrac{\varepsilon_i}{kT}\right\}} = \frac{g_{i+1}}{g_i} \cdot \exp\left\{-\frac{\varepsilon_{i+1} - \varepsilon_i}{kT}\right\}$$

$$= \frac{g_{i+1}}{g_i} \cdot \exp\left\{-\frac{\Delta\varepsilon}{kT}\right\}$$

6. a) Teilchenbewegung in zwei Dimensionen („quadratischer Kasten", Seitenlänge a):

In Analogie zu Gl. (4.1-1) gilt:

$$\varepsilon = \frac{1}{2m} \cdot \left(p_x^2 + p_y^2\right)$$

Eine Umstellung dieser Gleichung ergibt:

$$\frac{p_x^2}{\left(\sqrt{2m\varepsilon}\right)^2} + \frac{p_y^2}{\left(\sqrt{2m\varepsilon}\right)^2} = 1$$

Dies ist die Gleichung eines Kreises in der Impulsfläche mit dem Radius

$$R = \sqrt{2m\varepsilon}$$

und der Fläche

$$A_{\text{Kreis}} = \pi R^2 = 2\pi \cdot \varepsilon \cdot m$$

Einem Quantenzustand in der Impulsfläche entspricht eine Zelle der Größe h^2/a^2. Die Anzahl der Zellen und damit die Anzahl $Z(\varepsilon)$ von Energiezuständen mit den Energien kleiner als ε ist dann gegeben durch:

$$Z(\varepsilon) = \frac{A_{\text{Kreis}}}{A_{\text{Zelle}}} = 2\pi \cdot m \cdot \varepsilon \cdot \frac{a^2}{h^2}$$

Benutzen wir Gl. (4.1-8) und berücksichtigen, dass a^2 die Fläche A des zweidimensionalen Kastens ist, die dem Teilchen zur Verfügung steht, erhalten wir für die Zustandsdichte:

$$D(\varepsilon) = \frac{dZ(\varepsilon)}{d\varepsilon} = 2\pi \cdot m \cdot \frac{A}{h^2}$$

b) Teilchenbewegung in einer Dimension („Kasten" der Länge a):

Für den eindimensionalen Fall gilt analog zu obigem Ansatz

$$\varepsilon = \frac{1}{2m} \cdot p_x^2$$

und damit

$$p_x = \sqrt{2m\varepsilon}$$

Dies ist auf der Impulsgeraden ein „Strahl" mit der Länge $L_{\text{Strahl}} = \sqrt{(2m\varepsilon)}$. Einem Quantenzustand auf der Impulsgeraden entspricht eine Zelle der Größe $L_{\text{Zelle}} = h/a$. Demnach gilt:

$$Z(\varepsilon) = \frac{L_{\text{Strahl}}}{L_{\text{Zelle}}} = \sqrt{2m\varepsilon} \cdot \frac{a}{h}$$

Für die Zustandsdichte gilt dann:

$$D(\varepsilon) = \frac{dZ(\varepsilon)}{d\varepsilon} = \sqrt{\frac{m}{2}} \cdot \frac{a}{h} \cdot \varepsilon^{-1/2}$$

4.2
Statistische Thermodynamik

1. Der Zusammenhang zwischen der Entropie S und dem statistischen Gewicht G ist

$$S = k \cdot \ln G$$

Der Ansatz des Lagrange'schen Verfahrens der unbestimmten Multiplikatoren ist (beachte: feste Gesamtzahl an Teilchen N und feste Gesamtenergie E)

$$\delta \ln G + \alpha\, \delta N + \beta\, \delta E = 0$$

Berücksichtigt man noch, dass

$$\alpha = \frac{\varepsilon_F}{kT}$$

$$\beta = -\frac{1}{kT},$$

so folgt

$$\frac{1}{k} \cdot \delta S + \frac{\varepsilon_F}{kT} \cdot \delta N - \frac{1}{kT}\, \delta E = 0$$

Daraus ergibt sich bei konstanter Gesamtenergie E und konstantem Volumen V

$$\left(\frac{\partial S}{\partial N} \right)_{E,V} = -\frac{\varepsilon_F}{T}$$

Nach den Fundamentalgleichungen ist (Gl. (2.3-25) und (2.3-68))

$$\mathrm{d}U = T\mathrm{d}S - p\mathrm{d}V + \sum \mu_i \mathrm{d}n_i$$

oder im hier vorliegenden Fall

$$\mathrm{d}U = T\mathrm{d}S - p\mathrm{d}V + \mu \frac{1}{N_A}\mathrm{d}N$$

und damit für konstante Innere Energie U und konstantes Volumen V

$$\left(\frac{\partial S}{\partial N} \right)_{U,V} = -\frac{\mu}{T \cdot N_A}$$

Da E der Inneren Energie U entspricht, findet man durch Vergleich

$$\varepsilon_F = \frac{1}{N_A} \cdot \mu$$

Dies gilt zunächst für ungeladene Teilchen. Da das Elektron eine Ladung trägt, ist zusätzlich die elektrische Arbeit $z_i F \varphi$ (mit dem Galvanipotential φ) zu berücksichtigen, d. h. anstelle des chemischen Potentials μ tritt das elektrochemische Potential

$$\tilde{\mu}_i = \mu_i + z_i F \cdot \varphi$$

auf. Es gilt also schließlich

$$\varepsilon_F = \frac{1}{N_A} \cdot \tilde{\mu}.$$

2. Das vorliegende Problem befasst sich mit einem System, in dem das Volumen konstant ist. Als thermodynamische Zustandsfunktion wählt man deshalb die Freie Energie A als Ausgangspunkt und benutzt die beiden folgenden Beziehungen für A und das chemische Potential μ (Tab. 4.2-1 und Gl. (2.3-68)):

$$A = kT \cdot \ln Z$$

$$\mu = \left(\frac{\partial A}{\partial n_i}\right)_{T,V,n_{i+j}}$$

Die Ausdrücke vom Typ $N!$ in der Zustandssumme Z werden durch die einfache Näherung nach Stirling (s. Mathematischer Anhang Gl. (A-3))

$$\ln N! = N \ln N - N$$

in differenzierbare Größen umgewandelt. Es ergibt sich:

$$\ln Z = \ln \frac{N_m!}{N! \cdot (N_m - N)!} \cdot z^N$$

$$= \left[N_m \ln N_m - N_m - N \ln N + N - (N_m - N) \ln(N_m - N) + (N_m - N)\right] + N \ln z$$

und daraus

$$A = -kT \ln Z$$

$$= -kT\left\{\left[N_m \ln N_m - N_m - N \ln N + N - (N_m - N) \ln(N_m - N) + (N_m - N)\right] + N \ln z\right\}$$

Aus der Freien Energie wird das chemische Potential des Adsorbats berechnet:

$$\mu_{ads} = \left(\frac{\partial A}{\partial n}\right)_{T,V} = N_A \cdot \left(\frac{\partial A}{\partial N}\right)_{T,V}$$

$$= -N_A \cdot kT\left\{\left[0 - 0 - \frac{N}{N} - \ln N + 1 + \frac{N_m - N}{N_m - N} + \ln(N_m - N) - 1\right] + \ln z\right\}$$

$$= -RT\left\{\ln \frac{N_m - N}{N} + \ln z\right\}$$

Im Gleichgewicht ist das chemische Potential des Adsorbats gleich dem der Gasphase

$$\mu_{gas} = \mu_{gas}^0(T) + RT \ln \frac{p}{p^0} \qquad \text{mit } p^0 = 1 \text{ bar}$$

Es gilt dann

$$\ln \frac{N}{N_m - N} - \ln z = \frac{1}{RT} \cdot \mu_{gas}^0(T) + \ln \frac{p}{p^0}$$

$$= \ln\left\{\exp\left(\frac{1}{RT} \cdot \mu_{gas}^0(T)\right)\right\} + \ln \frac{p}{p^0}$$

Zusammengefasst und entlogarithmiert wird daraus

$$\frac{N}{N_m - N} = \frac{p}{p^0} \cdot z \cdot \exp\left(\frac{1}{RT} \cdot \mu_{gas}^0(T)\right)$$

$$= p \cdot C$$

In der letzten Gleichung ist C eine Konstante, die sich aber noch mit der Temperatur ändern kann, da darin sowohl μ^0 als auch z, das die Adsorptionswärme enthält (s. Abschnitt 4.2.8), von der Temperatur abhängen.

Aufgelöst nach N ergibt sich

$$N = \frac{CN_m \cdot p}{1 + C \cdot p} = \frac{N_m \cdot p}{b + p} \qquad \text{mit } b = \frac{1}{C}$$

Das ist die Gleichung für die Adsorptionsisotherme nach Langmuir (Gl. (2.7-53)).

3. Der Schwingungsanteil an der molaren Wärmekapazität ist bei niedrigen Temperaturen in der Regel deutlich kleiner als der klassische Wert. Erst bei ausreichend hohen Temperaturen leistet die Molekülschwingung einen signifikanten Beitrag, der sich für sehr hohe Temperaturen dem klassischen Wert annähert. Wenn die thermische Energie deutlich größer als die Schwingungsenergie ist, gilt annähernd der Gleichverteilungssatz der Energie. Dies ist der Fall für

$$kT > h\nu$$

$$T > \Theta_{\text{vib}} = \frac{h\nu}{k} = \frac{hc\tilde{\nu}}{k}$$

$$= \frac{\left(6.625 \cdot 10^{-34} \text{ J s}\right) \cdot \left(2.998 \cdot 10^8 \text{ m s}^{-1}\right) \cdot \left(2.144 \cdot 10^5 \text{ m}^{-1}\right)}{1.381 \cdot 10^{-23} \text{ J K}^{-1}}$$

$$= 3084 \text{ K}$$

Man nennt die Temperatur Θ_{vib} die charakteristische Temperatur für die Schwingung.

Der Anteil der Schwingung zur molaren Wärmekapazität lässt sich nach Gln. (4.2-81,83) berechnen:

$$c_{\text{vib}} = R \cdot \frac{\left(\dfrac{\Theta_{\text{vib}}}{T}\right)^2}{\left(1 - \exp\left(-\dfrac{\Theta_{\text{vib}}}{T}\right)\right)^2 \cdot \exp\left(\dfrac{\Theta_{\text{vib}}}{T}\right)}$$

Da der Term (Θ_{vib}/T) für $T = \Theta_{\text{vib}}$ Eins ergibt, folgt für c_{vib}:

$$c_{\text{vib}} = R \cdot \frac{1}{\left(1 - e^{-1}\right)^2 \cdot e} = 0.92 \cdot R$$

Man beachte: Die verwendeten Gleichungen gelten für die Beschreibung der Schwingungen durch einen harmonischen Oszillator.

4. Die Translationszustandssumme des Sauerstoffmoleküls lässt sich mit Hilfe von Gl. (4.2-53) berechnen. Es gilt:

$$z_{\text{trans}} = \frac{V}{h^3} \cdot (2\pi \cdot mkT)^{3/2}$$

$$= \frac{10^{-6} \text{m}^3}{(6.625 \cdot 10^{-34} \text{ J s})^3} \cdot \left(2\pi \cdot \frac{32 \cdot 10^{-3} \text{ kg mol}^{-1}}{6.022 \cdot 10^{23} \text{ mol}^{-1}} \cdot (1.381 \cdot 10^{-23} \text{ J K}^{-1})(300 \text{ K})\right)^{3/2}$$

$$= 1.77 \cdot 10^{26}$$

5. Allgemein gilt für die Zustandssumme ohne Berücksichtigung einer Entartung von Zuständen

$$z = \sum_i \exp\left(-\frac{\varepsilon_i}{kT}\right)$$

Für $T = 0$ K nehmen alle Summanden bis auf einen den Wert $e^{-\infty} = 0$ an. Dies gilt nicht für den Summanden mit $\varepsilon_i = 0$. Dieser Summand hat für alle Temperaturen, auch für $T = 0$ K, als Grenzwert den Wert $e^{-0} = 1$. Die Zustandssumme ist deshalb

$$z = 1 \qquad \text{für} \quad T = 0 \text{ K}$$

6. a) Der Translationsanteil der Entropie wird durch die Gleichung von Sackur und Tetrode (Gl. (4.2-92)) gegeben:

$$S_{m\,\text{trans}} = R \cdot \ln\left\{\left(\frac{2\pi \cdot mkT}{h^2}\right)^{3/2} \cdot \frac{e^{5/2} V_m}{N_A}\right\} \qquad \text{mit } V_m = \frac{RT}{p}$$

$$= (8,314 \text{ J mol}^{-1}\text{K}^{-1}) \cdot \ln\left\{\frac{\left(2\pi \cdot \dfrac{159,82 \cdot 10^{-3} \text{ kg mol}^{-1}}{6,022 \cdot 10^{23} \text{ mol}^{-1}} \cdot (1,381 \cdot 10^{-23} \text{ J K}^{-1}) \cdot (500 \text{ K})\right)^{3/2}}{(6,625 \cdot 10^{-34} \text{ J s})^3} \cdot \frac{e^{\frac{5}{2}} \cdot \dfrac{(8,314 \text{ J mol}^{-1} \text{ K}^{-1}) \cdot (500 \text{ K})}{1,013 \cdot 10^5 \text{ Pa}}}{6,022 \cdot 10^{23} \text{ mol}^{-1}}\right\}$$

$$= 182.8 \text{ J mol}^{-1} \text{ K}^{-1}$$

b) Allgemein gilt für den Zusammenhang zwischen der Entropie S und der Inneren Energie U (s. Tab. 4.2-1):

$$S = \frac{U}{T} + k \ln Z$$

Daraus folgt für den Entropiebeitrag der Rotation S_{rot}:

$$S_{rot} = \frac{U_{rot}}{T} + k \ln Z_{rot}$$

Die molare Innere Energie für die Rotation ist nach Gl. (4.2-68) RT.

Die Rotations-Zustandssumme ist

$$z_{\text{rot}} = \frac{8\pi^2 IkT}{\sigma \cdot h^2} = \frac{T}{\sigma \cdot \Theta_{\text{rot}}}$$

Da es sich um ein homonukleares Molekül handelt, ist $\sigma = 2$:

$$Z_{\text{rot}} = z_{\text{rot}}^{N_A} = \left(\frac{T}{2 \cdot \Theta_{\text{rot}}}\right)^{N_A}$$

und damit

$$S_{m\,\text{rot}} = R + R \ln\left(\frac{T}{2 \cdot \Theta_{\text{rot}}}\right)$$

$$= \left(8.314 \text{ J mol}^{-1} \text{ K}^{-1}\right) \cdot \left(1 + \ln \frac{500 \text{ K}}{2 \cdot (0.118 \text{ K})}\right)$$

$$= 71.99 \text{ J mol}^{-1} \text{ K}^{-1}$$

7. a) Es ist zweckmäßig, zunächst die charakteristische Schwingungstemperatur Θ_{vib} zu berechnen:

$$\Theta_{\text{vib}} = \frac{h\nu}{k} = \frac{hc\tilde{\nu}}{k}$$

$$= \frac{\left(6.625 \cdot 10^{-34} \text{ J s}\right) \cdot \left(2.998 \cdot 10^8 \text{ m s}^{-1}\right) \cdot \left(3.205 \cdot 10^4 \text{ m}^{-1}\right)}{1.381 \cdot 10^{-23} \text{ J K}^{-1}}$$

$$= 461 \text{ K}$$

Mit Hilfe dieses Wertes bestimmt man die Zustandssumme der Schwingung (harmonischer Oszillator) zu (s. Gl. (4.2-74)):

$$z_{\text{vib}} = \frac{\exp\left(-\dfrac{\Theta_{\text{vib}}}{2T}\right)}{1 - \exp\left(-\dfrac{\Theta_{\text{vib}}}{T}\right)}$$

$$= \frac{\exp\left(-\dfrac{461 \text{ K}}{2 \cdot (500 \text{ K})}\right)}{1 - \exp\left(-\dfrac{461 \text{ K}}{500 \text{ K}}\right)}$$

$$= 1.047$$

Das heißt, bei 500 K ist überwiegend der Schwingungsgrundzustand besetzt.

Der Anteil der Schwingung an der molaren Inneren Energie ist

$$
u_{\text{vib}} = \frac{1}{2} N_A \cdot h\nu + \frac{N_A \cdot h\nu}{\exp\left(\dfrac{\Theta_{\text{vib}}}{T}\right) - 1} = N_A \cdot hc\tilde{\nu} \cdot \left(\frac{1}{2} + \frac{1}{\exp\left(\dfrac{\Theta_{\text{vib}}}{T}\right) - 1}\right)
$$

$$
= \left\{ \left(6,022 \cdot 10^{23}\,\text{mol}^{-1}\right) \cdot \left(6,626 \cdot 10^{-34}\,\text{J s}\right) \cdot \left(2.998 \cdot 10^{8}\,\text{m s}^{-1}\right) \cdot \left(3.205 \cdot 10^{4}\,\text{m}^{-1}\right) \right\} \cdot
$$

$$
\cdot \left(\frac{1}{2} + \frac{1}{\exp\left(\dfrac{461\,\text{K}}{500\,\text{K}}\right) - 1}\right)
$$

$$
= 4450\,\text{J mol}^{-1}
$$

Der Anteil der Schwingung an der molaren Wärmekapazität ist nach Gl. (4.2-81)

$$
c_{\text{vib}} = R \cdot \left(\frac{\Theta_{\text{vib}}}{T}\right)^2 \cdot \frac{\exp\left(\dfrac{\Theta_{\text{vib}}}{T}\right)}{\left(\exp\left(\dfrac{\Theta_{\text{vib}}}{T}\right) - 1\right)^2}
$$

$$
= \left(8.314\,\text{J mol}^{-1}\,\text{K}^{-1}\right) \cdot 0.922^2 \cdot \frac{e^{0.922}}{\left(e^{0.922} - 1\right)^2} \qquad \text{da} \qquad \frac{\Theta_{\text{vib}}}{T} = \frac{461\,\text{K}}{500\,\text{K}} = 0.922
$$

$$
= 7.75\,\text{J mol}^{-1}\,\text{K}^{-1}
$$

Zur Berechnung des Vibrationsbeitrages zur molaren Entropie nutzt man Gl. (4.2-18):

$$
s_{\text{vib}} = k \cdot \left\{ \ln Z + T \left(\frac{\partial \ln Z}{\partial T}\right)_v \right\}
$$

$$
= R \cdot \left\{ \ln z + T \frac{\partial}{\partial T} \left(-\frac{\Theta}{2T} - \ln\left(1 - e^{\Theta/T}\right) \right) \right\}
$$

$$
= R \cdot \left\{ \ln z + T \left(\frac{\Theta}{2T^2} - \frac{1}{1 - e^{\Theta/T}} \left(e^{-\Theta/T}\right)\left(\frac{\Theta}{T^2}\right) \right) \right\}
$$

$$
= R \cdot \left\{ \ln z + \frac{\Theta}{T} \left(\frac{1}{2} + z \cdot \exp\left(-\frac{\Theta}{2T}\right) \right) \right\}
$$

$$
= \left(8.314\,\text{J mol}^{-1}\,\text{K}^{-1}\right) \cdot \left\{ \ln 1.047 + 0.922 \cdot \left(\frac{1}{2} + 1.047 \cdot e^{-0.461} \right) \right\}
$$

$$
= 9.28\,\text{J mol}^{-1}\,\text{K}^{-1}
$$

b) Die Nullpunktsenergie ist schon als Anteil der Inneren Energie berechnet worden. Sie beträgt

$$
E_{\nu=0} = \frac{1}{2} N_A \cdot h\nu = 1919\,\text{J mol}^{-1}.
$$

Sie trägt nicht zur molaren Wärmekapazität bei.

c) Wenn Br_2 unter den herrschenden Bedingungen als ideales Gas aufgefasst werden kann, gilt für die Wärmekapazität c_V

$$c_V = c_{trans} + c_{rot} + c_{vib}$$

$$= c_p - R$$

oder

$$c_{vib} = c_p - R - c_{trans} - c_{rot}$$

$$= c_p - R - \frac{3}{2}R - \frac{2}{2}R$$

$$= 37.1 \, \text{J mol}^{-1} \, \text{K}^{-1} - \frac{7}{2} \cdot \left(8.314 \, \text{J mol}^{-1} \, \text{K}^{-1}\right)$$

$$= 8.00 \, \text{J mol}^{-1} \, \text{K}^{-1}$$

d) Die Differenz zwischen dem mit Hilfe der statistischen Thermodynamik berechneten Wert $\left(7.75 \, \text{J mol}^{-1} \, \text{K}^{-1}\right)$ und dem obigen Wert beträgt $\left(-0.25 \, \text{J mol}^{-1} \, \text{K}^{-1}\right)$.

e) Die Gesamtentropie des Broms beträgt (siehe auch die berechneten Daten in Aufgabe 4.2.10.6):

$$s = s_{trans} + s_{rot} + s_{vib}$$

$$= (182.8 + 71.99 + 9.28) \, \text{J mol}^{-1} \, \text{K}^{-1}$$

$$= 264.07 \, \text{J mol}^{-1} \, \text{K}^{-1}$$

Dieser Wert ist nur um ca. $0.2 \, \text{J mol}^{-1} \, \text{K}^{-1}$ kleiner als der experimentell bestimmte Wert von $264.3 \, \text{J mol}^{-1} \, \text{K}^{-1}$.

8. Nach Gl. (4.2-120) gilt für die Wärmekapazität eines Festkörpers im Bereich niedriger Temperaturen

$$c_{vib} = 233.8 \cdot R \cdot \left(\frac{T}{\Theta_D}\right)^3$$

Die Debye-Temperatur Θ_D für Kupfer lässt sich aus der gemessenen Wärmekapazität berechnen:

$$\Theta_D = T \cdot \sqrt[3]{\frac{233.8 \cdot R}{c_{vib}}}$$

$$= (20 \, \text{K}) \cdot \sqrt[3]{\frac{233.8 \cdot \left(8.314 \, \text{J mol}^{-1} \, \text{K}^{-1}\right)}{0.48 \, \text{J mol}^{-1} \, \text{K}^{-1}}}$$

$$= 319 \, \text{K}$$

Zur Bestimmung der Wärmekapazität bei höheren Temperaturen reicht das T^3-Gesetz nicht mehr aus, man verwendet dann Gl. (4.2-114) und berechnet zunächst die Innere Energie des Stoffes (hier des Kupfers):

$$U_{vib} = \frac{9}{8} R \cdot \Theta_D + 9\, RT \left(\frac{T}{\Theta_D} \right)^3 \cdot \int_0^{\Theta_D/T} \frac{x^3}{e^x - 1} \cdot dx$$

Zur Lösung des Integrals wird die Exponentialfunktion in eine Reihe entwickelt und die Polynomdivision durchgeführt:

$$e^x - 1 = x + \frac{x^2}{2!} + \frac{x^3}{3!} + \frac{x^4}{4!} + \dots$$

$$\frac{x^3}{e^x - 1} = x^2 - \frac{x^3}{2} + \frac{x^4}{12} - \frac{x^6}{720} + \dots$$

Damit lässt sich das Integral berechnen:

$$\int_0^{\Theta_D/T} \frac{x^3}{e^x - 1} \cdot dx = \left[\frac{1}{3} x^3 - \frac{1}{8} x^4 + \frac{1}{60} x^5 - \frac{1}{5040} x^7 + \dots \right]_0^{\Theta_D/T}$$

$$= \frac{1}{3} \left(\frac{\Theta_D}{T} \right)^3 - \frac{1}{8} \left(\frac{\Theta_D}{T} \right)^4 + \frac{1}{60} \left(\frac{\Theta_D}{T} \right)^5 - \frac{1}{5040} \left(\frac{\Theta_D}{T} \right)^7 + \dots$$

Die Innere Energie wird damit

$$U_{vib} = \frac{9}{8} R \cdot \Theta_D + 9RT \cdot \left\{ \frac{1}{3} - \frac{1}{8} \frac{\Theta_D}{T} + \frac{1}{60} \left(\frac{\Theta_D}{T} \right)^2 - \frac{1}{5040} \left(\frac{\Theta_D}{T} \right)^4 + \dots \right\}$$

Die Wärmekapazität erhält man durch Differentiation nach der Temperatur:

$$c_{vib} = \left(\frac{\partial U_{vib}}{\partial T} \right) = 0 + 3R + 0 - \frac{3R \cdot \Theta_D^2}{20} \cdot \frac{1}{T^2} - \frac{R \cdot \Theta_D^4 (-3)}{560} \cdot \frac{1}{T^4} + \dots$$

$$= 3R \cdot \left(1 - \frac{1}{20} \cdot \left(\frac{\Theta_D}{T} \right)^2 + \frac{1}{560} \cdot \left(\frac{\Theta_D}{T} \right)^4 + \dots \right)$$

$$= 3R \cdot (1 - 0.127 + 0.012 + \dots) \qquad \text{für } T = 200 \text{ K}$$

$$= 22.1 \text{ J mol}^{-1} \text{K}^{-1}$$

9. Die Fermi'sche Grenzenergie ε_F berechnet sich nach Gl. (4.2-138) zu

$$\varepsilon_F = \left(\frac{3N}{\pi V} \right)^{2/3} \cdot \frac{h^2}{8m}$$

Die Teilchenzahldichte N/V errechnet sich aus der Größe der Elementarzelle (Seitenlänge a). Diese hat ein Volumen von

$$V = a^3 = \left(4.08 \cdot 10^{-10}\,\text{m}\right)^3$$
$$= 6.79 \cdot 10^{-29}\,\text{m}^3$$

Sie enthält vier Atome und damit auch vier freie Elektronen. Also ist

$$\frac{N}{V} = \frac{4}{6.79 \cdot 10^{-29}\,\text{m}^3}$$
$$= 5.89 \cdot 10^{28}\,\text{m}^{-3}$$

Mit diesen Zahlen wird

$$\varepsilon_F = \left(\frac{3}{\pi} \cdot 5.89 \cdot 10^{28}\,\text{m}^{-3}\right)^{2/3} \frac{\left(6.626 \cdot 10^{-34}\,\text{J s}\right)^2}{8 \cdot \left(9.109 \cdot 10^{-31}\,\text{kg}\right)}$$

$$= 8.84 \cdot 10^{-19}\,\text{J}$$
$$= 5.52\,\text{eV}$$

Die mittlere Energie ermittelt man mit Hilfe von Gl. (4.2-143)

$$\bar{\varepsilon} = \frac{3}{5}\varepsilon_F = 3.31\,\text{eV}$$

Ein ideales Gas hat die mittlere Energie von $(3/2)\,kT_F$. Es muss also gelten

$$\frac{3}{2}kT_E = 3.31\,\text{eV} = (3.31\,\text{eV}) \cdot \left(1.602 \cdot 10^{-19}\,\text{J eV}^{-1}\right)$$

$$= 5.30 \cdot 10^{-19}\,\text{J}$$

Daraus ergibt sich für die Elektronen eine Temperatur von

$$T_E = \frac{2 \cdot \left(5.30 \cdot 10^{-19}\,\text{J}\right)}{3 \cdot \left(1.381 \cdot 10^{-23}\,\text{J K}^{-1}\right)}$$

$$= 25600\,\text{K}$$

10. Die zu diskutierende Reaktion ist

$$H_2(g) \rightarrow 2\,H(g)$$

Für eine solche Gasreaktion ist die Gleichgewichtskonstante K nach Gl. (4.2-201):

$$K_N = \frac{N_H^2}{N_{H_2}} = \frac{z_H^2}{z_{H_2}} \cdot e^{-\Delta U_0/RT}$$

Die übliche Formulierung mit Hilfe des Massenwirkungsgesetzes lautet

$$K_p = \frac{\left(\dfrac{p_H}{p^0}\right)^2}{\left(\dfrac{p_{H_2}}{p^0}\right)} = \frac{p_H^2}{p_{H_2} \cdot p^0}$$

Darin ist p^0 der Standarddruck von 1 bar.

Mit Hilfe des Idealen Gasgesetzes erhält man eine Beziehung zwischen den Teilchenzahlen N und dem Druck p:

$$pV = nRT = \frac{N}{N_A} RT$$

$$p = N \cdot \frac{RT}{VN_A}$$

Es ist dann

$$K_p = \frac{N_H^2}{N_{H_2}} \cdot \left(\frac{RT}{VN_A}\right) \cdot \frac{1}{p^0} = \frac{z_H^2}{z_{H_2}} \cdot \left(\frac{RT}{VN_A}\right) \cdot \frac{1}{p^0} \cdot e^{-\Delta U_o/RT}$$

Die Zustandssummen in diesem Ausdruck entnimmt man den Gleichungen (4.2-53), (4.2-64) und (4.2-74) und erhält:

$$z_H = z_H(\text{trans})$$

$$= \frac{V}{h^3} \left(2\pi \cdot m_H kT\right)^{3/2}$$

und

$$z_{H_2} = z_{H_2}(\text{trans}) \cdot z_{H_2}(\text{rot}) \cdot z_{H_2}(\text{vib})$$

$$= \frac{V}{h^3} \left(2\pi \cdot m_{H_2} kT\right)^{3/2} \cdot \frac{8\pi^2 IkT}{\sigma \cdot h^2} \cdot \frac{e^{-h\nu/2kT}}{1 - e^{-h\nu/kT}}$$

In der Zustandssumme für H_2 ersetzt man die Masse des Moleküls durch $2\,m_H$, berücksichtigt, dass der Symmetriefaktor σ den Wert 2 hat (homonukleares Molekül) und setzt für das Trägheitsmoment $I\,\mu r^2$ ein. Insgesamt erhält man dann für K_p:

$$K_p = \frac{V}{h^3}(2\pi kT)^{3/2} \cdot \frac{m_H^3}{(2m_H)^{3/2}} \cdot \frac{2 \cdot h^2}{8\pi^2 \cdot \frac{1}{2} m_H r_0^2 kT} \cdot \frac{1 - e^{-h\nu/kT}}{e^{-h\nu/2kT}} \cdot \frac{N_A kT}{VN_A} \cdot \frac{1}{p^0} \cdot e^{-\Delta U_o/RT}$$

$$= \frac{(kT)^{3/2} \cdot m_H^{1/2}}{h \cdot 2 \cdot r_0^2 \cdot \pi^{1/2}} \cdot \frac{1 - e^{-h\nu/kT}}{e^{-h\nu/2kT}} \cdot \frac{1}{p^0} \cdot e^{-\Delta U_o/RT}$$

ΔU_0 ist identisch mit der Dissoziationsenergie am absoluten Nullpunkt. Das ist die Dissoziationsenergie D_e abzüglich der Nullpunktsenergie $1/2\,h\nu$ (siehe Abb. 3.4-4). Diese hat den Wert

$$\frac{1}{2} h\nu = \frac{1}{2} hc\tilde{\nu}$$

$$= \frac{1}{2} \cdot \left(6.625 \cdot 10^{-34}\,\text{J s}\right) \cdot \left(2.998 \cdot 10^8\,\text{m s}^{-1}\right) \cdot \left(4.4053 \cdot 10^5\,\text{m}^{-1}\right)$$

$$= 4.375 \cdot 10^{-20}\,\text{J}$$

$$= 0.273\,\text{eV}$$

Weiter gilt

$$\frac{h\nu}{kT} = \frac{hc\tilde{\nu}}{kT}$$

$$= \frac{2 \cdot \left(4.375 \cdot 10^{-20}\,\text{J}\right)}{\left(1.381 \cdot 10^{-23}\,\text{J}\,\text{K}^{-1}\right) \cdot \left(2000\,\text{K}\right)}$$

$$= 3.168$$

Dann ist

$$\frac{\Delta U_0}{RT} = \frac{4.722\,\text{eV} - 0.273\,\text{eV}}{\left(1.381 \cdot 10^{-23}\,\text{J}\,\text{K}^{-1}\right) \cdot \left(2000\,\text{K}\right)}$$

$$= \frac{\left(4.449\,\text{eV}\right) \cdot \left(1.602 \cdot 10^{-19}\,\text{J}\,\text{eV}^{-1}\right)}{\left(1.381 \cdot 10^{-23}\,\text{J}\,\text{K}^{-1}\right) \cdot \left(2000\,\text{K}\right)}$$

$$= 25.8$$

Insgesamt ergibt sich für K_p:

$$K_p = \frac{\left[\left(1.381 \cdot 10^{-23}\,\text{J}\,\text{K}^{-1}\right) \cdot \left(2000\,\text{K}\right)\right]^{3/2} \cdot \left(\dfrac{1.008 \cdot 10^{-3}\,\text{kg}\,\text{mol}^{-1}}{6.022 \cdot 10^{23}\,\text{mol}^{-1}}\right)^{1/2}}{2 \cdot \left(6.625 \cdot 10^{-34}\,\text{J}\,\text{s}\right) \cdot \left(0{,}7414 \cdot 10^{-10}\,\text{m}\right)^2 \cdot \pi^{0.5}} \cdot \frac{1}{p^0} \cdot \frac{1 - e^{-3,168}}{e^{-3,168/2}} \cdot e^{-25,8}$$

$$= \left(1.445 \cdot 10^{10}\,\text{Pa}\right) \cdot 4.669 \cdot \left(6.21 \cdot 10^{-12}\right) \cdot \frac{1}{p^0}$$

$$= \left(4.19 \cdot 10^{-1}\,\text{Pa}\right) \cdot \frac{1}{10^5\,\text{Pa}}$$

$$= 4.19 \cdot 10^{-6}$$

Die Partialdrücke des atomaren und des molekularen Wasserstoffs können mit Hilfe des Dissoziationsgrades α und des Gesamtdruckes p_{ges} ausgedrückt werden. Man leitet ab:

$$p_{\text{H}_2} = p_{\text{ges}}\,\frac{1 - \alpha}{1 + \alpha}$$

$$p_{\text{H}} = p_{\text{ges}}\,\frac{2\alpha}{1 + \alpha}$$

Setzt man diese Beziehungen in die Formulierung des Massenwirkungsgesetzes (siehe oben) ein, erhält man

$$K_p = \frac{p_{\text{ges}}^2 \cdot \dfrac{4\alpha^2}{(1+\alpha)^2}}{p_{\text{ges}}\,\dfrac{1-\alpha}{1+\alpha}} \cdot \frac{1}{p^0} = \frac{4\alpha^2 \cdot p_{\text{ges}}}{(1-\alpha^2) \cdot p^0} = \frac{4\alpha^2}{1-\alpha^2} \qquad \text{bei} \quad p_{\text{ges}} = 1\,\text{bar}$$

Da $\alpha << 1$ ist, kann man den Dissoziationsgrad sofort berechnen:

$$4\alpha^2 \approx K_p$$

$$\alpha = \sqrt{\frac{K_p}{4}} = \sqrt{\frac{4.19 \cdot 10^{-6}}{4}}$$

$$= 1.0 \cdot 10^{-3}$$

4.3
Die kinetische Gastheorie

1. Nach Gl. (4.3-8) gilt für die Geschwindigkeitsverteilungskurve

$$f(v) \cdot dv = \left(\frac{m}{2\,\pi\,kT}\right)^{3/2} \cdot 4\,\pi v^2 \cdot \exp\left(-\frac{mv^2}{2\,kT}\right) \cdot dv$$

und damit für das Verhältnis

$$\frac{f(v_{\max}) \cdot dv}{f(\bar{v}) \cdot dv} = \frac{\left(\frac{m}{2\,\pi\,kT}\right)^{\frac{3}{2}} \cdot 4\pi \cdot v_{\max}^2 \cdot e^{-\frac{mv_{\max}^2}{2kT}}}{\left(\frac{m}{2\,\pi\,kT}\right)^{\frac{3}{2}} \cdot 4\pi \cdot \bar{v}^2 \cdot e^{-\frac{m\bar{v}^2}{2kT}}}$$

bei gleichem dv. Aus Gln. (4.2-11) und (4.3-15) entnimmt man die Ausdrücke für $v_{\max}$ und $\bar{v}$.

$$v_{\max} = \sqrt{\frac{2\,kT}{m}}$$

$$\bar{v} = \sqrt{\frac{8\,kT}{\pi \cdot m}}$$

Insgesamt ergibt sich für das gesuchte Verhältnis

$$\frac{f(v_{\max})}{f(\bar{v})} = \frac{\pi}{4} \cdot \exp\left(-\frac{m \cdot \dfrac{2kT}{m}}{2\,kT} + \frac{m \cdot \dfrac{8kT}{\pi m}}{2\,kT}\right)$$

$$= \frac{\pi}{4} \cdot \exp\left(-1 + \frac{4}{\pi}\right)$$

$$= 1.032$$

$$= \text{const.}$$

Das Verhältnis ist konstant und ist weder von m noch von T abhängig.

2. Gemäß Gl. (4.3-39) gilt für die Zahl $^1Z_\mathrm{w}$ der Stöße pro Zeiteinheit auf die Flächeneinheit der Wand

$$^1Z_w(\mathrm{Ne}) = \frac{p}{\sqrt{2\,\pi mkT}} \quad \text{mit} \quad m = \frac{M}{N_A}$$

$$= \frac{p(\mathrm{Ne}) \cdot N_A}{\sqrt{2\,\pi \cdot M(\mathrm{Ne})RT}}$$

Darin ist p(Ne) der Druck des Neons und M(Ne) seine Molmasse. Für das andere Gas Argon gilt

$$p(\mathrm{Ar}) = \frac{m \cdot R \cdot T(\mathrm{Ar})}{V \cdot M(\mathrm{Ar})} = \rho(\mathrm{Ar}) \frac{R \cdot T(\mathrm{Ar})}{M(\mathrm{Ar})}$$

$$= \frac{1}{2}\rho(\mathrm{Ne}) \frac{R \cdot (2T(\mathrm{Ne}))}{M(\mathrm{Ar})}$$

$$= \frac{\rho(\mathrm{Ne}) \cdot R \cdot T(\mathrm{Ne})}{M(\mathrm{Ne})} \cdot \frac{M(\mathrm{Ne})}{M(\mathrm{Ar})}$$

$$= p(\mathrm{Ne}) \cdot \frac{M(\mathrm{Ne})}{M(\mathrm{Ar})}$$

Insgesamt erhält man für das Verhältnis der Stoßzahlen

$$\frac{^1Z_w(\mathrm{Ne})}{^1Z_w(\mathrm{Ar})} = \frac{p(\mathrm{Ne})}{p(\mathrm{Ar})} \cdot \frac{\sqrt{2\pi \cdot M(\mathrm{Ar}) \cdot RT(\mathrm{Ar})}}{\sqrt{2\pi \cdot M(\mathrm{Ne}) \cdot RT(\mathrm{Ne})}}$$

$$= \frac{M(\mathrm{Ar})}{M(\mathrm{Ne})} \cdot \sqrt{\frac{M(\mathrm{Ar})}{M(\mathrm{Ne})}} \sqrt{\frac{T(\mathrm{Ar})}{T(\mathrm{Ne})}}$$

$$= 2 \cdot \sqrt{2} \cdot \sqrt{2}$$

$$= 4$$

Eingesetzt wurde für die Molmasse von Neon 20 g mol^{-1} und für Argon 40 g mol^{-1}.

3. Für die Effusion aus einer Knudsen-Zelle berechnet man für die Masse der ausgetretenen Teilchen (Atome bzw. Moleküle) mit Hilfe von Gl. (4.3-39)

$$\Delta m = {}^1Z_\mathrm{w} \cdot A_0 \cdot m_\mathrm{Ag} \cdot \Delta t$$

Darin ist A_0 die Fläche der Öffnung der Knudsen-Zelle, m_Ag die Masse eines Ag-Atoms und Δt die Zeitspanne des Ausströmens. $^1Z_\mathrm{w}$ ist die Zahl der Stöße der Teilchen pro Zeiteinheit und pro Flächeneinheit auf die Wand des Gefäßes (s. Gl. (4.3-39)). Es ist dann

$$\Delta m = \frac{p}{\sqrt{2\pi \cdot m_\mathrm{Ag}kT}} \cdot A_0 \cdot m_\mathrm{Ag} \cdot \Delta t$$

oder mit $R = k\,N_A$ und $M_{Ag} = N_A\,m_{Ag}$

$$p = \sqrt{\frac{2\pi R T}{M_{Ag}}} \cdot \frac{\Delta m}{A_0 \cdot \Delta t}$$

$$= \sqrt{\frac{2\pi \cdot (8.314\,\mathrm{J\,mol^{-1}\,K^{-1}}) \cdot (1204\,\mathrm{K})}{107.88 \cdot 10^{-3}\,\mathrm{kg\,mol^{-1}}}} \cdot \frac{11.85 \cdot 10^{-6}\,\mathrm{kg}}{(0.002\,\mathrm{m})^2 \pi \cdot (5400\,\mathrm{s})}$$

$$= 0.133\,\mathrm{Pa}$$

4. Die Energieverteilung ist entsprechend Gl. (4.3-4) gegeben durch

$$\frac{N_\varepsilon}{N}\,\mathrm{d}\varepsilon = \frac{D(\varepsilon) \cdot N_\varepsilon \mathrm{d}\varepsilon}{\int\limits_0^\infty D(\varepsilon) \cdot N_\varepsilon \mathrm{d}\varepsilon}$$

mit

$$N_\varepsilon = N \cdot \frac{\mathrm{e}^{-\varepsilon/kT}}{\sum\limits_i \mathrm{e}^{-\varepsilon_i/kT}} = \alpha \cdot \mathrm{e}^{-\varepsilon/kT}$$

a) Für den zweidimensionalen Fall ist die Zustandsdichte $D(\varepsilon)$ gemäß Aufgabe 4.1.9.6 gegeben durch

$$D(\varepsilon) = 2 \cdot \pi \frac{A}{h^2} \cdot m$$

$$= \gamma$$

Für die zweidimensionale Energieverteilung $\dfrac{N_\varepsilon}{N}\,\mathrm{d}\varepsilon$ folgt daraus

$$\frac{N_\varepsilon}{N}\,\mathrm{d}\varepsilon = \frac{D(\varepsilon) \cdot N_\varepsilon \mathrm{d}\varepsilon}{\int\limits_0^\infty D(\varepsilon) \cdot N_\varepsilon \mathrm{d}\varepsilon}$$

$$= \frac{\alpha \cdot \gamma \cdot \mathrm{e}^{-\varepsilon/kT} \mathrm{d}\varepsilon}{\alpha \cdot \gamma \cdot \int\limits_0^\infty \mathrm{e}^{-\varepsilon/kT} \mathrm{d}\varepsilon}$$

$$= \frac{\mathrm{e}^{-\varepsilon/kT} \mathrm{d}\varepsilon}{\int\limits_0^\infty \mathrm{e}^{-\varepsilon/kT} \mathrm{d}\varepsilon}$$

Das Integral im Nenner kann mit Hilfe der Substitution

$$u^2 = \frac{\varepsilon}{kT}$$

$$2u \cdot du = \frac{1}{kT} \cdot d\varepsilon$$

in das Integral

$$\int\limits_0^\infty 2kT \cdot u \cdot e^{-u^2} du$$

überführt werden. Dieses wird im Mathematischen Anhang K gelöst und ergibt nach Gl. (L-12) gerade den Wert (kT).
Mit

$$\varepsilon = \frac{m \cdot v^2}{2}$$

$$d\varepsilon = mv \cdot dv$$

kann die Energieverteilung $\frac{N_\varepsilon}{N} d\varepsilon$ in die Geschwindigkeitsverteilung $\frac{N_v}{N} dv$ umgerechnet werden. Man erhält dann für die zweidimensionale Geschwindigkeitsverteilung

$$\frac{N_v}{N} dv = \frac{1}{kT} \cdot mv \cdot e^{-mv^2/2kT} \cdot dv$$

$$= \left(\frac{m}{2\pi \cdot kT} \right)^{2/2} \cdot 2\pi v \cdot e^{-mv^2/2kT} \cdot dv$$

b) Für den eindimensionalen Fall ist die Zustandsdichte $D(\varepsilon)$ gemäß Aufgabe 4.1.9.6 gegeben durch

$$D(\varepsilon) = \sqrt{\frac{m}{2}} \cdot \frac{a}{h} \cdot \varepsilon^{-1/2}$$

$$= \gamma \cdot \varepsilon^{-1/2}$$

Daraus ergibt sich für die eindimensionale Energieverteilung $\frac{N_\varepsilon}{N} d\varepsilon$

$$\frac{N_\varepsilon}{N} d\varepsilon = \frac{D(\varepsilon) \cdot N_\varepsilon d\varepsilon}{\int\limits_0^\infty D(\varepsilon) \cdot N_\varepsilon d\varepsilon}$$

$$= \frac{\alpha \cdot \gamma \cdot \varepsilon^{-1/2} \cdot e^{-\varepsilon/kT} d\varepsilon}{\alpha \cdot \gamma \cdot \int\limits_0^\infty \varepsilon^{-1/2} \cdot e^{-\varepsilon/kT} d\varepsilon}$$

$$= \frac{\varepsilon^{-1/2} \cdot e^{-\varepsilon/kT} d\varepsilon}{\int\limits_0^\infty \varepsilon^{-1/2} \cdot e^{-\varepsilon/kT} d\varepsilon}$$

Mit der Substitution

$$\varepsilon = \frac{m \cdot v^2}{2}$$

$$d\varepsilon = mv \cdot dv$$

kann das Integral im Nenner gelöst werden (siehe Mathematischer Anhang K). Es ergibt sich

$$\int_0^\infty \varepsilon^{-1/2} \cdot e^{-\varepsilon/kT} d\varepsilon = \int_{-\infty}^{+\infty} \left(\frac{m \cdot v^2}{2} \right)^{-1/2} \cdot mv \cdot e^{-mv^2/2kT} dv$$

$$= \sqrt{4\pi \cdot kT}$$

Wie unter Punkt a) kann die Energieverteilung in die Geschwindigkeitsverteilung umgerechnet werden. Für die eindimensionale Geschwindigkeitsverteilung erhält man somit

$$\frac{N_v}{N} dv = \frac{1}{\sqrt{4\pi \cdot kT}} \cdot \left(\frac{m \cdot v^2}{2} \right)^{-1/2} \cdot mv \cdot e^{-mv^2/2kT} dv$$

$$= \left(\frac{2 \cdot m}{4\pi \cdot kT} \right)^{1/2} \cdot e^{-mv^2/2kT} dv$$

$$= \left(\frac{m}{2\pi \cdot kT} \right)^{1/2} \cdot e^{-mv^2/2kT} dv$$

5
Transporterscheinigungen

5.1
Materie (Abschnitt 5.1 bis 5.4)

1. Nach Gl. (4.3-39) ist die Zahl der Stöße von Molekülen in einer Zeiteinheit auf eine Flächeneinheit

$$^1Z_W = \frac{p}{\sqrt{2\,\pi mkT}}$$

Auf der Fläche sind $N_{ges} = 10^{15}$ Adsorptionsplätze pro cm² vorhanden, von denen im Experiment innerhalb einer Stunde höchstens 1 % belegt werden dürfen. Es muss also gelten

$$N_{ads} = 0.01 \cdot N_{ges} = 10^{13} \text{cm}^{-2}$$

Da jeder Stoß zur Adsorption führt, ist

$$N_{ads} = {^1Z_W} \cdot t$$

$$= \frac{p}{\sqrt{2\pi \cdot mkT}} \cdot t = \frac{p \cdot N_A}{\sqrt{2\pi \cdot MRT}} \cdot t$$

Daraus ergibt sich für den maximalem Druck in der Ultrahochvakuumkammer

$$p = \frac{N_{ads} \cdot \sqrt{2\pi \cdot MRT}}{N_A \cdot t}$$

$$= \frac{(10^{17}\,\text{m}^{-2}) \cdot \sqrt{2\pi \cdot (28 \cdot 10^{-3}\,\text{kg mol}^{-1}) \cdot (8.314\,\text{J mol}^{-1}\,\text{K}^{-1}) \cdot (273\,\text{K})}}{(6.022 \cdot 10^{23}\,\text{mol}^{-1}) \cdot (3600\,\text{s})}$$

$$= 9.2 \cdot 10^{-10}\,\text{Pa}$$

2. Für die Berechnung der verschiedenen Stoßzahlen ist es bequem, zunächst die Teilchendichte ^1N, die mittlere freie Weglänge λ_M und die mittlere Geschwindigkeit $\bar{v}$ der Br_2-Moleküle unter den gegebenen Bedingungen zu ermitteln.

Arbeitsbuch der Physikalischen Chemie: Lösungen. Gerd Wedler und Hans-Joachim Freund.
© 2012 Wiley-VCH Verlag GmbH & Co. KGaA. Published 2012 by Wiley-VCH Verlag GmbH & Co. KGaA.

Es gilt für ^1N

$$^1N = \frac{N}{V} = \frac{p}{kT}$$

$$= \frac{10^4\,\text{Pa}}{\left(1.381 \cdot 10^{-23}\,\text{J K}^{-1}\right) \cdot (323\,\text{K})}$$

$$= 2.24 \cdot 10^{24}\,\text{m}^{-3}$$

Die mittlere freie Weglänge erhält man aus Gl. (5.1-29):

$$\lambda_\text{M} = \frac{1}{\sqrt{2} \cdot {}^1N \cdot \sigma \cdot \left(1 + \dfrac{C}{T}\right)} \qquad \text{mit} \quad \sigma = \pi \cdot r_{1,2}^2 = \pi \cdot \left(r_1 + r_2\right)^2$$

C ist die Sutherland-Konstante. Mit den gegebenen Werten ergibt sich

$$\lambda_\text{M} = \frac{1}{\sqrt{2} \cdot \left(2.24 \cdot 10^{24}\,\text{m}^{-3}\right) \cdot \pi \cdot \left(3.8 \cdot 10^{-10}\,\text{m}\right)^2 \cdot \left(1 + \dfrac{533\,\text{K}}{323\,\text{K}}\right)}$$

$$= 2.62 \cdot 10^{-7}\,\text{m}$$

Die mittlere Geschwindigkeit erhält man mit Hilfe von Gl. (4.3-15):

$$\bar{v} = \sqrt{\frac{8\,kT}{\pi m}} = \sqrt{\frac{8\,RT}{\pi M}}$$

$$= \sqrt{\frac{8 \cdot \left(8.314\,\text{J mol}^{-1}\,\text{K}^{-1}\right)(323\,\text{K})}{\pi \cdot \left(159.8 \cdot 10^{-3}\,\text{kg mol}^{-1}\right)}}$$

$$= 207\,\text{m s}^{-1}$$

a) Zahl der Stöße pro Sekunde nach Gl. (5.2-6) bzw. (5.2-5)

$$Z_A = 4 \cdot {}^1N \cdot \sigma \cdot \sqrt{\frac{RT}{\pi M}} = \frac{\bar{v}}{\lambda_\text{M}}$$

$$= \frac{207\,\text{m s}^{-1}}{2.62 \cdot 10^{-7}\,\text{m}}$$

$$= 7.9 \cdot 10^8\,\text{s}^{-1}$$

b) Zahl der Stöße in 10^{-6} m^3 und in 1 s nach Gl. (5.2-3) bzw. (5.2-2)

$$^1Z_{AA} = 2 \cdot {}^1N^2 \cdot \sigma \cdot \sqrt{\frac{RT}{\pi M_A}}\left(10^{-6}\,\text{m}^3\right) = \frac{{}^1N \cdot \bar{v}}{2 \cdot \lambda_\text{M}} \cdot \left(10^{-6}\,\text{m}^3\right)$$

$$= \frac{\left(2.24 \cdot 10^{24}\,\text{m}^{-3}\right) \cdot \left(207\,\text{m s}^{-1}\right)}{2 \cdot \left(2.62 \cdot 10^{-7}\,\text{m}\right)} \cdot \left(10^{-6}\,\text{m}^3\right)$$

$$= 8.8 \cdot 10^{26}\,\text{s}^{-1}$$

c) Zahl der Stöße in 1 s auf 1 cm² Wandfläche nach Gl. (5.2-7)

$$Z_W = {}^1Z_W \cdot \left(10^{-4}\,\text{m}^2\right) = \frac{p}{\sqrt{2\pi mkT}} \cdot \left(10^{-4}\,\text{m}^2\right) = \frac{1}{4} \cdot {}^1N \cdot \bar{v} \cdot \left(10^{-4}\,\text{m}^2\right)$$

$$= \frac{1}{4} \cdot \left(2.24 \cdot 10^{24}\,\text{m}^{-3}\right) \cdot \left(207\,\text{m}\,\text{s}^{-1}\right) \cdot \left(10^{-4}\,\text{m}^2\right)$$

$$= 1.2 \cdot 10^{22}\,\text{s}^{-1}$$

d) Zahl der Stöße auf die Kolbenwand in 1 s

$$Z = {}^1Z_W \cdot A_{\text{Kolben}} = {}^1Z_W \cdot 4\,\pi r^2 = {}^1Z_W \cdot 4\,\pi \cdot \left(\frac{3V}{4\pi}\right)^{2/3}$$

$$= \left(1.2 \cdot 10^{26}\,\text{m}^{-2}\,\text{s}^{-1}\right) \cdot 4\,\pi \cdot \left(\frac{3 \cdot \left(0.5 \cdot 10^{-3}\,\text{m}^3\right)}{4\pi}\right)^{2/3}$$

$$= 3.6 \cdot 10^{24}\,\text{s}^{-1}$$

e) Verhältnisse der verschiedenen Stoßzahlen

$$Z_A : {}^1Z_{AA} : {}^1Z_W : Z_W = 1 : \left(1.1 \cdot 10^{18}\right) : \left(1.5 \cdot 10^{13}\right) : \left(4.6 \cdot 10^{15}\right)$$

3. Der Wärmefluss J_U in einem Gas durch eine Ebene ist proportional zum Temperaturgradienten (Gl. (5.3-33)):

$$\overrightarrow{J_U} = -\lambda \cdot \left(\frac{\mathrm{d}T}{\mathrm{d}z}\right)_{z_0}$$

Für ein einatomiges ideales Gas mit der molaren Wärmekapazität $C_{Vm} = (3/2)\,R$ gilt unter Benutzung der Gln. (5.3-37), (4.3-15) und (5.1-29)

$$\overrightarrow{J_U} = -\frac{1}{2} \cdot \frac{{}^1N}{N_A} \cdot C_{Vm} \cdot \bar{v} \cdot \lambda_M \cdot \left(\frac{\mathrm{d}T}{\mathrm{d}z}\right)_{z_0}$$

$$= -\frac{1}{2} \cdot \frac{{}^1N}{N_A} \cdot \left(\frac{3}{2}R\right) \cdot \sqrt{\frac{8RT}{\pi M}} \cdot \frac{1}{\sqrt{2} \cdot {}^1N \cdot \sigma \cdot \left(1 + \frac{C}{T}\right)} \cdot \left(\frac{\mathrm{d}T}{\mathrm{d}z}\right)_{z_0}$$

$$= -\frac{3}{4} \cdot k \cdot \sqrt{\frac{8RT}{\pi M}} \cdot \frac{1}{\sqrt{2} \cdot \pi \cdot r_{1,2}^2 \cdot \left(1 + \frac{C}{T}\right)} \cdot \left(\frac{\mathrm{d}T}{\mathrm{d}z}\right)_{z_0}$$

$$= -\frac{3}{4} \cdot \left(1.381 \cdot 10^{-23}\,\text{J}\,\text{K}^{-1}\right) \cdot \sqrt{\frac{8 \cdot \left(8.314\,\text{J}\,\text{mol}^{-1}\,\text{K}^{-1}\right) \cdot \left(298\,\text{K}\right)}{\pi \cdot \left(40 \cdot 10^{-3}\,\text{kg}\,\text{mol}^{-1}\right)}} \cdot$$

$$\cdot \frac{1}{\sqrt{2}\pi \cdot \left(0.299 \cdot 10^{-9}\,\text{m}\right)^2 \cdot \left(1 + \frac{142\,\text{K}}{298\,\text{K}}\right)} \cdot \left(10^3\,\text{K}\,\text{m}^{-1}\right)$$

$$= -7.0\,\text{J}\,\text{m}^{-2}\,\text{s}$$

4. Das Gesetz von Hagen-Poiseuille in Gl. (5.4-12) beschreibt die Strömung von Gasen durch enge Rohre.

Es ist

$$V = \frac{\pi}{16\eta l} \frac{p_1^2 - p_2^2}{p_0} r_R^4 t$$

$$= \frac{\pi}{16 \cdot \left(1.82 \cdot 10^{-5}\, \text{kg}\, \text{m}^{-1}\text{s}^{-1}\right) \cdot \left(1\, \text{m}\right)} \cdot \frac{\left(1.01 \cdot 10^5\, \text{Pa}\right)^2 - \left(1.00 \cdot 10^5\, \text{Pa}\right)^2}{1.00 \cdot 10^5\, \text{Pa}} \cdot \left(5 \cdot 10^{-4}\, \text{m}\right)^4 (60\, \text{s})$$

$$= 8.1 \cdot 10^{-5}\, \text{m}^3$$

$$= 81\, \text{cm}^3$$

5. Nach den Gleichungen (5.3-11), (4.3-15) und (5.1-16) gilt für den Diffusionskoeffizienten

$$D = \frac{1}{2} \cdot \bar{v} \cdot \lambda_M$$

$$= \frac{1}{2} \cdot \sqrt{\frac{8kT}{\pi \cdot m}} \cdot \frac{1}{\sqrt{2} \cdot {}^1N \cdot \sigma}$$

$$= \sqrt{\frac{RT}{\pi \cdot M}} \cdot \frac{kT}{p \cdot \sigma}$$

Für Argon erhält man bei einem Druck von 1 bar und einer Temperatur von 298 K

$$D = \sqrt{\frac{\left(8.314\, \text{J}\, \text{mol}^{-1}\, \text{K}^{-1}\right) \cdot \left(298\, \text{K}\right)}{\pi \left(40 \cdot 10^{-3}\, \text{kg}\, \text{mol}^{-1}\right)} \cdot \frac{\left(1.381 \cdot 10^{-23}\, \text{J}\, \text{K}^{-1}\right) \cdot \left(298\, \text{K}\right)}{\left(10^5\, \text{Pa}\right) \cdot \left(0.41 \cdot 10^{-18}\, \text{m}^2\right)}}$$

$$= 1.4 \cdot 10^{-5}\, \text{m}^2\, \text{s}^{-1}$$

Bei 100 bar ist der Diffusionskoeffizient entsprechend um einen Faktor 100 kleiner.

Der Materialfluss des Gases lässt sich nach Gl. (5.3-10) berechnen:

$$\overrightarrow{J_{N_i}}\left(1\, \text{bar}\right) = -D\left(1\, \text{bar}\right) \cdot \left(\frac{\text{d}\, {}^1N_i}{\text{d}z}\right)_{z_0}$$

$$= -\frac{D\left(1\, \text{bar}\right)}{kT} \cdot \left(\frac{\text{d}p}{\text{d}z}\right)_{z_0}$$

$$= -\frac{1.4 \cdot 10^{-5}\, \text{m}^2\, \text{s}^{-1}}{\left(1.381 \cdot 10^{-23}\, \text{J}\, \text{K}^{-1}\right) \cdot \left(298\, \text{K}\right)} \cdot \left(10^6\, \text{Pa}\, \text{m}^{-1}\right)$$

$$= -3.4 \cdot 10^{21}\, \text{m}^{-2}\, \text{s}^{-1}$$

Entsprechend ermittelt man bei dem höheren Druck von 100 bar wegen des kleineren Wertes von D auch einen um den Faktor 100 kleineren Materialfluss.

6. Nach Gl. (2.1-16) ist die van-der-Waals-Konstante b gleich dem vierfachen Eigen-volumen der Moleküle

$$b = 4 \cdot N_A \cdot \frac{4}{3}\pi \cdot r^3$$

Weiter gilt

$$r_{1,2} = r_1 + r_2 = 2 \cdot r$$

für gleiche Moleküle.

In der folgenden Tabelle sind die berechneten van-der-Waals-Konstanten b (aus η) denjenigen aus Tab. 2.1-1 gegenübergestellt.

	He	**Kr**	**N$_2$**
$r_{1,2}$ / m	1.82×10^{-10}	3.22×10^{-10}	3.22×10^{-10}
r / m	9.10×10^{-11}	1.61×10^{-10}	1.61×10^{-10}
b(aus η) / dm^3 mol^{-1}	0.0076	0.0421	0.0421
b(aus p_k, T_k) / dm^3 mol^{-1}	0.0237	0.03981	0.03913
	CO	**CO$_2$**	**C$_2$H$_6$**
$r_{1,2}$ / m	3.23×10^{-10}	3.45×10^{-10}	3.88×10^{-10}
r / m	1.615×10^{-10}	1.725×10^{-10}	1.94×10^{-10}
b(aus η) / dm^3 mol^{-1}	0.0425	0.0518	0.0737
b(aus p_k, T_k) / dm^3 mol^{-1}	0.03985	0.04267	0.0638

Die hier berechneten van-der-Waals-Konstanten b sind mit Ausnahme von Helium größer als die in Tab. 2.1-1 aufgeführten Werte. Dies ist darauf zurückzuführen, dass zwei unterschiedliche Messmethoden zur Bestimmung verwendet werden (hier die Viskositätsmessung, dort Bestimmung der kritischen Daten p_k und T_k). Der Vergleich bestätigt die Tatsache, dass die van-der-Waals-Gleichung lediglich eine grobe Näherung darstellt und die ermittelten Konstanten a und b – wie in Abschnitt 2.1.3 erläutert – davon abhängen, aus welchen physikalischen Größen sie abgeleitet werden.

7. Die Wärmeleitung in Gasen hängt auf das Engste mit der mittleren freien Weglänge der Gasmoleküle zusammen (s. Gl. (5.3-39)).

Bei der Lösung des vorliegenden Problems muss man zwei Bereiche betrachten. Unterhalb eines Grenzdruckes ist die mittlere freie Weglänge nicht mehr durch die Stöße mit anderen Molekülen bestimmt, sondern konstant und nur von den Dimensionen des Gefäßes (hier $\Delta z = 5$ mm) abhängig. In diesem Bereich gilt nach Gln. (5.3-37) und (4.3-15) für Stickstoff

$$J_U = -\frac{1}{2}\frac{{}^1 N}{N_A} \cdot c_V \cdot \bar{v} \cdot \lambda_M \cdot \left(\frac{dT}{dz}\right)_{z_0}$$

$$\approx -\frac{1}{2} \cdot \frac{1}{N_A} \cdot \frac{p}{kT} \cdot \left(\frac{5}{2} R\right) \cdot \sqrt{\frac{8RT}{\pi \cdot M_{N_2}}} \cdot \Delta T \qquad \text{mit} \quad \lambda_M = \Delta z$$

$$= -\frac{5}{4} \cdot \frac{\Delta T}{T} \sqrt{\frac{8RT}{\pi \cdot M_{N_2}}} \cdot p$$

Der Wärmefluss ist also proportional zum Druck.

Bei höheren Drücken als dem Grenzdruck gilt gemäß Gln. (5.3-37) und (5.1-16) für den mittleren Wärmestrom

$$J_U \approx -\frac{1}{2}\frac{{}^1 N}{N_A} \cdot c_V \cdot \bar{v} \cdot \frac{1}{\sqrt{2} \cdot {}^1 N \cdot \sigma} \cdot \frac{\Delta T}{\Delta z}$$

$$= -\frac{1}{2} \cdot \frac{1}{N_A} \cdot \left(\frac{5}{2} R\right) \cdot \sqrt{\frac{8RT}{\pi \cdot M}} \cdot \frac{1}{\sqrt{2} \cdot \sigma} \cdot \frac{\Delta T}{\Delta z}$$

$$= -\frac{5}{2} \cdot k \cdot \sqrt{\frac{RT}{\pi \cdot M}} \cdot \frac{1}{\sigma} \cdot \frac{\Delta T}{\Delta z}$$

Hier ist der Wärmestrom unabhängig vom Druck.

Zunächst wird der Grenzdruck p_g bestimmt, bei dem die mittlere freie Weglänge λ_M gerade gleich dem Wandabstand von 5 mm ist.

$$\lambda_M = \frac{1}{\sqrt{2} \cdot {}^1 N \cdot \sigma} = \frac{kT}{\sqrt{2} \cdot p_g \cdot \sigma} = 5 \cdot 10^{-3} \, \text{m}$$

Daraus ergibt sich für den Grenzdruck

$$p_g = \frac{\left(1.381 \cdot 10^{-23} \, \text{J K}^{-1}\right) \cdot (187 \, \text{K})}{\sqrt{2} \cdot \left(5 \cdot 10^{-3} \, \text{m}\right) \cdot \left(5 \cdot 10^{-19} \, \text{m}^2\right)}$$

$$= 0.73 \, \text{Pa}$$

wobei für T der Mittelwert (187 K) zwischen Zimmertemperatur (298 K) und der Temperatur des flüssigen Stickstoffs (77 K) eingesetzt wurde.

Im Bereich der Drücke von 1 Pa und größer ist demnach der Wärmestrom

$$
J_U = -\frac{5}{2} \cdot \left(1.381 \cdot 10^{-23}\,\mathrm{J\,K^{-1}}\right) \cdot \sqrt{\frac{\left(8.314\,\mathrm{J\,mol^{-1}\,K^{-1}}\right)(187\,\mathrm{K})}{\pi \cdot \left(28 \cdot 10^{-3}\,\mathrm{kg\,mol^{-1}}\right)}} \cdot \frac{1}{5 \cdot 10^{-19}\,\mathrm{m^2}} \cdot \frac{(221\,\mathrm{K})}{5 \cdot 10^{-3}\,\mathrm{m}}
$$

$$
= -406\,\mathrm{J\,m^{-2}\,s^{-1}}
$$

Bei kleineren Drücken erhält man

$$
J_U = -\frac{5}{4} \cdot \frac{221\,\mathrm{K}}{187\,\mathrm{K}} \cdot \sqrt{\frac{8 \cdot \left(8.314\,\mathrm{J\,mol^{-1}\,K^{-1}}\right) \cdot (187\,\mathrm{K})}{\pi \left(28 \cdot 10^{-3}\,\mathrm{kg\,mol^{-1}}\right)}} \cdot p
$$

$$
= -\left(555\,\mathrm{J\,m^{-2}\,s^{-1}}\right) \cdot \left(\frac{p}{\mathrm{Pa}}\right)
$$

und damit für

$$
p = 10^{-1}\,\mathrm{Pa} \qquad J_U = -55.5\,\mathrm{J\,m^{-2}\,s^{-1}}
$$
$$
= 10^{-2}\,\mathrm{Pa} \qquad = -5.55\,\mathrm{J\,m^{-2}\,s^{-1}}
$$
$$
= 10^{-3}\,\mathrm{Pa} \qquad = -0.555\,\mathrm{J\,m^{-2}\,s^{-1}}
$$

5.2
Ladung (Abschnitt 5.5 bis 5.6)

1. Die mittlere freie Weglänge l der Elektronen in einem Metall hängt mit dessen spezifischer Leitfähigkeit κ nach Gl. (5.6-14) zusammen.

$$
l = \frac{\kappa \cdot m_e \cdot v_F}{{}^1N_{\mathrm{eff}} \cdot e^2}
$$

Darin ist $(m_e \cdot v_F)$ der Impuls der Elektronen an der Fermigrenze, es gilt also

$$
m_e v_F = \sqrt{2m_e \cdot \varepsilon_F}
$$

$$
= \sqrt{2 \cdot \left(9.1 \cdot 10^{-31}\,\mathrm{kg}\right) \cdot (3.2\,\mathrm{eV}) \cdot \left(1.602 \cdot 10^{-19}\,\mathrm{J\,eV^{-1}}\right)}
$$

$$
= 9.66 \cdot 10^{-25}\,\mathrm{kg\,m\,s^{-1}}
$$

Die effektive Elektronenzahl pro Volumeneinheit ${}^1N_{\mathrm{eff}}$ berechnet sich – unter der Annahme, dass jedes Atom ein Elektron zur Verfügung stellt – mit Hilfe der Molmasse M und der Dichte ρ zu

$$
{}^1N_{\mathrm{eff}} = \frac{N_A}{V_m} = \frac{N_A \cdot \rho}{M}
$$

$$
= \frac{\left(6.022 \cdot 10^{23}\,\mathrm{mol^{-1}}\right) \cdot \left(0.97 \cdot 10^3\,\mathrm{kg\,m^{-3}}\right)}{22.99 \cdot 10^{-3}\,\mathrm{kg\,mol^{-1}}}
$$

$$
= 2.54 \cdot 10^{28}\,\mathrm{m^{-3}}
$$

Mit diesen Werten erhält man für die mittlere freie Weglänge l bei 273 K:

$$l_{273K} = \frac{(23.4 \cdot 10^4 \, \Omega^{-1} \, cm^{-1}) \cdot (9.66 \cdot 10^{-25} \, kg \, m \, s^{-1})}{(2.54 \cdot 10^{28} \, m^{-3}) \cdot (1.602 \cdot 10^{-19} \, A \, s)^2}$$

$$= 3.5 \cdot 10^{-8} \, m$$

$$= 35 \, nm$$

Entsprechend bestimmt man den Wert für eine Temperatur von 14 K. Es ist hier

$$l_{14K} = l_{273K} \frac{\kappa \, (273 \, K)}{\kappa \, (14 \, K)}$$

$$= (35 nm) \cdot \frac{21300}{23.4}$$

$$= 3.2 \cdot 10^4 \, nm$$

Natrium kristallisiert kubisch raumzentriert, der kürzeste Abstand d zweier Atome entspricht demnach gerade einer halben Raumdiagonalen in der Elementarzelle mit der Kantenlänge a. In einer Elementarzelle befinden sich zwei Atome. Es gilt also:

$$V_m = \frac{1}{2} \cdot N_A \cdot a^3 = \frac{M}{\rho}$$

Es gilt für den Abstand d:

$$d = \frac{1}{2} \sqrt{3} \cdot a = \frac{1}{2} \sqrt{3} \cdot \sqrt[3]{\frac{2M}{\rho \cdot N_A}}$$

$$= \frac{1}{2} \sqrt{3} \cdot \sqrt[3]{\frac{2 \cdot (22.99 \cdot 10^{-3} \, kg \, mol^{-1})}{(0.97 \cdot 10^3 \, kg \, m^{-3}) \cdot (6.022 \cdot 10^{23} \, mol^{-1})}}$$

$$= 3.71 \cdot 10^{-10} \, m$$

$$= 0.37 \, nm$$

Die mittlere freie Weglänge der Elektronen ist also selbst bei Raumtemperatur deutlich größer als der Abstand der Atome.

2. Die Temperaturabhängigkeit der elektronischen Halbleitung wird durch Gl. (5.6-19) beschrieben. Ersetzt man die spezifische Leitfähigkeit κ durch ihren Kehrwert, den spezifischen Widerstand ρ, erhält man

$$\rho = \rho_0 \cdot \exp\left(\frac{\Delta \varepsilon}{2kT}\right)$$

Eine Auftragung von $(\ln \rho)$ als Funktion von $1/T$ sollte eine Gerade mit dem Ordinatenabschnitt $\ln \rho_0$ und einer Steigung m ergeben, aus der der Abstand $\Delta \varepsilon$ zwischen Valenz- und Leitungsband ermittelt werden kann.

In der folgenden Darstellung sind die gegebenen Werte aufgetragen:

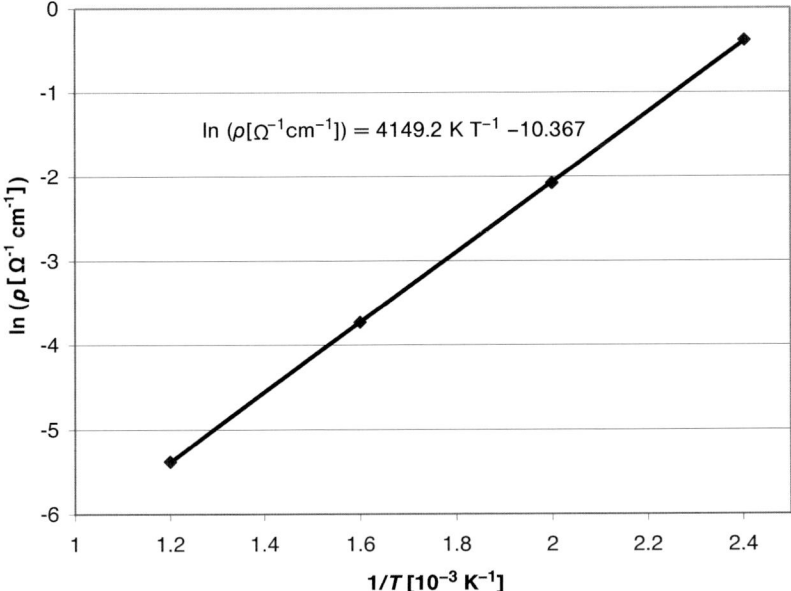

Eine Regressionsanalyse ergibt für die Steigung m den Wert 4150 K.

Daraus erhält man für $\Delta\varepsilon$

$$\Delta\varepsilon = 2\,k \cdot m$$
$$= 2 \cdot \left(1.381 \cdot 10^{-23}\,\text{J K}^{-1}\right) \cdot (4150\,\text{K})$$
$$= 1.15 \cdot 10^{-19}\,\text{J}$$
$$= 0.72\,\text{eV}$$

6
Kinetik

6.1
Die experimentellen Methoden und die Auswertung kinetischer Messungen

1. Bei einer Reaktion erster Ordnung wird die zeitliche Änderung der Konzentration des Stoffes A durch die Gleichung

$$[A] = [A]_0 \cdot \exp(-kt)$$

beschrieben. Die Konzentration $[A]_0$ ist proportional zur maximal möglichen Änderung der Messgröße λ, das ist $(\lambda_0 - \lambda_\infty)$. Ebenso ist die Konzentration $[A]$ proportional zu $(\lambda - \lambda_\infty)$.

Es gilt also für die Zeit t

$$\left(\lambda - \lambda_\infty\right) = \left(\lambda_0 - \lambda_\infty\right) \cdot e^{-kt}$$

und für eine andere Zeit $t' = t + \Delta t$

$$\left(\lambda' - \lambda_\infty\right) = \left(\lambda_0 - \lambda_\infty\right) \cdot e^{-k(t+\Delta t)}$$

Bildet man die Differenz dieser beiden Gleichungen, erhält man

$$\lambda - \lambda' = \left(\lambda_0 - \lambda_\infty\right) \cdot e^{-kt} \cdot \left(1 - e^{-k\Delta t}\right)$$

und damit

$$\ln(\lambda - \lambda') = \ln\left\{\left(\lambda_0 - \lambda_\infty\right) \cdot \left(1 - e^{-k\Delta t}\right)\right\} - k \cdot t$$

Somit ergibt eine Auftragung von $\ln(\lambda - \lambda')$ als Funktion von t für konstantes Δt eine Gerade mit der Steigung $(-k)$.

2. Die Lösung dieser Aufgabe folgt den Ausführungen in Aufgabe 6.1.7.1. Es entspricht λ der Messgröße h, die Zeitspanne Δt wird z.B. 10 Minuten gewählt. Dann ergibt sich folgende Wertetabelle

t / min	0	2	4	6	8	10	12	14
$\lambda' - \lambda$	22.2	19.5	16.8	15	13	11.7	10.1	8.8
$\ln(\lambda' - \lambda)$	3.10	2.97	2.82	2.71	2.56	2.46	2.31	2.17

Arbeitsbuch der Physikalischen Chemie: Lösungen. Gerd Wedler und Hans-Joachim Freund.
© 2012 Wiley-VCH Verlag GmbH & Co. KGaA. Published 2012 by Wiley-VCH Verlag GmbH & Co. KGaA.

Die Auftragung von $\ln(\lambda' - \lambda)$ gegen t sollte wegen

$$\ln(\lambda' - \lambda) = \ln\{(\lambda_\infty - \lambda_0)(1 - e^{-k\Delta t})\} - kt$$

eine Gerade mit dem Ordinatenabschnitt $\ln\{(\lambda_\infty - \lambda_0)(1 - e^{-k\Delta t})\}$ und der Steigung $-k$ ergeben.

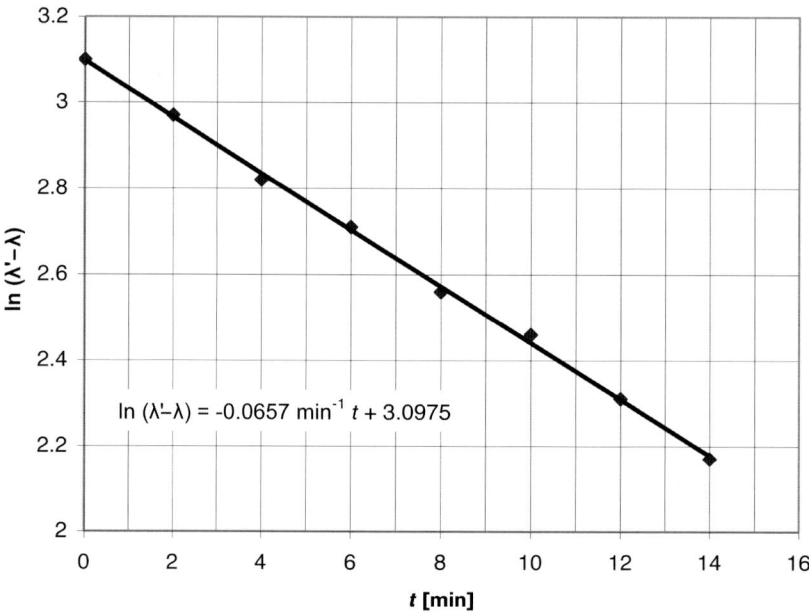

Die lineare Regression liefert $k = 0.0657\ \mathrm{min}^{-1}$.

Der Endwert h_∞ ergibt sich aus dem Ordinatenabschnitt. Dieser beträgt 3.10.

Es ist demnach:

$$\ln\{(\lambda_\infty - \lambda_0)(1 - e^{-k\Delta t})\} = 3.10$$

$$\ln\{\lambda_\infty(1 - e^{-\left(0.0657\mathrm{min}^{-1}\right)\cdot(10\,\mathrm{min})})\} = 3.10$$

$$\ln\{\lambda_\infty \cdot 0.481\} = 3.10$$

$$\lambda_\infty \equiv h_\infty = \frac{1}{0.481} \cdot e^{3.10}\,\mathrm{mm} = 46.1\,\mathrm{mm}$$

3. Das Absorptionsvermögen A ist gemäß dem Lambert-Beerschen Gesetz (Gl. (3.4-5)) proportional zur Konzentration c des absorbierenden Stoffes:

$$c = \frac{A}{\varepsilon \cdot l}$$

$$= \frac{1}{\left(3.9 \cdot 10^6 \, \text{cm}^2 \, \text{mol}^{-1}\right) \cdot (4\,\text{cm})} \cdot A$$

$$= 6.4 \cdot 10^{-5} \cdot A \, \text{mol} \, \text{dm}^{-3}$$

Das vorgeschlagene Zeitgesetz beschreibt eine Reaktion zweiter Ordnung. Für diese Reaktionsordnung von 2 in Bezug auf die Konzentration des Anions c sollte eine Auftragung von $1/c$ (bzw. $1/A$) als Funktion der Zeit t eine Gerade ergeben (s. Gl. (1.5-28)), wobei der Ordinatenabschnitt $1/c_0$ und die Steigung der Geschwindigkeitskonstanten k entspricht. In der folgenden Darstellung sind die Messwerte in dieser Art aufgetragen.

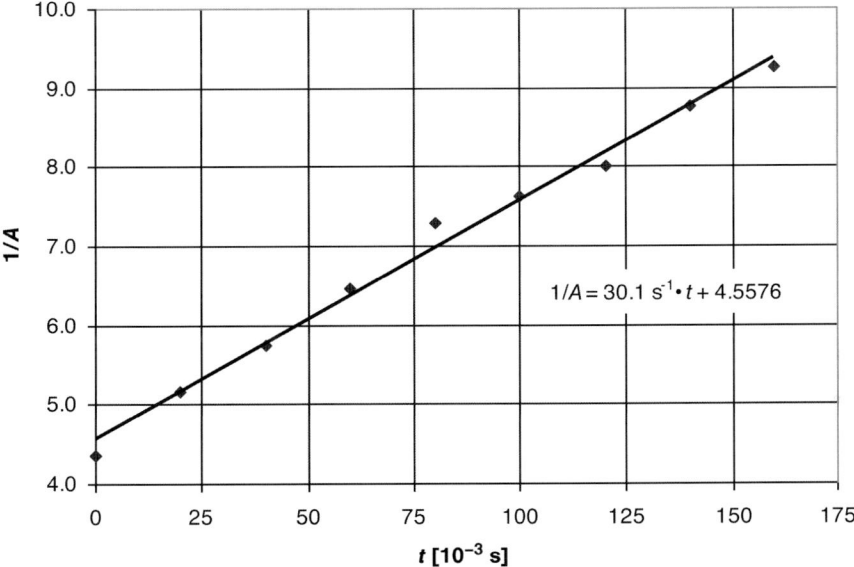

Die Auftragung ergibt eine Gerade, was zeigt, dass die Reaktion (4), die bei hohem pH-Wert bestimmend ist, in Bezug auf die Konzentration des Anions nach zweiter Ordnung verläuft. Die Steigung der Geraden ergibt sich aus einer Regressionsanalyse zu

$$m = 30.1 \, \text{s}^{-1}.$$

Hieraus erhält man die Geschwindigkeitskonstante, indem man den Proportionalitätsfaktor zwischen c und A berücksichtigt. Es ist damit:

$$k = m \cdot \frac{1}{6.4 \cdot 10^{-5}\,\text{mol dm}^{-3}} = \frac{30.1\,\text{s}^{-1}}{6.4 \cdot 10^{-5}\,\text{mol dm}^{-3}}$$

$$= 4.69 \cdot 10^{5}\,\text{dm}^{3}\,\text{mol}^{-1}\,\text{s}^{-1}.$$

6.2
Formale Kinetik komplizierterer Reaktionen und Reaktionsmechanismen (Abschnitt 6.2 bis 6.3)

1. Die Teilchen nähern sich bis zum Abstand r_{min}, bei dem die kinetische Energie $E_{\text{kin}} = 0$ ist. Dann fliegen sie wieder in Anbetracht der positiven potentiellen Energie E_{pot} auseinander. Im Gleichgewichtsabstand r_{gl} liegt stets ein Maximum der kinetischen Energie vor. Es muss ein

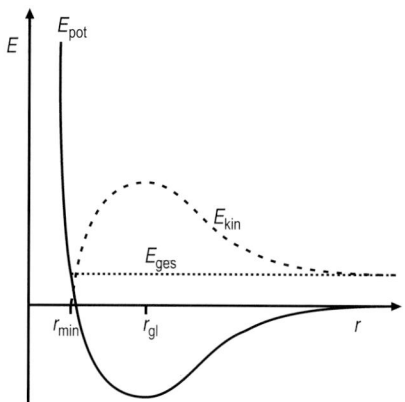

Energiebetrag $E > E_{\text{kin}(r=\infty)}$ abgeführt werden, wenn es zur Rekombination kommen soll.

2. Für die in Aufgabe 6.1.7.3 diskutierte Reaktion gilt:

$$\frac{d\left[(C_6H_5)_2\dot{C}O^-\right]}{dt} = -k_4\left[(C_6H_5)_2\dot{C}OH\right] \cdot \left[(C_6H_5)_2\dot{C}O^-\right]$$

Liegt ein sehr schnell einstellendes Säure-Base-Gleichgewicht

$$(C_6H_5)_2\dot{C}OH \xleftarrow{K} (C_6H_5)_2\dot{C}O^- + H^+$$

vor, so ist:

$$\left[(C_6H_5)_2\dot{C}OH\right] = \frac{\left[(C_6H_5)_2\dot{C}O^-\right] \cdot [H^+]}{K}.$$

Einsetzen des Ausdrucks für $\left[(C_6H_5)_2\dot{C}OH\right]$ in die erste Gleichung ergibt:

$$\frac{d\left[(C_6H_5)_2\dot{C}O^-\right]}{dt} = -k_4 \cdot \frac{[H^+]}{K} \cdot \left[(C_6H_5)_2\dot{C}O^-\right]^2.$$

Daher ist die gemessene, scheinbare Reaktionsrate k_{exp} gegeben durch:

$$k_{exp} = k_4 \cdot \frac{[H^+]}{K}.$$

Da $k_{exp} \propto [H^+]$ ist, lässt sich die Reaktionsgeschwindigkeit auch durch Herabsetzen des pH-Werts erhöhen.

Mit Hilfe des Wertes für K und die für pH = 12.7 in Aufgabe 6.1.7.3 bestimmte Geschwindigkeitskonstante $k_{exp} = 4.69 \cdot 10^5 \ dm^3 \ mol^{-1} \ s^{-1}$ lässt sich k_4 berechnen:

$$k_4 = k_{exp} \cdot \frac{K}{[H^+]}$$

$$= \left(4.69 \cdot 10^5 dm^3 \ mol^{-1} \ s^{-1}\right) \cdot \frac{1.6 \times 10^{-9}}{10^{-12.7}}$$

$$= 3.75 \cdot 10^9 \ dm^3 \ mol^{-1} \ s^{-1}$$

3. Die Geschwindigkeitsgleichungen lauten:

a) $-\dfrac{d[C_2H_6]}{dt} = k_1[C_2H_6] + k_2[CH_3^{\bullet}] \cdot [C_2H_6] + k_4[H^{\bullet}] \cdot [C_2H_6] - k_6[C_2H_5^{\bullet}]^2$

b) $\dfrac{d[CH_3^{\bullet}]}{dt} = 2k_1[C_2H_6] - k_2[CH_3^{\bullet}] \cdot [C_2H_6]$

c) $\dfrac{d[C_2H_5^{\bullet}]}{dt} = k_2[CH_3^{\bullet}] \cdot [C_2H_6] - k_3[C_2H_5^{\bullet}] + k_4[H^{\bullet}][C_2H_6] - 2k_5[C_2H_5^{\bullet}]^2 - 2k_6[C_2H_5^{\bullet}]^2$

d) $\dfrac{d[H^{\bullet}]}{dt} = k_3[C_2H_5^{\bullet}] - k_4[H^{\bullet}] \cdot [C_2H_6]$

Radikalische Spezies werden in der Kettenreaktion laufend produziert und anschließend sofort verbraucht. Deshalb ändern sich deren Konzentrationen annähernd nicht (Quasistationarität). Man setzt deshalb die betreffenden Geschwindigkeitsgleichungen gleich Null und löst nach den gesuchten Radikalkonzentrationen auf.

Aus b) folgt

$$\frac{d[CH_3^{\bullet}]}{dt} \approx 0 = 2k_1[C_2H_6] - k_2[CH_3^{\bullet}] \cdot [C_2H_6]$$

$$[CH_3^{\bullet}] = \frac{2k_1[C_2H_6]}{k_2[C_2H_6]} = \frac{2k_1}{k_2}$$

Ebenso erhält man aus d)

$$\frac{d[H^{\bullet}]}{dt} \approx 0 = k_3[C_2H_5^{\bullet}] - k_4[H^{\bullet}] \cdot [C_2H_6]$$

$$[H^{\bullet}] = \frac{k_3[C_2H_5^{\bullet}]}{k_4[C_2H_6]}$$

und schließlich aus c) und unter Benutzung der letzten Gleichung

$$\frac{d[C_2H_5^\bullet]}{dt} \approx 0 = k_2[CH_3^\bullet] \cdot [C_2H_6] - k_3[C_2H_5^\bullet] + k_4[H^\bullet] \cdot [C_2H_6]$$

$$-2k_5[C_2H_5^\bullet]^2 - 2k_6[C_2H_5^\bullet]^2$$

$$[C_2H_5^\bullet] = \sqrt{\frac{k_1}{k_5 + k_6}} \cdot [C_2H_6]$$

Ersetzt man in der Gleichung a) die Radikalkonzentrationen durch die gefundenen Beziehungen, ergibt sich insgesamt

$$-\frac{d[C_2H_6]}{dt} = k_1[C_2H_6] + 2k_1[C_2H_6] + k_3\sqrt{\frac{k_1}{k_5 + k_6}}[C_2H_6] - \frac{k_6k_1}{k_5 + k_6}[C_2H_6]$$

$$= 3k_1[C_2H_6] - \frac{k_6k_1}{k_5 + k_6}[C_2H_6] + k_3\sqrt{\frac{k_1}{k_5 + k_6}}[C_2H_6]$$

$$= \left(3k_1 - \frac{k_6k_1}{k_5 + k_6}\right)[C_2H_6] + k_3\sqrt{\frac{k_1}{k_5 + k_6}}[C_2H_6]^{1/2}$$

Die Geschwindigkeitsgleichung enthält zwei Terme, einen mit der Ordnung 1, der nur die Geschwindigkeitskonstanten der Start- und Abbruchreaktion enthält, und einen mit der Ordnung 1/2, der auch die Geschwindigkeitskonstante der Kettenfortpflanzung enthält.

4. a) vorgelagertes Gleichgewicht

$$N_2(gas) \rightleftharpoons N_2(ads). \tag{1}$$

Bei den niedrigen Belegungen besteht sicherlich eine Proportionalität zwischen der Zahl n (N_2 ads) adsorbierter Teilchen und dem Druck p (Gl. 2.7-53)

$$n(N_2ads) = K \cdot p(N_2gas). \tag{2}$$

Unter Beachtung von (1) hat K die Bedeutung einer Gleichgewichtskonstanten.

b) geschwindigkeitsbestimmende Reaktion

$$N_2(ads) + 2* \xrightarrow{k} 2\overset{N}{\underset{*}{|}}(ads). \tag{3}$$

Dafür lautet die Geschwindigkeitsgleichung

$$\frac{dn(N_{ads})}{dt} = k \cdot n(N_{2ads})[n(*_{max}) - n(N_{ads})]^2 \tag{4}$$

und mit $n(*_{max})$, der Gesamtzahl an Adsorptionsplätzen, $\gg n(N_{ads})$ (geringe Belegung)

$$\frac{dn(N_{ads})}{dt} = k \cdot n(N_{2ads}) \cdot n(*_{max})^2. \tag{5}$$

Einsetzen von (2) in (5)

$$\frac{\mathrm{d}n(\mathrm{N_{ads}})}{\mathrm{d}t} = k \cdot K \cdot n(*_{max})^2 \cdot p = k_1' \cdot p. \tag{6}$$

Da die Zunahme adsorbierter Teilchen der Druckabnahme proportional ist, läßt sich für (6) schreiben

$$\frac{\mathrm{d}p}{\mathrm{d}t} = -k_1 p. \tag{7}$$

Temperaturabhängig sind k (Aktivierungsenergie von (3)) und K (Adsorptionswärme von (1)). Ist die Adsorptionswärme größer als die Aktivierungsenergie, so folgt eine negative, scheinbare Aktivierungsenergie.

5. Nach Gl. (6.2-12) sollte die Auftragung der reziproken Relaxationszeit (τ^{-1}) als Funktion der Summe der Konzentrationen des Ions Co^{2+} und des Liganden L eine Gerade mit der Steigung k_2 und dem Ordinatenabschnitt k_{-1} ergeben.

Mit Hilfe der beiden gegebenen Punkte der Geraden lässt sich zunächst die Steigung k_2 berechnen:

$$k_2 = \frac{2.0 \cdot 10^3 \, \mathrm{s}^{-1} - 1.3 \cdot 10^3 \, \mathrm{s}^{-1}}{10.0 \cdot 10^{-3} \, \mathrm{mol \, dm}^{-3} - 5.0 \cdot 10^{-3} \, \mathrm{mol \, dm}^{-3}}$$

$$= 1.4 \cdot 10^5 \, \mathrm{dm}^3 \, \mathrm{mol}^{-1} \mathrm{s}^{-1}$$

Den Ordinatenabschnitt erhält man dann durch Einsetzen in die Geradengleichung:

$$\frac{1}{\tau} = k_2 \left\{ \left[Co^{2+} \right] + [L] \right\} + k_{-1}$$

$$2.0 \cdot 10^3 \, \mathrm{s}^{-1} = \left(1.4 \cdot 10^5 \, \mathrm{dm}^3 \, \mathrm{mol}^{-1} \, \mathrm{s}^{-1} \right) \cdot \left(10.0 \cdot 10^{-3} \, \mathrm{mol \, dm}^{-3} \right) + k_{-1}$$

$$k_{-1} = 0.6 \cdot 10^3 \, \mathrm{s}^{-1}$$

Die Komplexbildungskonstante K wird gemäß Gl. (6.2-13) ermittelt:

$$K = \frac{k_2}{k_{-1}} = \frac{1.4 \cdot 10^5 \, \mathrm{dm}^3 \, \mathrm{mol}^{-1} \, \mathrm{s}^{-1}}{0.6 \cdot 10^3 \, \mathrm{s}^{-1}}$$

$$= 2.3 \cdot 10^2 \, \mathrm{dm}^3 \, \mathrm{mol}^{-1}$$

6.3
Die Theorie der Kinetik (Abschnitt 6.4)

1. Nach der einfachen Stoßtheorie ist der präexponentielle Faktor A' gegeben durch Gl. (6.4-11):

$$A' = N_A \cdot \sigma \cdot \sqrt{\frac{8kT}{\pi \cdot \mu}}$$

Mit der reduzierten Masse μ des Stoßkomplexes

$$\mu = \frac{m_{CH_3} \cdot m_{H_2}}{m_{CH_3} + m_{H_2}} = \frac{M_{CH_3} \cdot M_{H_2}}{M_{CH_3} + M_{H_2}} \cdot \frac{1}{N_A}$$

$$= \frac{0.015 \cdot 0.002}{0.015 + 0.002} \cdot kg \cdot mol^{-1} \cdot \frac{1}{6.022 \cdot 10^{23} \, mol^{-1}}$$

$$= 2.93 \cdot 10^{-27} \, kg$$

und dem Stoßquerschnitt σ

$$\sigma = \pi \cdot (r_A + r_B)^2 = \pi \cdot \left(\frac{d_A + d_B}{2} \right)^2$$

$$= \pi \cdot \left(\frac{(3.50 + 2.51) \cdot 10^{-10} \, m}{2} \right)^2 = 2.84 \cdot 10^{-19} \, m^2$$

ergibt sich für A':

$$A' = \left(6.022 \cdot 10^{23} \, mol^{-1} \right) \cdot \left(2.84 \cdot 10^{-19} \, m^2 \right) \cdot \sqrt{\frac{8 \cdot \left(1.381 \cdot 10^{-23} \, J \, K^{-1} \right) \cdot (298 \, K)}{\pi \cdot \left(2.93 \cdot 10^{-27} \, kg \right)}}$$

$$= 3.23 \cdot 10^8 \, m^3 \, mol^{-1} \, s^{-1}$$

$$= 3.23 \cdot 10^{11} \, dm^3 \, mol^{-1} \, s^{-1}$$

2. Nach der Theorie des aktivierten Komplexes ist die Geschwindigkeitskonstante k gemäß Gl. (6.4-59) gegeben. Darin ist der präexponentielle Faktor A für eine unimolekulare Reaktion:

$$A_1 = \frac{kT}{h} \cdot \frac{z_{A \neq}}{z_A}$$

Wenn die Struktur des aktivierten Komplexes $A^{\neq}$ ähnlich der des Eduktes A ist, dann ist $z_{A \neq} \approx z_A$.

Es ergibt sich für den präexponentiellen Faktor:

$$A_1 \approx \frac{kT}{h} \cdot 1$$

$$= \frac{\left(1.381 \cdot 10^{-23} \, J \, K^{-1} \right) \cdot (300 \, K)}{6.625 \cdot 10^{-34} \, J \, s}$$

$$= 6.25 \cdot 10^{12} \, s^{-1}$$

3. Die Geschwindigkeitskonstante k ist nach der Theorie des aktivierten Komplexes gemäß Gl. (6.4-59) gegeben.

Da die Edukte, die Moleküle A und B, als starre Kugeln angenommen werden, haben diese lediglich Translationsfreiheitsgrade. Der aktivierte Komplex ist linear und hat neben Translationsfreiheitsgraden zusätzlich noch zwei Rotationsfreiheitsgrade. Der einzige Schwingungsfreiheitsgrad im aktivierten Komplex von A und B entspricht der Reaktionskoordinate.

Somit ergibt sich für die Zustandssummen nach Gl. (4.2-53) bzw. Gl. (4.2-64):

$$z_A = \left(\frac{\sqrt{2\pi \cdot m_A \cdot kT}}{h} \right)^3 \cdot V$$

$$z_B = \left(\frac{\sqrt{2\pi \cdot m_B \cdot kT}}{h} \right)^3 \cdot V$$

$$z_{AB}^{\neq} = \left(\frac{\sqrt{2\pi \cdot m_{AB^{\neq}} \cdot kT}}{h} \right)^3 \cdot V \cdot \left(\frac{8\pi^2 \cdot I \cdot kT}{h^2} \right)$$

Darin ist das Trägheitsmoment I

$$I = \mu \cdot d^2 = \left(\frac{m_A \cdot m_B}{m_A + m_B} \right) \cdot (r_A + r_B)^2$$

und

$$m_{AB^{\neq}} = m_A + m_B$$

Für den präexponentiellen Anteil A_1 ergibt sich somit nach der Theorie des aktivierten Komplexes:

$$A_1 = \frac{kT}{h} \cdot \frac{\left(\frac{\sqrt{2\pi \cdot m_{AB^{\neq}} \cdot kT}}{h} \right)^3 \cdot V \cdot \left(\frac{8\pi^2 \cdot I \cdot kT}{h^2} \right)}{\left(\frac{\sqrt{2\pi \cdot m_A \cdot kT}}{h} \right)^3 \cdot V \cdot \left(\frac{\sqrt{2\pi \cdot m_B \cdot kT}}{h} \right)^3 \cdot V}$$

$$= \frac{kT}{h} \cdot \left(\frac{m_A + m_B}{m_A \cdot m_B} \right)^{3/2} \cdot \frac{1}{V} \cdot \frac{\frac{8\pi^2 kT}{h^2}}{\left(\frac{\sqrt{2\pi \cdot kT}}{h} \right)^3} \cdot (r_A + r_B)^2 \cdot \left(\frac{m_A \cdot m_B}{m_A + m_B} \right)$$

$$= \frac{1}{\sqrt{\mu}} \cdot \frac{1}{V} \cdot (r_A + r_B)^2 \cdot \sqrt{8\pi \cdot kT}$$

$$= \frac{1}{V} \cdot \pi \cdot (r_A + r_B)^2 \cdot \sqrt{\frac{8kT}{\pi \cdot \mu}}$$

Für den Vergleich mit dem präexponentiellen Faktor in Gl. (6.4-9) muss noch mit $N_A \cdot V$ multipliziert werden, damit die Dimensionen der Faktoren übereinstimmen. Dann wird

$$A_1 = N_A \cdot \pi \cdot (r_A + r_B)^2 \cdot \sqrt{\frac{8kT}{\pi \cdot \mu}}$$

in vollkommener Übereinstimmung mit dem Ausdruck in Gl. (6.4-9).

6.4
Die Kinetik von Reaktionen in Lösung (Abschnitt 6.5)

1. Die Quasistationarität ist lediglich eine Näherung. Mit sich ändernden Konzentrationen von A und B ändert sich die Konzentration von $\{AB\}$ gemäß Gl. (6.5-2) ebenfalls. Für eine sehr reaktive Zwischenstufe $\{AB\}$ ist jedoch die Konzentration und somit auch die Konzentrationsänderung mit der Zeit im Vergleich zu den Änderungen der übrigen Konzentrationen vernachlässigbar klein. Somit ist $d[\{AB\}]/dt \approx 0$ und nicht exakt Null (Trugschluss).

2. Nach Gl. (6.5-33) gilt

$$\ln k_n = \ln k_{n0} + 2 \cdot A \cdot z_A \cdot z_B \cdot \sqrt{I}$$

Eine Auftragung von $\ln k$ als Funktion von $\sqrt{I}$ sollte demnach eine Gerade ergeben. In der folgenden Darstellung sind die Werte aufgetragen.

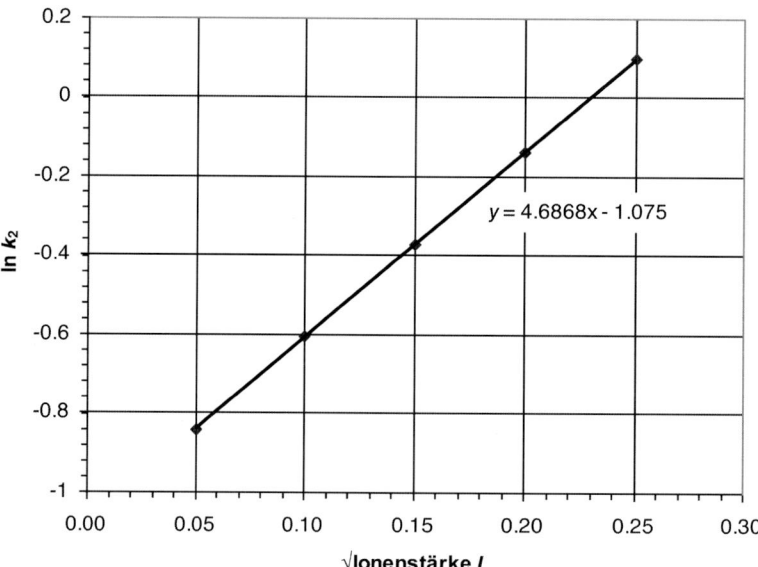

y = 4.6868x - 1.075

Eine Regressionsanalyse liefert für den Ordinatenabschnitt den Wert (–1.08) und für die Steigung 4.69 mol$^{-1/2}$ dm$^{3/2}$. Die Konstante A ist nach Gl. (2.5-183) gegeben durch

$$A = \left(\frac{e^2}{4\varepsilon_r\varepsilon_0\,kT}\right)^{3/2}\left(\frac{2N_A}{\pi^2}\right)^{1/2}$$

$$= \left(\frac{\left(1.602\cdot10^{-19}\,\text{As}\right)^2}{4\cdot78.30\cdot\left(8.854\cdot10^{-12}\,\text{A s V}^{-1}\,\text{m}^{-1}\right)\cdot\left(1.381\cdot10^{-23}\,\text{J K}^{-1}\right)\cdot(298\,\text{K})}\right)^{3/2}\cdot$$

$$\cdot\left(\frac{2\cdot\left(6.022\cdot10^{23}\,\text{mol}^{-1}\right)}{\pi^2}\right)^{1/2}$$

$$= 1.178\,\text{mol}^{-1/2}\,\text{dm}^{3/2}$$

Es gilt dann für die Steigung der Geraden

$$4.69\,\text{mol}^{-1/2}\,\text{dm}^{3/2} = 2\cdot\left(1.178\,\text{mol}^{-1/2}\,\text{dm}^{3/2}\right)\cdot(-1)\cdot z_B$$

Daraus folgt sofort, dass das zweite Ion in Lösung ebenfalls negativ geladen ist mit einer Ladungszahl von –2.

6.5
Die Kinetik heterogener Reaktionen (Abschnitt 6.6)

1. a) Da sich Flüssigkeit und Dampf im thermischen Gleichgewicht befinden, sind die Verdampfungsgeschwindigkeit und die Kondensationsgeschwindigkeit gleich groß. Somit ist die Bruttoverdampfungsgeschwindigkeit gleich Null.

b) Gemäß der kinetischen Gastheorie entspricht nach Gl. (4.3-39) die Stoßzahl pro Flächeneinheit und bei vollständiger Kondensation dem Teilchenstrom j_{ks} aus der Gasphase in die flüssige Phase. Beim Sättigungsdampfdruck p_s gilt folgende Beziehung:

$$|j_{ks}| = \frac{p_s}{\sqrt{2\pi\cdot m\cdot kT}}$$

c) Da im Gleichgewicht der Teilchenstrom von der Gasphase in die flüssige Phase $|j_v|$ gleich dem Teilchenstrom von der flüssigen Phase in die Gasphase $|j_{ks}|$ ist, ist somit

$$|j_v| = \frac{p_s}{\sqrt{2\pi\cdot m\cdot kT}}$$

d) Es ist

$$j = j_v - j_{ks} = \frac{(p_s - p)}{\sqrt{2\pi\cdot m\cdot kT}}$$

e) Aus d) wird deutlich, dass die Verdampfungsgeschwindigkeit maximal wird, wenn der Druck p über der Flüssigkeit – und somit j_{ks} – gegen Null strebt, d.h. im Vakuum.

f) Aus der Clausius-Clayperon-Gleichung (Gl. (2.5-25)) folgt die August'sche Dampfdruckformel (Gl. (2.5-29))

$$\ln\left(\frac{p_s}{p_{T_V}}\right) = \frac{\Delta_V H}{R} \cdot \left(\frac{1}{T_V} - \frac{1}{T}\right)$$

Mit

$$\Delta_V S_{T_V} = \frac{\Delta_V H}{T_V}$$

ergibt sich für den Dampfdruck

$$p_s = p_{T_V} \cdot e^{\Delta_V S_{T_V}/R} \cdot e^{-\Delta_V H/RT}$$

g) Die maximale Verdampfungsgeschwindigkeit ist unter Vakuum gegeben. Da hier die Kondensation aus der Gasphase vernachlässigbar wird ($j_{ks} \to 0$), ist die maximale Verdampfungsgeschwindigkeit

$$|j_v| = \frac{p_s}{\sqrt{2\pi \cdot m \cdot kT}} = \frac{1}{\sqrt{2\pi \cdot m \cdot kT}} \cdot p_{T_V} \cdot e^{\Delta_V S_{T_V}/R} \cdot e^{-\Delta_V H/RT}$$

Es wird deutlich, dass $|j_v| \to 0$, wenn $\Delta_V H \gg RT$ und somit $e^{-\Delta_V H/RT} \to 0$.

2. Mit Hilfe der angegebenen Formel wird zunächst der Diffusionskoeffizient D berechnet. Unter Benutzung der Daten aus Tab. 1.6-4 ergibt sich

$$D = \frac{2 \cdot \Lambda^+ \cdot \Lambda^-}{F^2 \cdot (\Lambda^+ + \Lambda^-)} \cdot RT$$

$$= \frac{2 \cdot \left(59.5\ \Omega^{-1}\,\text{cm}^2\,\text{mol}^{-1}\right) \cdot \left(80.0\ \Omega^{-1}\,\text{cm}^2\,\text{mol}^{-1}\right)}{\left(96487\ \text{A s mol}^{-1}\right)^2 \cdot \left[\left(59.5\ \Omega^{-1}\,\text{cm}^2\,\text{mol}^{-1}\right) + \left(80.0\ \Omega^{-1}\,\text{cm}^2\,\text{mol}^{-1}\right)\right]} \cdot$$

$$\cdot \left(8.314\ \text{J mol}^{-1}\,\text{K}^{-1}\right) \cdot \left(298\ \text{K}\right)$$

$$= 1.82 \cdot 10^{-9}\ \text{m}^2\,\text{s}^{-1}$$

$$= 1.82 \cdot 10^{-5}\ \text{cm}^2\,\text{s}^{-1}$$

Die Beziehung zwischen der Leitfähigkeit und der Konzentration ist gegeben durch Gl. (1.6-29):

$$c = \frac{\kappa}{\Lambda}$$

mit

$$\Lambda = v^+\Lambda^+ + v^-\Lambda^- = (59.5 + 80.0)\ \Omega^{-1}\,\text{cm}^2\,\text{mol}^{-1}$$

$$= 139.5\ \Omega^{-1}\,\text{cm}^2\,\text{mol}^{-1}$$

Nach Gl. (6.6-5) ist

$$\ln\left(1 - \frac{c}{c_s}\right) = -\frac{DA}{V\delta} \cdot t$$

Darin ist c_s die Sättigungskonzentration, die aus den angegebenen Messwerten berechnet werden kann, A ist die Oberfläche des Kristalls und V das Volumen der Lösung. δ ist die gesuchte Dicke der ruhenden Schicht.

Es ist

$$c_s = \frac{\kappa(t = \infty)}{\Lambda}$$

$$= \frac{1.660 \cdot 10^{-3}\,\Omega^{-1}\,\mathrm{cm}^{-1}}{139.5\,\Omega^{-1}\,\mathrm{cm}^2\,\mathrm{mol}^{-1}}$$

$$= 1.19 \cdot 10^{-5}\,\mathrm{mol\,cm}^{-3}$$

Da gilt

$$\frac{c}{c_s} = \frac{\kappa}{\kappa(t = \infty)}$$

kann aus einer Auftragung von $\ln(c_s - c)$ bzw. $\ln(\kappa(t = \infty) - \kappa)$ als Funktion der Zeit t aus der Steigung der Geraden

$$m = -\frac{DA}{V\delta}$$

δ berechnet werden. Die Werte sind in der folgenden Abbildung aufgetragen.

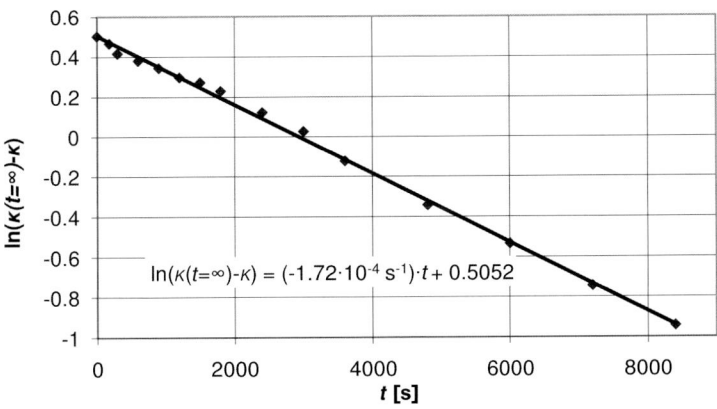

Eine Regressionsanalyse der Geraden ergab für die Steigung den Wert

$$m = 1.72 \cdot 10^{-4}\,\mathrm{s}^{-1}$$

Daraus erhält man für die Dicke der ruhenden Schicht:

$$\delta = -\frac{D \cdot A}{V \cdot m}$$

$$= -\frac{\left(1.82 \cdot 10^{-9}\,\mathrm{m}^2\,\mathrm{s}^{-1}\right) \cdot \left(10^{-3}\,\mathrm{m}^2\right)}{\left(190 \cdot 10^{-6}\,\mathrm{m}^3\right) \cdot \left(1.72 \cdot 10^{-4}\,\mathrm{s}^{-1}\right)}$$

$$= 5.58 \cdot 10^{-3}\,\mathrm{cm}$$

$$= 5.58 \cdot 10^{-5}\,\mathrm{m}$$

6.6
Die Katalyse (Abschnitt 6.7)

1. Für den vorgeschlagenen Mechanismus der Enzymkatalyse (s. Gl. (6.7-47)) gilt nach Gl. (6.7-54)

$$\frac{1}{r} = \frac{1}{r_{max}} + \frac{K_M}{r_{max}} \frac{1}{[S]}$$

Darin ist nach der Michaelis-Menten-Gleichung (Gl. (6.7-52))

$$r = k_2 \cdot \frac{[E]_0 \cdot [S]}{K_M + [S]}$$

Trägt man den Reziprokwert der Reaktionsgeschwindigkeit r gegen den Reziprokwert der Substratkonzentration auf, so ergibt sich bei Gültigkeit der Michaelis-Menten-Gleichung eine Gerade, aus deren Ordinatenabschnitt die maximale Reaktionsgeschwindigkeit und aus deren Steigung die Michaelis-Konstante bestimmt werden können.

In der folgenden Darstellung sind die vorliegenden Daten in dieser Weise aufgetragen:

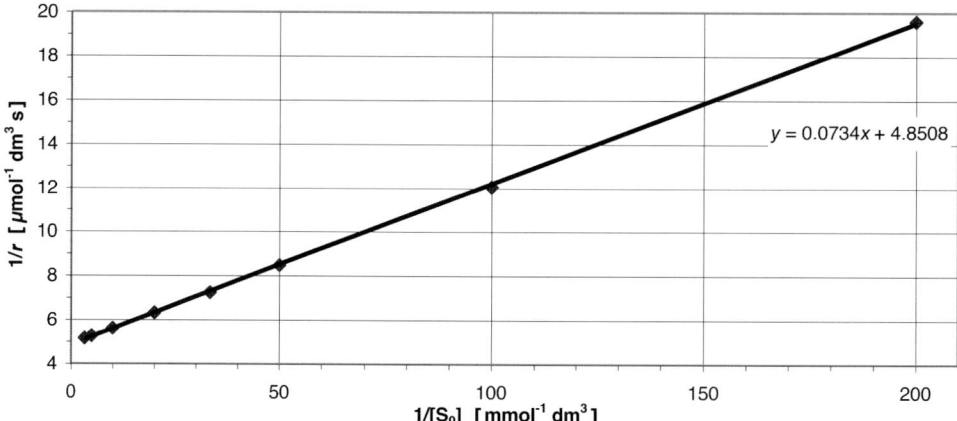

Eine Regressionsanalyse liefert für den Ordinatenabschnitt

$$\frac{1}{r_{max}} = 4.85 \ \mu mol^{-1} \ dm^3 \ s$$

$$r_{max} = 0.206 \ \mu mol \ dm^{-3} \ s^{-1}$$

Für die Steigung ermittelt man

$$\frac{K_M}{r_{max}} = 0.0734 \ mmol \ s \ \mu mol^{-1}$$

und daraus

$$K_M = \left(0.0734 \ mmol \ s \ \mu mol^{-1}\right) \cdot \left(0.206 \ \mu mol \ dm^{-3} s^{-1}\right)$$
$$= 0.0151 \ mmol \ dm^{-3}$$

2. Das Auftreten von H_2 und CH_4 zeigt, dass das Ethen in einer aktivierten Reaktion am Katalysator zerfallen muss:

$$C_2H_4(gas) + 6* \overset{schnell}{\to} \underset{*}{C_2H_4} + 4* \overset{langsam}{\to} \underset{* *}{C_2H_2} + \underset{*}{2H} \overset{langsam}{\to} \underset{*}{C} + \underset{*}{4H} \qquad (1)$$

$$\underset{*}{C} + \underset{*}{4H} \to CH_4(gas) + 5* \qquad (2)$$

Durch (1) steigt die Bedeckung mit Wasserstoff stark an. Ist sie hoch genug, so erfolgt wahrscheinlich nach einem Eley-Rideal-Mechanismus:

$$C_2H_4(gas) + \underset{*}{2H} \to C_2H_6(gas) + 2* \qquad (3)$$

6.7
Die Kinetik von Elektrodenprozessen (Abschnitt 6.8)

1. Nach der Butler-Volmer-Formel (Gl. (6.8-16)) gilt für die Gesamtstromdichte j als Funktion der Durchtrittsüberspannung η_D

$$j = j_0 \left[\exp\left(\frac{\alpha z F \eta_D}{RT} \right) - \exp\left(-\frac{(1-\alpha) z F \eta_D}{RT} \right) \right]$$

Mit einem Durchtrittsfaktor $\alpha = 0.5$ und $z = 1$ wird daraus:

$$j = j_0 \left[\exp\left(\frac{F \eta_D}{2RT} \right) - \exp\left(-\frac{F \eta_D}{2RT} \right) \right]$$

Setzt man

$$Z = \exp\left(\frac{F \eta_D}{2RT} \right) = \exp\left(\frac{(96485\,A\,s\,mol^{-1}) \cdot \eta_D}{2 \cdot (8.314\,J\,mol^{-1}\,K^{-1}) \cdot (298\,K)} \right)$$

$$= \exp\{ (19.47\,V^{-1}) \cdot \eta_D \}$$

wird

$$j = j_0 \left(Z - \frac{1}{Z} \right)$$

Daraus ergibt sich für die verschiedenen Werte für j_0 und η_D die folgende Lösungsmatrix für die Gesamtstromdichte j (in $A \cdot cm^{-2}$).

η_D/V	Z	j_0/A·cm^{-2}	
		10^{-6}	10^{-3}
0.01	1.215	$3.92 \cdot 10^{-7}$	$3.92 \cdot 10^{-4}$
0.1	7.01	$6.87 \cdot 10^{-6}$	$6.87 \cdot 10^{-3}$
0.3	344	$3.44 \cdot 10^{-4}$	$3.44 \cdot 10^{-1}$

2. Die Gleichungen (6.8-22) und (6.8-23) beschreiben das Verhalten der Gesamtstromdichte $|j|$ als Funktion der Überspannung η. Im vorliegenden Fall ist Gl. (6.8-22) zu benutzen:

$$\ln|j| = \ln j_0 + \frac{\alpha z F}{RT} \eta$$

Es sollte sich demnach in einer Auftragung von $\ln|j|$ in Abhängigkeit von η eine Gerade ergeben, aus deren Steigung der Durchtrittsfaktor α und aus deren Achsenabschnitt die Austauschstromdichte j_0 ermittelt werden.

Die gemessenen Daten sind in der folgenden Darstellung in dieser Art aufgetragen:

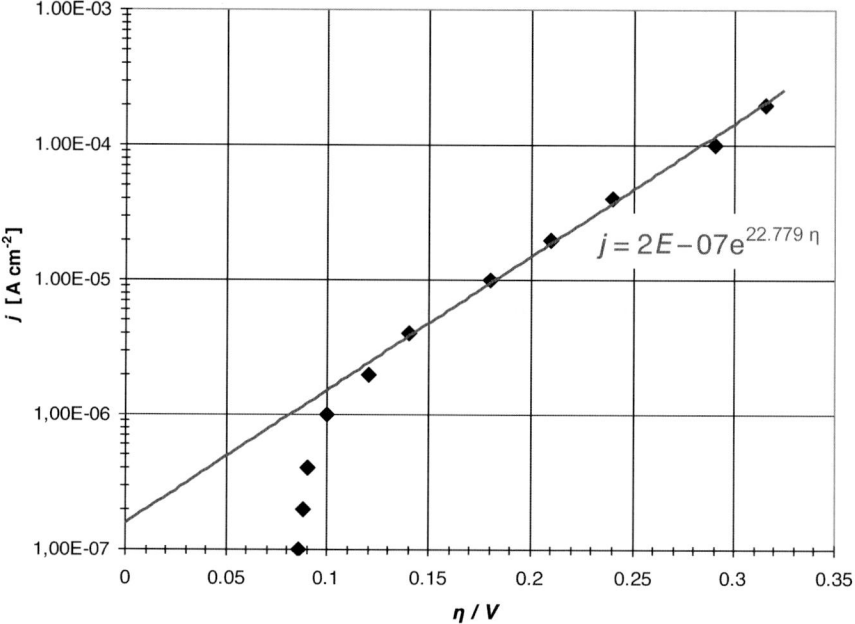

Mit Hilfe einer Regressionsanalyse erhält man die Gleichung

$$j = \left(2 \cdot 10^{-7} \mathrm{A\,cm}^{-2}\right) \cdot \exp\left\{\left(22.779\,\mathrm{V}^{-1}\right) \cdot \eta\right\}$$

Der Faktor vor dem Exponentialausdruck ist die Austauschstromdichte. Für den Durchtrittsfaktor gilt

$$\alpha = \frac{22.779\,\mathrm{V}^{-1}}{zF} RT = \frac{\left(22.779\,\mathrm{V}^{-1}\right) \cdot \left(8.314\,\mathrm{J\,mol}^{-1}\,\mathrm{K}^{-1}\right) \cdot \left(298\,\mathrm{K}\right)}{1 \cdot \left(96485\,\mathrm{A\,s\,mol}^{-1}\right)} = 0.58$$

3. Die maximale Grenzstromdichte ergibt sich nach Gl. (6.8-35) zu:

$$j_{grenz} = -\frac{zFDc}{\delta}$$

Der Diffusionskoeffizient D wird mit Hilfe der Nernst-Einstein-Beziehung berechnet:

$$D = D^+ = \frac{\Lambda^+}{z^2 F^2} RT$$

Für die molare Leitfähigkeit Λ^+ wird der Wert für die molare Grenzleitfähigkeit aus Tab. 1.6-4 eingesetzt, was für starke Elektrolyte näherungsweise erlaubt ist. Dann ist

$$D = \frac{\left(61.9\,\Omega^{-1}\,\text{cm}^2\,\text{mol}^{-1}\right)}{\left(96485\,\text{A s mol}^{-1}\right)^2} \cdot \left(8.314\,\text{J mol}^{-1}\,\text{K}^{-1}\right) \cdot (298\,\text{K})$$

$$= 1.65 \cdot 10^{-9}\,\text{m}^2\,\text{s}^{-1}$$

Mit diesem Wert für D erhält man für die Grenzstromdichte

$$j_{\text{grenz}} = -\frac{1 \cdot \left(96485\,\text{A s mol}^{-1}\right) \cdot \left(1.65 \cdot 10^{-9}\,\text{m}^2\,\text{s}^{-1}\right) \cdot \left(20\,\text{mol m}^{-3}\right)}{5 \cdot 10^{-4}\,\text{m}}$$

$$= -6.4\,\text{A m}^{-2}$$

und daraus den Grenzstrom

$$I_{\text{grenz}} = j_{\text{grenz}} \cdot A = \left(-6.4\,\text{A m}^{-2}\right) \cdot \left(5 \cdot 10^{-4}\,\text{m}^2\right)$$

$$= -3.2 \cdot 10^{-3}\,\text{A}$$